中国城镇供热发展报告

2024

中国城镇供热协会　编著

中国建筑工业出版社

图书在版编目（CIP）数据

中国城镇供热发展报告. 2024 / 中国城镇供热协会
编著. -- 北京：中国建筑工业出版社，2025. 8.
ISBN 978-7-112-31434-8

Ⅰ. TU995

中国国家版本馆 CIP 数据核字第 2025GH5039 号

责任编辑：张文胜　李鹏达
责任校对：王　烨

中国城镇供热发展报告2024

中国城镇供热协会　编著

*

中国建筑工业出版社出版、发行（北京海淀三里河路9号）

各地新华书店、建筑书店经销

北京科地亚盟排版公司制版

廊坊市海涛印刷有限公司印刷

*

开本：880 毫米 × 1230 毫米　1/32　印张：12 ⅛　字数：230 千字

2025 年 8 月第一版　　2025 年 8 月第一次印刷

定价：**80.00**元

ISBN 978-7-112-31434-8

（45401）

编委会

指导委员会

江 亿 刘水洋 赵泽生 刘 荣

编写委员会

主 任：江 亿

副 主 任：刘 荣 牛小化 夏建军

编写人员：

第 1、2、3、5、6 章：牛小化 赵杨阳 刘海燕 王与娟
　　　　　　　　　李 倩

第 4 章：夏建军 罗 旭

第 7 章：马 啸 张 宁 靖天宇 刘信霏 高 晨
　　　　从光亮 贾晓峰 司秋实 孟范英 李永康
　　　　代国栋 刘红建 崔俊杰 李 阳 孙增旭
　　　　柴义航 袁永功 李厚洋 赵长宽 李佳实
　　　　赵国振 于 浩 杜红波 王守金 彭 军
　　　　王亚斌

统 稿：
　　　　刘海燕 牛小化

主 编 单 位

中国城镇供热协会

参 编 单 位

北京市热力工程设计有限责任公司

清华大学建筑节能研究中心

天津能源投资集团有限公司

长春市供热（集团）有限公司

中环寰慧（焦作）节能热力有限公司

包头市华融热力有限责任公司

包头市热力（集团）有限责任公司

新疆天富能源股份有限公司供热分公司

运城市热力有限公司

青岛西海岸公用事业集团能源供热有限公司

青岛顺安热电有限公司

国家电投集团东北电力有限公司大连开热分公司

国家电投集团东北电力有限公司抚顺抚电能源分公司

北京京能热力股份有限公司

乌鲁木齐华源热力股份有限公司

支 持 单 位

北京市（13家）

北京市热力集团有限责任公司

北京京能热力股份有限公司

北京博大开拓热力有限公司

北京京能热力发展有限公司

北京北燃供热有限公司

北京纵横三北热力科技有限公司

北京北燃热力有限公司

北京新城热力有限公司

北京科利源热电有限公司

北京高科能源供应管理有限公司

北京实创能源管理有限公司

北京嘉诚热力有限公司

北京北方供热服务有限公司

天津市（5家）

天津能源投资集团有限公司

天津泰达津联热电有限公司

天津市滨海新区供热集团有限公司

天津市恒源热力有限公司

天津市国丰供热有限责任公司

河北省（18家）

石家庄华电供热集团有限公司

东方绿色能源（河北）有限公司石家庄热力分公司

建投河北热力有限公司

承德热力集团有限责任公司

唐山市丰南区鑫丰热力有限公司

唐山市热力集团有限公司

唐山曹妃甸热力有限公司

涿州市京热热力有限责任公司

沧州热力有限公司

河北昊天热力发展有限公司

中电洲际环保科技发展有限公司

三河新源供热有限公司

廊坊市广达供热有限公司

秦皇岛市热力有限责任公司

秦皇岛市富阳热力有限责任公司

中环寰慧（沙河）节能热力有限公司

河北邢襄热力集团有限公司

中电寰慧张家口热力有限公司

山西省（13家）

太原市热力集团有限责任公司

阳城县蓝煜热力有限公司

京能大同热力有限公司

临汾市热力供应有限公司

文水山高供热有限公司

阳泉市热力有限责任公司

中环寰慧（河津）节能热力有限公司

中环寰慧（垣曲）节能热力有限公司

永济市盾安热力有限公司

山西康庄热力有限公司

长治市城镇热力有限公司

运城市热力有限公司

盾安（天津）节能系统有限公司原平分公司

内蒙古自治区（5家）

呼和浩特市城市燃气热力集团有限公司

包头市热力（集团）有限责任公司

包头市华融热力有限责任公司

赤峰富龙热力有限责任公司

京热（乌兰察布）热力有限责任公司

辽宁省（13家）

沈阳惠天热电股份有限公司

辽宁普天绿能科技有限公司

辽宁华兴热电集团有限公司

国家电投集团东北电力有限公司大连大发能源分公司

国家电投集团东北电力有限公司大连开热分公司

大连裕丰供热集团有限责任公司

抚顺市热力有限公司

阜新市热力有限公司

锦州润电热能有限公司

锦州热力（集团）有限公司

营口热电集团有限公司

国家电投集团东北电力有限公司抚顺抚电能源分公司

辽宁大唐国际葫芦岛热力有限责任公司

吉林省（6家）

吉林省春城热力股份有限公司

长春市供热（集团）有限公司

长春经济技术开发区供热集团有限公司

吉林市热力集团有限公司

中节能吉林供热服务有限公司

辽源市热力集团有限公司

黑龙江省（8家）

捷能热力电站有限公司

哈尔滨哈投投资股份有限公司供热公司

大庆市热力集团有限公司

宝石花能源科技有限公司

牡丹江热电有限公司

齐齐哈尔阳光热力集团有限责任公司

鸡西市热力有限公司

鹤岗市热力公司

山东省（23 家）

济南热力集团有限公司

济南和盛热力有限公司

济南热电集团有限公司

青岛能源热电集团有限公司

青岛顺安热电有限公司

青岛西海岸公用事业集团能源供热有限公司

泰安市泰山城区热力有限公司

威海热电集团有限公司

烟台经济技术开发区热力有限公司

烟台东昌供热有限责任公司

邹城恒益热力有限公司

中环寰慧（蒙阴）节能热力有限公司

临沂市新城热力集团有限公司

淄博市热力集团有限责任公司

枣庄市中区热力有限公司

菏泽吉源热力有限公司

莱州市热力有限责任公司

昌乐盛源热力有限公司

潍坊滨海盛源热力有限公司

山东聚源热力有限责任公司

肥城市城市热力有限公司

平原盛源热力有限公司

滨州热力有限公司

河南省（7家）

郑州热力集团有限公司

安阳益和热力集团有限公司

中环寰慧（焦作）节能热力有限公司

洛阳热力集团有限公司

法电（三门峡）城市供热有限公司

长垣盾安节能热力有限公司

鹤壁盾安供热有限公司

陕西省（2家）

西安市热力集团有限责任公司

西安瑞行城市热力发展集团有限公司

甘肃省（8家）

兰州热力集团有限公司

兰州新诚热力有限公司

甘肃红太阳热力有限公司

天水市供热有限公司

中环寰慧（张掖）节能热力有限公司

中环寰慧（酒泉）节能热力有限公司

中环寰慧（景泰）节能热力有限公司

宝石花热力有限公司敦煌分公司

宁夏回族自治区（2家）

宁夏电投热力有限公司

中环寰慧（吴忠）节能热力有限公司

青海省（1家）

西宁天诚热力有限公司

新疆维吾尔自治区（6家）

乌鲁木齐热力（集团）有限公司

新疆广汇热力有限公司

乌鲁木齐华源热力股份有限公司

新疆和融热力有限公司

宝石花热力有限公司阜康准东分公司

库尔勒新隆热力有限责任公司

新疆生产建设兵团（1家）

新疆天富能源股份有限公司供热分公司

安徽省（1家）

合肥热电集团有限公司

贵州省（1家）

贵州鸿巨热力（集团）有限责任公司

建筑冬季供热是关乎百姓生活的民生大事。然而仅北方城镇建筑供热的用能就占到全国建筑运行用能总量的约 1/4，占全国能源总量的约 5%；所导致的碳排放也占到全国碳排放总量的约 6%。另外，目前冬季建筑供热大量使用化石能源，排放大量大气污染物，是冬季 $PM_{2.5}$ 超标和出现雾霾现象的主要原因之一。这样，如何保障冬季的建筑供热以保民生；如何实现供热的节能、减排和清洁，以实现可持续发展，成为城市绿色发展必须面对的重大问题之一，也一直是各级政府、相关供热企业和城市居民关注的热点问题。我国提出"双碳"目标，建筑的零碳供热成为我国低碳发展所必须面对的重大挑战之一。我国有近万个国有和民营的供热企业，有几十万在建筑供热第一线工作的职工队伍。建筑供热事业的发展和进步是这支队伍奋斗的结果；供热领域的任何变化又与这些职工的工作、生活息息相关。提高供热的服务水平，实现供热的节能降耗、低碳和清洁，是这支队伍多年来为之奋斗的目标，直接联系着这几十万供热人的苦乐兴衰。

实现建筑供热行业健康发展的基础是对现实状况的深入了解和认识，这需要建立在全面的定量化统计和分析的基础之上。长期以来，供热行业一直缺少全面的定量统计数据，相关决策只能建立在对行业的定性认识和少量案例分析的基础上。而缺乏反映行业基本状况的数据，也使得各个供热企业只能是"粗放管理"，无法对其经营状况做出科学诊断，从而也就很难通过管理和技术上的改进，使企业不断发展进步。出于对此的认识，中国城镇供热协会把全国供热行业的基础数据统计作为关乎全行业发展的大事来抓。从 2017 年开始，成立了专门的工作班子，并联系全国各个供热企业，开始建设覆盖全行业的供热行业统计系统。在各个供热企业的大力支持和积极配合下，逐渐建立了可准确反映供热行业实际运行和经营状况的统计体系，也形成了由各个供热企业统计人员组成的统计队伍。2018 年第一次在供热行业内部发布了统计结果，并相继发布了 5 次全国供热统计分析报告。本书是在这些工作的基础上，第四次成书，并公开出版。这是供热行业的一件大事，标志着这一行业从基本定性管理迈向定量化管理这一重大转变的开始，标志着我国供热行业管理和技术重大飞跃的起步。

我国拥有世界最大的城镇集中供热系统，北方地区集中供热总规模也居世界首位，并遥遥领先于世界第二。近年来在国家清洁供热、"双碳"目标和改善民生的战略布局推动下，全行业供热人开创性工作，在清洁热源替换以降低排放、优化运行参数以提高用能效率、利用信息技术以实现智慧供热等方面都取得了突出成果，很多技术成果实际上已经位于世界同行业的领先水平。然而，缺乏全行业系统的统计数据，企业运行管理和技术分析还不能实现完全的定量化，成为全行业长期的诟病。自 2022 年开始，年度行业发展报告的编写完成和出版标志着我国供热行业在定量化管理上的重大突破，同时也是我国集中供热技术和管理水平整体上进入世界前列的标志。

供热行业各项定量化指标的建立，全行业以这些指标体系为基础的统计数据的完成，使每个供热企业的运行管理和技术分析都有了可对照的标准，都可以清楚了解自身的水平，存在的差距，以及经过努力可能达成的目标。供热行业定量化指标体系的建立和其对应数值的发布，为供热企业实现精细化定量管理打通了技术障碍，提供了实施操作基础。这是对供热行业技术进步的重大贡献。

这一成果的取得，是中国城镇供热协会统计工作小组全体成员辛勤努力和开创性工作的成果，也是参与统计工作的全国各个供热企业统计人员克服困难、积极配合的结果，更是全行业供热人鼎力支持、以大局为重，协调一致所取得的成就。没有坚忍不拔的工作精神、没有科学严谨的工作态度、没有全行业的相互协同，这项任务不可能实现。感谢统计小组的成员，感谢在各个供热企业为此做出贡献的每一位统计员，也感谢支持、帮助和领导统计工作的各位供热企业领导，真心地感谢！

希望这一工作能够持之以恒。开头难，持续下去更难，但只有长期坚持下去，才能使其真正产生前面所列出的这些重大效果。维护目前的统计规模，并不断扩充新的供热企业进入统计范围，把本报告涵盖的供热企业和供热面积从目前的不足40%，逐渐增加到70%，这样就使其能够真正全面反映我国供热行业状况，也可使更多的供热企业通过对标实现精细化管理，真正实现我国供热行业的大进步。

也希望各个供热企业的领导和同仁对这一统计工作给予更多的关注和支持。理解统计人员的辛苦，认识科学统计可以给企业带来的进步和收益，给统计人员和统计工作更多的帮助和支持。

当然更希望全社会关注这本报告。建筑供热既是涉及全社会的民生大事，又是节能减排、低碳发展的重要"战场"。希望社会各界通过这本报告给出的数据更了解供热行业，也更理解供热人的喜怒哀乐。只有得到全社会的理解、帮助和支持，才能更好地把供热行业做好，才能更好地为全社会做好服务。

期盼着来年的统计报告，更期盼报告中反映出整个行业全面进步的数据，那是我们几十万供热人奋斗的结果。

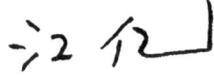

寒暑更迭，薪火相传，城镇供热行业始终以精益求精的匠心精神守护民生温暖。2025 年，适逢中国城镇供热协会（以下简称协会）供热企业统计工作深耕九载，第四部年度发展报告（《中国城镇供热发展报告 2024》）如约付梓。在行业绿色转型的背景下，协会希望持续地以年度发展报告的形式，以数据为尺、以案例为鉴，为行业健康发展贡献绵薄之力。

根据最新的统计数据，截至 2023 年底，北方城镇供暖面积 173 亿 m^2，集中供热面积 143.24 亿 m^2。新时代下，我们建设了复杂、多样的世界绝无仅有的供热系统，见证了我国集中供热规模冠绝全球的伟大成就，同时亦需要直面行业痛点难点：能源价格波动与成本倒挂侵蚀行业健康的根基，极端气候加剧供热安全保障的艰难性，满足群众舒适供热的需求提高了系统更新的复杂性，高密度超大规模城市供热用能使得行业实现"双碳"目标任务艰巨。

《中国城镇供热发展报告 2024》共 7 章，第 1 章擘画行业宏图，梳理政策与技术创新脉络；第 2～3 章深植数据沃土，展现百亿平方米供热版图中企业运营真相；第 4 章描绘行业转型中的路线图——首创供热碳排放核算方法论，根据行业能耗统计数据，厘清"从热源到户端"的碳责任链条，为政策制定锚定科学基准，为行业低碳革命奠基；第 5 章以能效为尺，丈量行业能效领跑者标杆；第 6 章见微知著，反映行业连续四年能耗下降的可喜成就——统计年度水、电、热耗指标再创新低；特别值得一提的是新增室温–能耗关联计算数据，揭示室温每升 1℃背后的能源代价；第 7 章为实践中的启示录，13 家企业以优秀案例证明节能降碳、降本增效绝非空谈。

报告主要内容依据分布在我国严寒和寒冷地区以及少数夏热冬冷地区的 133 家供热企业 2022—2023 供暖期（其中财务数据为 2023 年度）6 大类、365 项、3 万多条统计数据，经整理、分析而得。统计范围涉及集中供热面积 43.5 亿 m^2，占 2023 年度所在城市集中供热面积的 37.7%。感谢 133 家供热企业以赤诚托举行业数据库，使得本书成为行业实践者和决策者了解行业的窗口；感谢以中国工程院江亿院士为代表的行业专家对历年年度报告的持续关注和指导；也感谢夏建军老师团队编写第 4 章内容，使得年度报告内容更加充实，第一次有了行业碳排放的数据。在此，谨向江亿院士的远见卓识，向全国参编单位和广大统计员的无私担当，致以崇高敬意。

书中如有错误或缺失，恳请读者批评指正！

中国城镇供热协会统计工作项目组

二〇二五年初夏

目录

| 第1章 | 中国城镇供热行业概况 | 001 |

1.1 行业发展情况 001
　　1.1.1 行业概述 001
　　1.1.2 集中供热管道长度 006
　　1.1.3 集中供热建设投资 007
　　1.1.4 更新改造情况 010
1.2 行业年度相关政策 013
　　1.2.1 老旧管网改造与设备更新换代 013
　　1.2.2 行业绿色低碳转型 017
　　1.2.3 城镇供热运行保障 022
　　1.2.4 行业监督与管理 024
　　1.2.5 能源数字化转型 027
　　1.2.6 碳达峰碳中和 028
1.3 行业近3年发布的相关标准 033
1.4 行业新技术、新产品与新材料应用 039
　　1.4.1 光储直柔 039
　　1.4.2 氢能供热 041
　　1.4.3 二氧化碳空气源热泵 043
　　1.4.4 跨季节储热 044
　　1.4.5 燃气锅炉烟气余热深度回收 046

1.4.6 燃煤电厂余热利用与超净排放协同 047

1.4.7 数据中心余热供热 049

1.4.8 石墨蓄热 050

1.4.9 太阳能光伏光热（PVT） 052

1.4.10 供热用 PE-RT Ⅱ管材 054

第 2 章　城镇供热行业基础数据统计　057

2.1 行业统计概况 057

　　2.1.1 统计规模 057

　　2.1.2 基础数据 058

　　2.1.3 经营数据 058

　　2.1.4 能耗数据 059

2.2 企业基础信息 060

　　2.2.1 企业数量与供热面积 060

　　2.2.2 企业所有制形式 062

　　2.2.3 企业分布 062

　　2.2.4 企业供热与管理方式 064

　　2.2.5 企业人员类型 065

2.3 企业供热系统基础数据 067

　　2.3.1 供热热源 067

　　2.3.2 供热管网 071

　　2.3.3 热力站 074

　　2.3.4 热用户 075

2.4 **企业供热经营基础数据** 077

2.4.1 供热价格 077

2.4.2 外购热力价格 091

2.4.3 燃煤价格 098

2.4.4 天然气价格 100

2.4.5 电费与电价 101

2.4.6 水费与水价 105

2.4.7 能源价格变化情况 109

2.4.8 职工人均工资 110

2.4.9 管网新建及老旧改造费用 112

第3章 城镇供热行业运营数据统计 115

3.1 **供热运行基础数据** 115

3.1.1 供热时间 115

3.1.2 供暖室内温度 122

3.1.3 热计量收费 125

3.1.4 未供及报停供热面积 127

3.1.5 供热量构成 132

3.2 **供热经营指标** 133

3.2.1 人均供热面积 133

3.2.2 人均热费收入 134

3.2.3 能源成本构成 135

3.2.4 平均供暖成本 136

3.2.5　供热成本构成　　138

3.2.6　燃料费用占比　　142

3.2.7　水电费占比　　143

3.2.8　固定资产折旧占比　　144

3.2.9　职工薪酬占比　　145

3.3　供热能耗指标　　146

3.3.1　热源　　146

3.3.2　热网　　154

3.3.3　热力站　　160

第4章　城镇供热行业碳排放核算　　165

4.1　供热碳排放核算和碳责任分摊方法　　165

4.1.1　热量制备过程的碳排放核算　　166

4.1.2　热量输送过程的碳排放核算　　169

4.1.3　碳排放基准值计算与各环节碳排放责任分摊　　170

4.2　中国北方城镇集中供热核算结果　　172

4.2.1　集中供热热源结构及碳排放　　172

4.2.2　集中供热输配系统碳排放　　176

4.2.3　集中供热碳排放核算结果　　179

4.2.4　关于集中供热领域降低碳排放的探讨　　182

第5章　供热能效领跑指标排行榜　　185

5.1　排名范围　　186

5.2　运营指标设定　　　　　　　　　　　　　　　187

5.3　2024 年度指标排名规则及结果　　　　　　187

　　5.3.1　人均供热面积　　　　　　　　　　187

　　5.3.2　热源（燃煤锅炉）效率　　　　　　189

　　5.3.3　热源（燃气锅炉）效率　　　　　　190

　　5.3.4　工业余热供热能力　　　　　　　　191

　　5.3.5　系统热量输送与换热效率　　　　　191

　　5.3.6　热源折算单位面积耗热量　　　　　193

　　5.3.7　热力站单位面积耗电量　　　　　　193

　　5.3.8　热力站单位面积补水量　　　　　　194

　　5.3.9　指标进步之星　　　　　　　　　　196

　　5.3.10　标杆示范热力站　　　　　　　　197

　　5.3.11　供热行业能效领跑者　　　　　　199

第6章　统计指标变化分析　　　　　　　204

6.1　行业发展增速放缓　　　　　　　　　　　204

　　6.1.1　统计企业发展增速放缓　　　　　　204

　　6.1.2　分区域集中供热规模增长速度存在差异　207

6.2　企业降本增效明显　　　　　　　　　　　208

　　6.2.1　人均供热面积继续增加　　　　　　208

　　6.2.2　平均供暖成本缓慢下降　　　　　　209

　　6.2.3　人均热费收入大幅提升　　　　　　211

6.3　主要供热企业仍然面临亏损　　　　　　　212

6.3.1 企业平均利润率持续下降   212

6.3.2 各地供热补贴缺口较大   213

6.4 行业能耗仍保持下降趋势   215

6.4.1 热源综合单位面积耗热量实现四连降   215

6.4.2 热源单位供热量燃料消耗量有所下降   218

6.4.3 一次管网单位面积补水量持续显著下降   221

6.4.4 一次管网平均回水温度持续降低   223

6.4.5 热力站单位面积耗电量继续下降   224

6.4.6 热力站单位面积补水量显著下降   226

6.5 全网综合能耗达到新低   228

6.5.1 输配电耗   228

6.5.2 水耗   230

6.5.3 综合能耗   230

6.6 供暖室温提升对热耗的影响分析   232

6.6.1 居民室内供暖平均温度统计情况   232

6.6.2 供暖室温提升对热耗的影响分析   233

第 7 章 供热行业能效领跑企业优秀案例   **237**

7.1 企业提升管理水平、促进节能增效的经验分享   237

7.1.1 天津能源投资集团有限公司有效提高供热管理
效率的经验分享   237

7.1.2 长春市供热（集团）有限公司以"智能化数字化
应用"构建供热企业降本增效的新模式介绍   243

7.1.3 中环寰慧（焦作）节能热力有限公司扎实推进
供热系统节能降耗工作的举措 251

7.1.4 包头市华融热力有限责任公司通过户端调控等
精细化管理手段促进企业节能降耗的经验 263

7.1.5 包头市热力（集团）有限责任公司应用精细化
调节手段提高供热系统运行效率的做法 275

7.1.6 新疆天富能源股份有限公司供热分公司节能降耗
与降本增效的管理经验 290

7.1.7 运城市热力有限公司提升热力站管理水平的探索
与实践 298

7.1.8 青岛西海岸公用事业集团能源供热有限公司积极
推进热力站节能降耗 307

7.2 企业降低单位面积能耗指标的具体实践 313

7.2.1 青岛顺安热电有限公司余热回收与超净排放协同
技术提高热效率的工程实践 313

7.2.2 国家电投集团东北电力有限公司大连开热分公司
降低热力站电耗指标的经验分享 324

7.2.3 国家电投集团东北电力有限公司抚顺抚电能源
分公司降低电耗的经验分享 333

7.2.4 北京京能热力股份有限公司降低供热系统水耗
的经验介绍 344

7.2.5 乌鲁木齐华源热力股份有限公司节水经验分享 350

第 **1** 章

中国城镇供热行业概况

1.1 行业发展情况

1.1.1 行业概述

（1）供热面积

2023 年我国建筑面积总量约 716 亿 m^2，其中城镇住宅建筑面积为 331 亿 m^2，北方城镇供热面积 173 亿 m^2，能耗总量为 2.22 亿 tce，占全国建筑总能耗的 19%[①]，平均单位面积供暖能耗为 12.9kgce/m^2。2023 年全国集中供热面积 143.24 亿 m^2，其中城市约 115.49 亿 m^2，占比约 80.6%；南方地区约 1.2 亿 m^2，占比约 0.9%，较上年增加 621 万 m^2，主要集中在江苏、安徽、湖北等省份[②]。

从图 1-1 可以看出，2014—2023 年全国集中供热面积年

---

① 数据来源：《中国建筑节能年度发展研究报告 2025（城镇住宅专题）》。

② 数据来源：《中国城乡建设统计年鉴 2023》。

均增长率为 7.2%。近几年集中供热面积增速放缓，2023 年增长率为 3.9%，为近 10 年来最低。分区域看，北方各区域城市集中供热面积的增长情况存在显著差异（图 1-2），其中华东与华中地区（不包括秦淮线以南的非传统供暖区域）城市集中供热面积增长最为显著，由 2018 年 17.7 亿 m^2 增加到 2023 年 27.3 亿 m^2，累计增长了约 54%，年均增长率为 9.0%；其次是华北地区（不含京津冀）和西北地区，两地区实现了 38% 的增长，年均增长率分别为 6.7% 和 6.6%；京津冀地区由 19.6 亿 m^2 增加到 23.9 亿 m^2，累计增长了约 22%，年均增长率为 4.1%。增长幅度最小的是东北地区，累计增长了 17%，年均

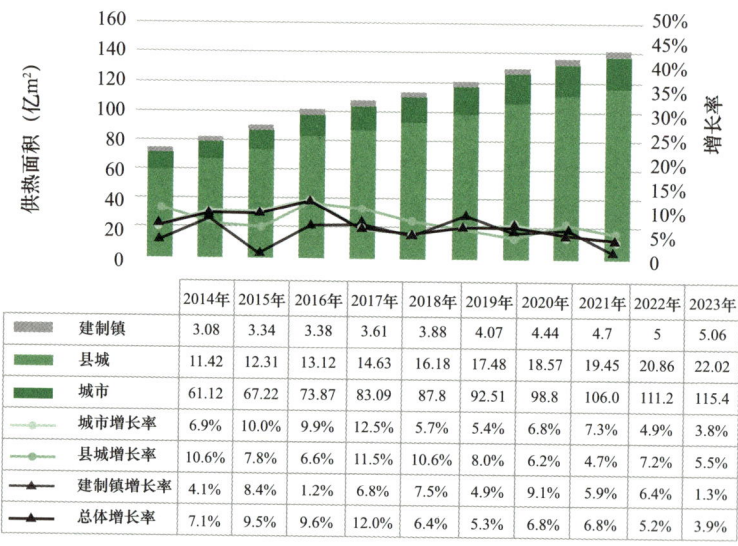

	2014年	2015年	2016年	2017年	2018年	2019年	2020年	2021年	2022年	2023年
建制镇	3.08	3.34	3.38	3.61	3.88	4.07	4.44	4.7	5	5.06
县城	11.42	12.31	13.12	14.63	16.18	17.48	18.57	19.45	20.86	22.02
城市	61.12	67.22	73.87	83.09	87.8	92.51	98.8	106.0	111.2	115.4
城市增长率	6.9%	10.0%	9.9%	12.5%	5.7%	5.4%	6.8%	7.3%	4.9%	3.8%
县城增长率	10.6%	7.8%	6.6%	11.5%	10.6%	8.0%	6.2%	4.7%	7.2%	5.5%
建制镇增长率	4.1%	8.4%	1.2%	6.8%	7.5%	4.9%	9.1%	5.9%	6.4%	1.3%
总体增长率	7.1%	9.5%	9.6%	12.0%	6.4%	5.3%	6.8%	6.8%	5.2%	3.9%

图 1-1　2014—2023 年全国集中供热面积

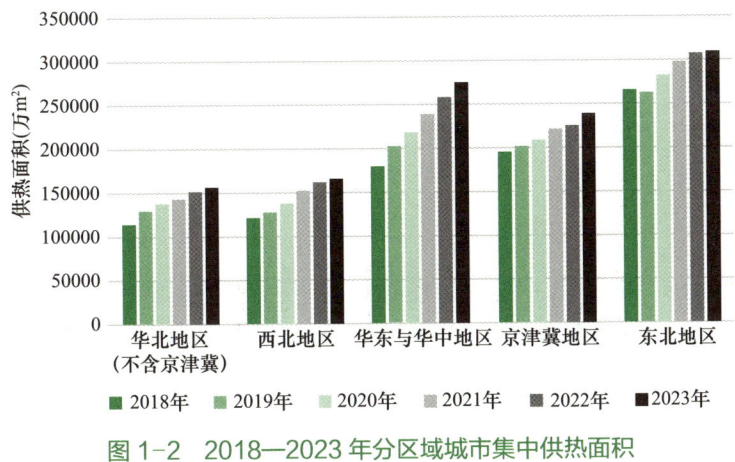

图 1-2　2018—2023 年分区域城市集中供热面积

增长率为 3.3%[①]。

2023 年全国共有 23 个省（区、市）333 个城市采用集中供热，集中供热面积超过 10 亿 m² 的省份包括山东、辽宁和河北，其中山东省城市集中供热面积已达 20.7 亿 m²，占全国城市集中供热面积的 18%，详见图 1-3、图 1-4。分城市看，除北京、天津外，还有沈阳、西安、哈尔滨等 11 个城市集中供热面积超过 2 亿 m²，呼和浩特、烟台、包头等 9 个城市集中供热面积为 1 亿～2 亿 m²，如图 1-5 所示。

（2）供热能力

2014—2023 年全国集中供热能力年均增长率为 4.5%，2023 年达到 90.0 万 MW，较 2022 年增长 4.1%，较 2014 年增

---

① 数据来源：《中国城乡建设统计年鉴 2023》。

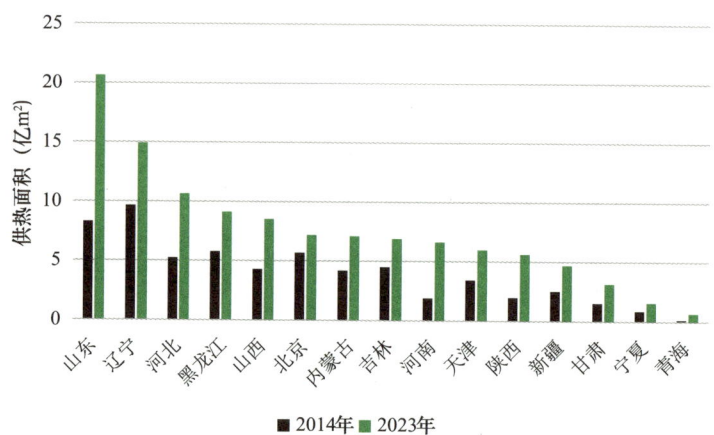

图 1-3　2014 年和 2023 年北方 15 省（区、市）城市集中
供热面积对比

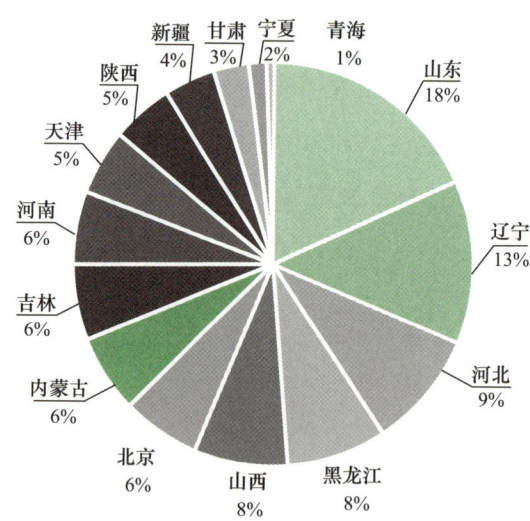

图 1-4　2023 年北方 15 省（区、市）城市集中供热面积占比

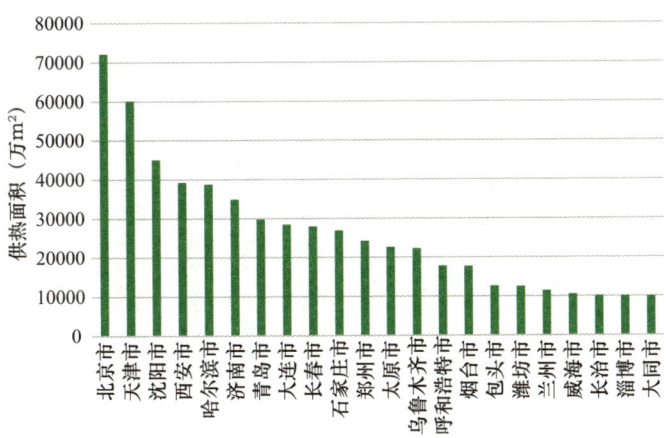

图 1-5 2023 年集中供热面积超过 1 亿 m² 的 22 个城市

长 40%。近 10 年热水和蒸汽供热能力年均增长率分别为 4.5%
和 4.3%，较上年分别增加 4.5% 和 1.0%。城市、县城供热能
力年均增长率均为 4.5%，较上年分别增加 4.3% 和 3.3%，详
见图 1-6 和图 1-7。

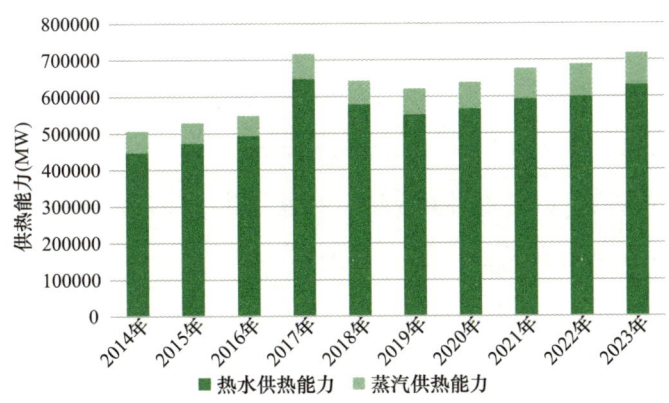

图 1-6 2014—2023 年全国城市集中供热热源供热能力

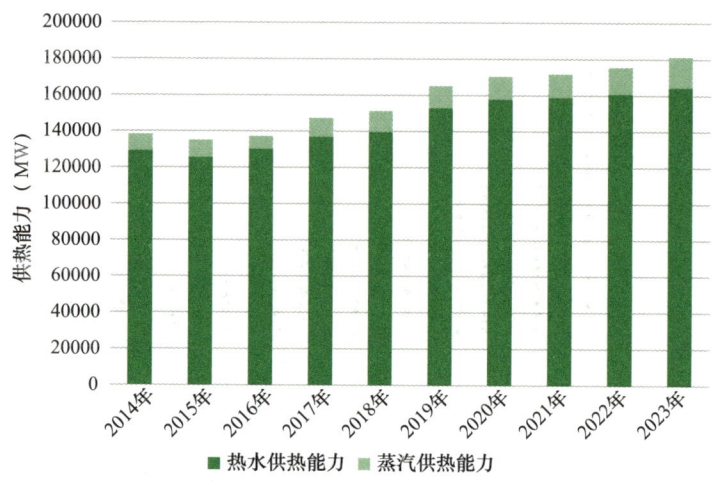

图 1-7 2014—2023 年全国县城集中供热热源供热能力

1.1.2 集中供热管道长度

根据《中国城乡建设统计年鉴 2023》的统计数据，近 10 年全国集中供热管道总长度年均增长率为 11.1%，其中城市和县城供热管道长度的年均增长率分别为 11.4% 和 9.9%；2023 年新增供热管道全部为热水管道，较上年增长 6.1%，增速为 2017 年以来最低。

2023 年全国集中供热管道总长度达到 62.69 万 km，其中城市和县城占 83.5% 和 16.5%，分别达到 52.37 万 km 和 10.32 万 km，见图 1-8。

2023 年我国供热一次管网长度约 16.6 万 km，二次管网长度约 46.1 万 km，年增长率分别为 3.8% 和 7.0%，二次管网长度增长率较一次管网高 3.2 个百分点。其中，城市一次管网长

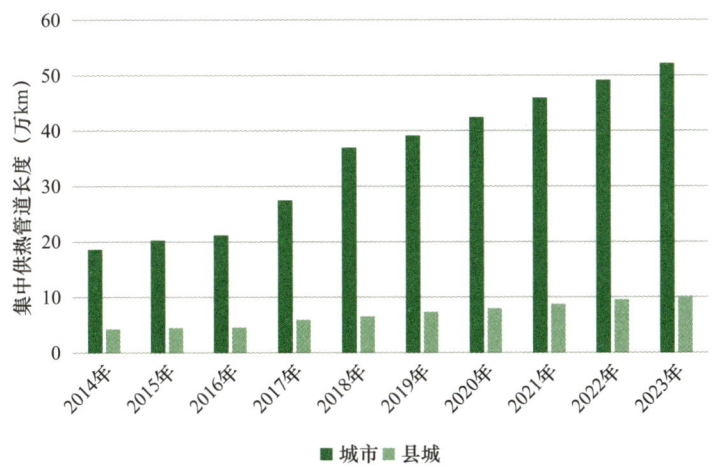

图 1-8　2014—2023 年全国集中供热管道长度

度约 13.1 万 km，二次管网长度约 39.2 万 km；县城一次管网长度约 3.5 万 km，二次管网长度约 6.9 万 km。

图 1-9 是 2023 年我国北方不同省份供热管道长度，前五的省（区、市）分别是山东、辽宁、河北、北京和内蒙古，年

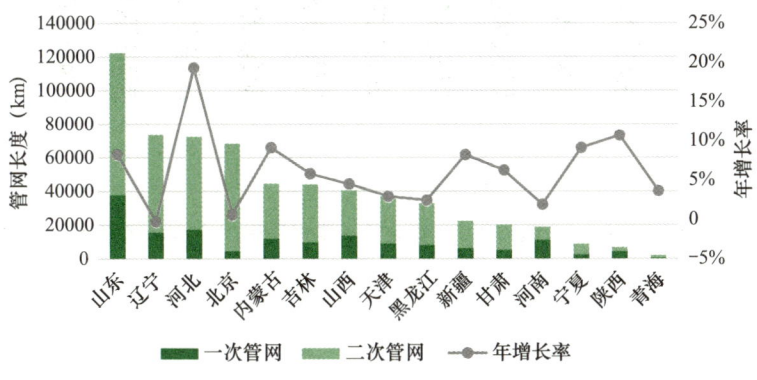

图 1-9　2023 年北方 15 省（区、市）供热管道长度

增长率最高的 5 个地区分别是河北（19.3%）、陕西（10.7%）、内蒙古（9.1%）、宁夏（9.1%）和山东（8.3%）。

1.1.3　集中供热建设投资

从 2014 至 2022 年，全国集中供热设施固定资产投资总体呈下降趋势。2023 年以来，国家加大了对基础设施投资改造的力度，2023 年集中供热投资 670.1 亿元，比上年增加 153.1 亿元，增长率达 30%。其中城市投资较上年增长 176.3 亿元，县城投资较上年减少 23.2 亿元；城市投资和县城投资占比分别为 77.0% 和 23.0%，如图 1-10 所示。2023 年集中供热设施投资建设的城市数量为 201 个，较 2022 年减少 6 个。

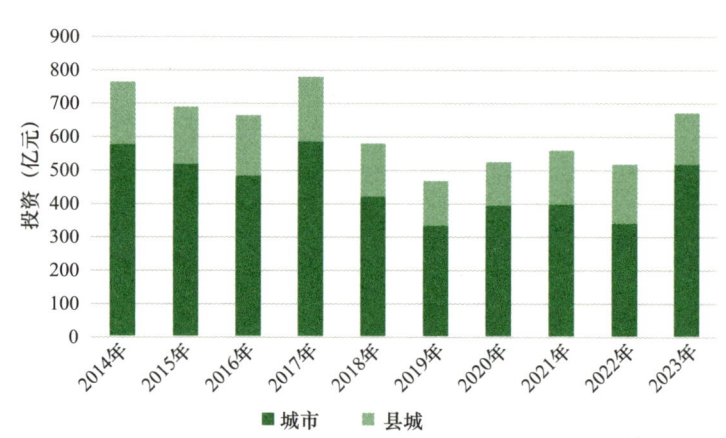

图 1-10　2014—2023 年全国集中供热设施固定资产投资

分区域看，2023 年北方地区城市投资 501.1 亿元，较上年增加 175.1 亿元，增长率为 54%。投资排名前十的省（区、

市）依次为内蒙古、山东、河北、河南、北京、甘肃、陕西、
山西、辽宁和吉林，投资额占北方地区城市总投资的 94%。
其中，山西、辽宁两省投资分别较上年下降 68% 和 25%，其
余省（区、市）投资均较上年增长，甘肃、内蒙古和河南三省
（区）投资增长幅度较大，分别增长 490%、432% 和 156%，
详见表 1-1。

　　夏热冬冷和高海拔地区集中供热近年来有所发展，2023
年集中供热固定资产投资 15.1 亿元，较上年增加 1.3 亿元，增
长率为 9.4%。2023 年共有湖北、江苏、安徽、湖南、重庆、
贵州、四川和西藏 8 省（区、市）投资城市集中供热，其中湖
南、湖北、江苏三省投资金额较上年有所增加，重庆市 2023
年首次投资集中供热，其余省份投资金额均较 2022 年有所下
降，详见表 1-1。

2023 年全国城市集中供热固定资产投资情况　表 1-1

序号	省（区、市）和新疆生产建设兵团	投资金额（亿元）	投资较上年增长率	参与建设城市数量（个）	较上年增加城市数量（个）
北方采暖地区					
1	内蒙古	133.0914	432%	10	−4
2	山东	109.306	78%	33	−1
3	河北	63.8926	25%	23	1
4	河南	40.2883	156%	25	
5	北京	32.8336	20%	1	
6	甘肃	30.6353	490%	8	

序号	省（区、市）和新疆生产建设兵团	投资金额（亿元）	投资较上年增长率	参与建设城市数量（个）	较上年增加城市数量（个）
7	陕西	20.1621	61%	11	
8	山西	18.6583	−68%	10	1
9	辽宁	12.259	−25%	13	−3
10	吉林	11.2768	23%	10	
11	新疆	8.8004	−13%	14	2
12	黑龙江	7.8381	−57%	18	−1
13	新疆生产建设兵团	6.0271	54%	6	
14	宁夏	2.6492	1%	3	
15	青海	2.1736	−30%	2	
16	天津	1.1702	−82%	1	
夏热冬冷和高海拔地区					
17	湖北	7.8429	54%	3	
18	江苏	2.3507	33%	1	−2
19	安徽	2.3482	−16%	4	2
20	湖南	1.2	179%	1	
21	重庆	0.6495	上年无投资	1	1
22	贵州	0.4357	−2%	1	
23	四川	0.23	−71%	1	−1
24	西藏	0.0267	−99%	1	−1

1.1.4 更新改造情况

我国城镇化进程已进入存量提质与增量优化并重的新阶段。推进市政基础设施设备更新和老旧管网改造是提升城市综合承载能力、保障民生安全、服务高质量发展的重要举措。根据中国城镇供热协会统计数据推算，全国超过 15 年的老旧供热管网约 15 万 km，这些老旧管网存在超期服役、材质落后、漏损率高等问题，成为城市供热安全运行的隐患。习近平总书记在中央财经委员会第四次会议上发表重要讲话强调，加快产品更新换代是推动高质量发展的重要举措，要鼓励引导新一轮大规模设备更新和消费品以旧换新。近期，党中央、国务院作出重要决策部署，启动了市政基础设施设备更新和老旧管网改造等工作，同时，国家及各地相关部门持续推出相关政策。在这些政策的大力推动下，各地老旧管网、设备改造如火如荼推进。北京市 2024 年已开工老旧供热管线改造工程项目涉及东城区、朝阳区、海淀区、丰台区、房山区、门头沟区等 170 个小区（地块），共改造老旧供热管线约 724km，其中一次管线 19km、二次管线 169km、室内公共管线 536km[①]，此次改造项目已在 2024 年 7 月陆续开工，拟于 2025 年 10 月全部完工。天津市利用"两重""两新"政策机遇，对供热设施"源—网—端"进行全要素更新。2024 年天津民心工程项目实际完成供热旧管网改造 178km，累计完成供热旧管网改造 1122km，单户分环改造完成 111.1 万 m²，惠

---

① 数据来源：张牟. 北京 6 区 170 个小区（地块）供热管线迎来更新改造［N］. 新京报，2024-11-05［2025-04-01］. https://www.bjnews.com.cn/detail/1730788309129324.html

及 848 个居民小区 [①]。截至 2024 年 11 月，河北省共改造供热老旧管网 226km[②]。黑龙江省自 2020 年至 2024 年 11 月，累计完成改造供热老旧管网 5905km[③]。辽宁省 2024 年完成更新改造供热管线 2005.5km[④]。内蒙古 2024 年实施《内蒙古自治区城镇供热温暖工程实施方案》，对全区 10 亿 m^2 供暖面积进行改造，完成新建改造热源点 68 个，供热能力提高 0.7 亿 m^2，达到 13.5 亿 m^2，改造供热一次管网 815km、热源互联互通管网 136km，改造热力站 3064 座、供热二次管网 5970km、楼栋立管 2870km、户内系统 4.6 万户，终端用户供热质量进一步提升 [⑤]。

---

① 数据来源：张雪．天津：今年供热旧管网改造达到 178 公里［N］．经济日报新闻客户端，2024-12-27［2025-04-01］. http://www. ce.cn/xwzx/gnsz/gdxw/202412/27/t20241227_39249622.shtml

② 数据来源：林福盛、方童．暖流入户，河北省城市全面正式供热［N］．河北日报，2024-11-16［2025-04-01］. http://he.people. com.cn/n2/2024/1116/c192235-41044253.html

③ 数据来源：张燕玲．黑龙江：改造供热老旧管网 5905 公里 - 确保民众住上"暖屋子"［N］．中国新闻网，2024-11-15［2025-04-01］. https://www.chinanews.com.cn/sh/2024/11-15/10320053.shtml

④ 数据来源：张靖宇．改造老旧管网 2005.5 公里，储煤率达到 69.3% 我省已完成供热准备工作［N］．辽宁日报，2023-10-24［2025-04-01］. https://www.ln.gov.cn/web/ywdt/tjdt/20231024409213771277/index.shtml

⑤ 数据来源：刘一晨．内蒙古 528 项"温暖工程"项目已全部完工［N］．央广网，2024-11-19［2025-04-01］. https://news.cnr.cn/local/ dftj/20241119/t20241119_526981305.shtml

1.2　行业年度相关政策

1.2.1　老旧管网改造与设备更新换代

（1）《推动大规模设备更新和消费品以旧换新行动方案》

2024 年 3 月 13 日，国务院印发《推动大规模设备更新和消费品以旧换新行动方案》，明确到 2027 年，工业、农业、建筑等领域设备投资规模较 2023 年增长 25% 以上；重点行业主要用能设备能效基本达到节能水平，环保绩效达到 A 级水平的产能比例大幅提升。该方案提出，围绕建设新型城镇化，结合推进城市更新、老旧小区改造，以住宅电梯、供水、供热、供气、污水处理、环卫、城市生命线工程、安防等为重点，分类推进更新改造；有序推进供热计量改造，持续推进供热设施设备更新改造；以外墙保温、门窗、供热装置等为重点，推进存量建筑节能改造；持续实施燃气等老化管道更新改造；推动地下管网、桥梁隧道、窨井盖等城市生命线工程配套物联智能感知设备建设。

（2）《推动工业领域设备更新实施方案》

2024 年 3 月 27 日，工业和信息化部、国家发展改革委、财政部、中国人民银行、税务总局、市场监管总局、金融监管总局七部门联合印发了《推动工业领域设备更新实施方案》。该方案指出，将以全国统一大市场为依托，依法依规引导企业淘汰落后设备、使用先进设备，提高生产效率和技术水平。该方案提出，对照《重点用能产品设备能效先进水平、节能水平和准入水平（2024 年版）》，以能效水平提升为重点，推动工业等各领域锅炉、电机、变压器、制冷供热空压机、换热器、泵等重点用能设备更新换代，推广应用能效二级及以上节能设备。

（3）《关于落实〈锅炉绿色低碳高质量发展行动方案〉的实施意见》

2024 年 3 月 28 日，市场监督管理总局办公厅发布关于落实《锅炉绿色低碳高质量发展行动方案》的实施意见，其中提到，按职责分工，有序推进小型电站锅炉和在役时间超过 15 年老旧低效工业锅炉淘汰工作；到 2025 年，细颗粒物（$PM_{2.5}$）未达标城市基本淘汰行政区域内 10 蒸吨 /h 及以下燃煤锅炉，国家大气污染防治重点区域全域以及东北地区、天山北坡城市群地级及以上城市建成区基本淘汰 35 蒸吨 /h 及以下燃煤锅炉。在集中供热管网覆盖范围内，禁止新建、扩建分散燃煤供热锅炉，限制新建分散化石燃料锅炉。严格执行《产业结构调整指导目录（2024 年本）》，在地方政府的统一部署下，对列入淘汰类的锅炉，及时注销使用登记证；对列入限制类的锅炉，不得办理新建锅炉的使用登记，不再对未按要求实施改造的锅炉开展定期检验。

（4）《推进建筑和市政基础设施设备更新工作实施方案》

2024 年 4 月 8 日，住房城乡建设部印发《推进建筑和市政基础设施设备更新工作实施方案》。该方案明确，以供热、供气、城市生命线工程、建筑节能改造等为重点，分类推进建筑和市政基础设施设备更新，到 2027 年，对技术落后、不满足有关标准规范、节能环保不达标的设备，按计划完成更新改造。该方案提出，按照《重点用能产品设备能效先进水平、节能水平和准入水平（2024 年版）》《锅炉节能环保技术规程》TSG 91、《工业锅炉能效限定值及能效等级》GB 24500、《锅炉大气污染物排放标准》GB 13271 等要求，更新改造超过使用寿命、能效等级不满足工业锅炉节能水平或 2 级标准、烟气排放不达标的燃煤锅炉。重点淘汰 35 蒸吨 /h 及以下燃煤锅炉，优先改造为各类热泵机组。按照《热水热力网热力站设备技术条件》GB/T 38536、《清水离心泵能效限定值及节能评价值》GB 19762、《城镇供热用换热机组》GB/T 28185 等要求，更新改造超过使用寿命、能效等级不达标的换热器和水泵电机。积极推进供热计量改造，按照供热计量有关要求，更新加装计量装置等设备。

（5）《市场监管总局关于加快推动特种设备更新有关工作的通知》

2024 年 6 月 20 日，市场监管总局发布《市场监管总局关于加快推动特种设备更新有关工作的通知》。该通知提出，严格执行《产业结构调整指导目录（2024 年本）》，在地方政府统一部署下，对列入淘汰类的锅炉，及时注销使用登记证。对达不到超低排放要求的燃煤锅炉、列入限制类的锅炉，支持使用单位开展更新改造，鼓励采用各类热泵机组进行替代。对超过使用寿命的燃煤锅炉和换热器，鼓励使用单位更新改造；无法立即更新改造的，督促使用单位按照安全技术规范的要求进行安全评估。

（6）《深入实施以人为本的新型城镇化战略五年行动计划》

2024 年 7 月 31 日，国务院印发《深入实施以人为本的新型城镇化战略五年行动计划》。该计划提出，实施城市更新和安全韧性提升行动的重点任务包括推进城镇老旧小区改造等。以水电路气信邮、供热、消防、安防、生活垃圾分类等配套设施更新及小区内公共部位维修为重点，扎实推进 2000 年底前建成的需改造城镇老旧小区改造任务，有序实施城镇房屋建筑更新改造和加固工程。加强地下综合管廊建设和老旧管线改造升级。加快城市燃气管道等老化更新改造，推动完善城市燃气、供热等发展规划及年度计划，深入开展城市管道和设施普查，有序改造材质落后、使用年限较长、不符合标准的城市燃气、给水排水、供热等老化管道和设施，加快消除安全隐患，同步加强物联感知设施部署和联网监测。加强城市应急备用水源建设和管网互通。

（7）《中共中央办公厅　国务院办公厅关于推进新型城市基础设施建设打造韧性城市的意见》

2024 年 12 月 5 日，中共中央办公厅、国务院办公厅发布

《中共中央办公厅　国务院办公厅关于推进新型城市基础设施建设打造韧性城市的意见》。该意见明确，到 2027 年，新型城市基础设施建设取得明显进展，对韧性城市建设的支撑作用不断增强，形成一批可复制、可推广的经验做法。到 2030 年，新型城市基础设施建设取得显著成效，推动建成一批高水平韧性城市，城市安全韧性持续提升，城市运行更安全、更有序、更智慧、更高效。该意见提出，编制智能化市政基础设施建设和改造行动计划，因地制宜对城镇给水、排水、供电、燃气、热力、消火栓（消防水鹤）、地下综合管廊等市政基础设施进行数字化改造升级和智能化管理。建立涵盖管线类别齐全、基础数据准确、数据共享安全、数据价值发挥充分的地下管网"一张图"体系，打造地下管网规划、建设、运维、管理全流程的基础数据平台，实现地下管网建设运行可视化三维立体智慧管控。强化燃气泄漏智能化监控，严格落实管道安全监管巡查责任，切实提高燃气、供热安全管理水平。

1.2.2　行业绿色低碳转型

（1）《绿色低碳转型产业指导目录（2024 年版）》

2024 年 2 月 29 日，国家发展改革委会同工业和信息化部、自然资源部、生态环境部、住房城乡建设部、交通运输部、中国人民银行、金融监管总局、中国证监会、国家能源局印发《绿色低碳转型产业指导目录（2024 年版）》。该目录是在《绿色产业指导目录（2019 年版）》的基础上，结合绿色发展新形势、新任务、新要求修订形成，共分三级，包括 7 类一级目录、31 类二级目录、246 类三级目录。该目录及其解释说明明确了节能降碳、环境保护、资源循环利用、能源绿色低碳转型、生态保护修复和利用、基础设施绿色升级、绿色服务等绿色低碳转型重点产业的细分类别和具体内涵，对推动经济社会发展绿色低碳转型提供支撑，为各地方、各部门制定和完善相关产业支持政策提供依据。

（2）《国家发展改革委办公厅关于深入开展重点用能单位能效诊断的通知》

2024 年 4 月 30 日，国家发展改革委办公厅发布《国家发展改革委办公厅关于深入开展重点用能单位能效诊断的通知》。该通知明确，到 2024 年底，各地区建立年综合能耗 1 万吨标准煤及以上重点用能单位节能管理档案，完成 60% 以上重点用能单位节能监察，摸清重点用能单位及其主要用能设备能效水平，滚动更新节能降碳改造和用能设备更新项目储备清单。到 2025 年底，各地区建立年综合能耗 5000 吨标准煤及以上重点用能单位节能管理档案，实现重点用能单位节能监察全覆盖，重点用能单位节能降碳管理水平进一步提升，持续完善节能降碳改造和用能设备更新项目储备清单。

（3）《能源绿色低碳转型典型案例》

2024 年 5 月 19 日，国家能源局等部门发布《能源绿色低碳转型典型案例》，系统展示了绿色能源供给新模式、城市

（乡镇）能源增绿减碳、能源产业链碳减排、用能企业（园区）低碳转型等 4 类共 23 个典型案例的基本情况、做法实践、技术特点、实际成效等，旨在为不同领域能源绿色低碳转型提供有益的经验借鉴和实践参考。

"山东海阳核电厂核能供暖工程""陕西宝鸡眉县城区中深层地热能供暖项目""北京城市副中心城市绿心绿电供用能和碳管理项目""河北雄安新区能碳一体化智慧平台"等项目入选。

（4）《国家能源局关于做好新能源消纳工作　保障新能源高质量发展的通知》

2024 年 5 月 28 日，国家能源局发布《国家能源局关于做好新能源消纳工作　保障新能源高质量发展的通知》。该通知针对网源协调发展、调节能力提升、电网资源配置、新能源利用率目标优化等各方关注、亟待完善的重点方向，提出做好消纳工作的举措，对规划建设新型能源体系、构建新型电力系统、推动实现"双碳"目标具有重要意义。

（5）《数据中心绿色低碳发展专项行动计划》

2024 年 7 月 23 日，国家发展改革委、工业和信息化部、国家能源局、国家数据局联合发布《数据中心绿色低碳发展专项行动计划》。该计划明确，到 2030 年底，全国数据中心平均电能利用效率、单位算力能效和碳效达到国际先进水平，可再生能源利用率进一步提升，北方采暖地区新建大型及以上数据中心余热利用率明显提升。该计划提出，鼓励企业自建数据中心余热回收系统，用于园区供热、城市供暖、设施农业等。持续完善废旧数据中心设施设备回收和循环利用，统筹推进重点用能设备更新改造和回收利用。

（6）《中共中央　国务院关于加快经济社会发展全面绿色转型的意见》

2024 年 8 月 11 日，国务院发布《中共中央　国务院关于加快经济社会发展全面绿色转型的意见》。该意见明确，到 2030 年，节能环保产业规模达到 15 万亿元左右，非化石能源消费比重提高到 25% 左右，抽水蓄能装机容量超过 1.2 亿 kW。该意见提出，建立建筑能效等级制度。提升新建建筑中星级绿色建筑比例，推动超低能耗建筑规模化发展。优化建筑用能结构，推进建筑光伏一体化建设，推动"光储直柔"技术应用，发展清洁低碳供暖。因地制宜开发利用可再生能源，有序推进农村地区清洁取暖。

（7）《中国的能源转型》白皮书

2024 年 8 月 29 日，国务院新闻办公室发布《中国的能源转型》白皮书。白皮书包括前言、新时代中国能源转型之路、厚植能源绿色消费的底色、加快构建能源供给新体系、大力发展能源新质生产力、推进能源治理现代化、助力构建人类命运共同体、结束语 8 部分。

白皮书系统阐释了中国能源转型的基本理念，全面介绍了中国能源转型的实践成就，客观展示了中国为全球绿色转型作出的突出贡献，鲜明阐述了中国携手各国共建清洁美丽世界的坚定主张。

（8）《国家发展改革委等部门关于加强煤炭清洁高效利用的意见》

2024 年 9 月 29 日，国家发展改革委等六部门联合发布《国家发展改革委等部门关于加强煤炭清洁高效利用的意见》。该意见提出，充分发挥 30 万 kW 及以上热电联产电厂的供热能力，到 2025 年底，完成其供热半径 30km 范围内的燃煤锅炉和落后燃煤小热电机组（含自备电厂）的关停或整合；加强重点区域煤炭消费减量替代日常调度、预警提醒和工作检查。在落实气源等前提下，因地制宜推进"煤改气""煤改电"，鼓励采用工业余热、热电联产等方式及地热、光热等清洁能源替代散煤使用。稳妥推进农村清洁取暖，逐步减少农业生产用煤。到 2025 年底，大气污染防治重点区域平原地区散煤基本清零。

（9）《国家发展改革委等部门关于大力实施可再生能源替代行动的指导意见》

2024 年 10 月 30 日，国家发展改革委等六部门联合发布《国家发展改革委等部门关于大力实施可再生能源替代行动的指导意见》。该意见明确，"十四五"重点领域可再生能源替代取得积极进展，2025 年全国可再生能源消费量达到 11 亿吨标准煤以上。"十五五"各领域优先利用可再生能源的生产生活方式基本形成，2030 年全国可再生能源消费量达到 15 亿吨标准煤以上，有力支撑实现 2030 年碳达峰目标。

（10）《中华人民共和国能源法》

2024 年 11 月 8 日，十四届全国人大常委会第十二次会议表决通过《中华人民共和国能源法》，自 2025 年 1 月 1 日起施行。《中华人民共和国能源法》强调，保障国家能源安全，促进经济社会绿色低碳转型和可持续发展，积极稳妥推进碳达峰碳中和，突出加快能源绿色低碳发展的战略导向。

我国能源资源禀赋"富煤、贫油、少气"，同时风能、太阳能、生物质能、地热能、海洋能等资源丰富，发展可再生能源潜力巨大。应对能源需求压力巨大、供给制约较多、绿色低碳转型任务艰巨等挑战，需要大力发展可再生能源。《中华人民共和国能源法》在法律层面统筹高质量发展与高水平安全，将为加快构建清洁低碳、安全高效的新型能源体系提供坚强法治保障。

1.2.3 城镇供热运行保障

（1）《国家发展改革委 国家能源局关于加强电网调峰储能和智能化调度能力建设的指导意见》

2024 年 2 月 27 日，国家发展改革委、国家能源局联合发布《国家发展改革委 国家能源局关于加强电网调峰储能和智能化调度能力建设的指导意见》。该指导意见明确，到 2027

年，电力系统调节能力显著提升，抽水蓄能电站投运规模达到
8000 万 kW 以上，需求侧响应能力达到最大负荷的 5% 以上，
保障新型储能市场化发展的政策体系基本建成，适应新型电力
系统的智能化调度体系逐步形成，支撑全国新能源发电量占比
达到 20% 以上、新能源利用率保持在合理水平，保障电力供
需平衡和系统安全稳定运行。

（2）《国家发展改革委　国家能源局关于建立煤炭产能储
备制度的实施意见》

2024 年 4 月 12 日，国家发展改革委、国家能源局发布
《国家发展改革委　国家能源局关于建立煤炭产能储备制度的
实施意见》，有效期 5 年。该实施意见指出，到 2027 年，初步
建立煤炭产能储备制度，有序核准建设一批产能储备煤矿项
目，形成一定规模的可调度产能储备。到 2030 年，产能储备
制度更加健全，产能管理体系更加完善，力争形成 3 亿 t/ 年
左右的可调度产能储备，全国煤炭供应保障能力显著增强，供
给弹性和韧性持续提升。

（3）《天然气利用管理办法》

2024 年 6 月 19 日，国家发展改革委发布《天然气利用管
理办法》，自 2024 年 8 月 1 日起施行。该办法提出，天然气利
用分优先类、限制类、禁止类和允许类。对集中供暖用户（指
中心城区、新区的中心地带）；已纳入国家级规划计划，气源
已落实、气价可承受地区按照"以气定改"已完成施工的农村

清洁取暖项目（含居民炊事、生活热水等用气）；天然气热电联产项目；天然气分布式能源项目（综合能源利用效率70%以上，包括与可再生能源的综合利用、多能互补项目）等优先类用气项目，鼓励地方各级人民政府及相关部门在规划、用地、融资、财税等方面给予政策支持。

（4）《中华人民共和国能源法》

2025年1月1日起施行的《中华人民共和国能源法》对能源储备、能源应急以及能源供应保障工作也做出了明确的要求。

第七条　国家完善能源产供储销体系，健全能源储备制度和能源应急机制，提升能源供给能力，保障能源安全、稳定、可靠、有效供给。

第三十六条　承担电力、燃气、热力等能源供应的企业，应当依照法律、法规和国家有关规定，保障营业区域内的能源用户获得安全、持续、可靠的能源供应服务，没有法定或者约定事由不得拒绝或者中断能源供应服务，不得擅自提高价格、违法收取费用、减少供应数量或者限制购买数量。

1.2.4　行业监督与管理

（1）《住房城乡建设部关于全面开展城市体检工作的指导意见》

2023年11月29日，住房城乡建设部发布《住房城乡建设部关于全面开展城市体检工作的指导意见》，明确在地级及以上城市全面开展城市体检工作，扎实有序推进实施城市更新行动。该指导意见明确，要围绕住房、小区（社区）、街区、城区（城市），建立城市体检基础指标体系，设定一定数量的核心指标。核心指标为能够获得精准稳定数据、可以进行纵向横向对比且具可持续性的指标。

（2）《突发事件应急预案管理办法》

2024 年 1 月 31 日，国务院办公厅印发修订后的《突发事件应急预案管理办法》。该办法共 8 章 43 条，围绕增强应急预案的针对性、实用性和可操作性，结合国家应急管理体制改革情况，主要从 7 个方面完善了应急预案管理措施：一是理清管理职责；二是优化体系构成；三是完善编制要求；四是规范审批流程；五是加强应急演练；六是强化培训宣传；七是加强信息化建设。该办法还对应急预案的评估修订、经费保障、指导监督等提出了要求。

（3）《基础设施和公用事业特许经营管理办法》

2024 年 3 月 28 日，国家发展改革委、财政部、住房城乡建设部、交通运输部、水利部、中国人民银行联合发布《基础设施和公用事业特许经营管理办法》。该办法于 2024 年 5 月 1 日实施，中华人民共和国境内的交通运输、市政工程、生态保护、环境治理、水利、能源、体育、旅游等基础设施和公用事业领域的特许经营活动，适用该办法。该办法提出，特许经营最长期限延长到 40 年，鼓励民营企业通过直接投资、独资、控股、参与联合体等多种方式参与特许经营项目。

（4）《住房城乡建设部关于开展房屋市政工程安全生产治本攻坚三年行动的通知》

2024 年 4 月 15 日，住房城乡建设部发布《住房城乡建设部关于开展房屋市政工程安全生产治本攻坚三年行动的通知》。该通知提出，着力在施工安全事前预防机制、施工安全数字化监管体系、市场现场监管有效联动机制、安全生产监督执法能力、企业本质安全水平、安全生产文化建设六个方面，补短板、强弱项，推动房屋市政工程安全生产水平迈上新台阶，切实提高风险隐患排查整改质量，切实提升发现问题和解决问题的强烈意愿和能力水平，有效降低事故总量，坚决遏制重特大事故发生，保障安全生产形势持续稳定向好。该通知明确，到 2024 年底前，基本消除 2023 年及以前排查发现的重大事故隐患存量，力争实现生产安全事故"双下降"；2025 年底前有效遏制重大事故隐患增量，较大及以上事故得到有效遏制；2026 年底前形成重大事故隐患动态清零的常态化机制，生产安全事故总量、相对指标显著下降。

（5）《中华人民共和国突发事件应对法》

2024 年 6 月 28 日，《中华人民共和国突发事件应对法》由中华人民共和国第十四届全国人民代表大会常务委员会第十次会议修订通过，自 2024 年 11 月 1 日起施行。突发事件的预防与应急准备、监测与预警、应急处置与救援、事后恢复与重建等应对活动，适用本法。修订后的《中华人民共和国突发事件应对法》明确党对突发事件应对工作的领导，完善党委领导、政府负责、部门联动、军地联合、社会协同、公众参与、科技支撑、法治保障的治理体系。完善突发事件应对管理与指挥体制，明确各方责任。设专章对管理与指挥体制作出规定。

1.2.5　能源数字化转型

（1）《工业领域数据安全能力提升实施方案（2024—2026 年）》

2024 年 2 月 26 日，工业和信息化部印发《工业领域数据安全能力提升实施方案（2024—2026 年）》。该方案提出，到 2026 年底，我国工业领域数据安全保障体系基本建立；数据安全保护意识普遍提高，重点企业数据安全主体责任落实到位，重点场景数据保护水平大幅提升，重大风险得到有效防控；数据安全政策标准、工作机制、监管队伍和技术手段更加健全；数据安全技术、产品、服务和人才等产业支撑能力稳步提升。

（2）《国家发展改革委　国家数据局　财政局　自然资源部关于深化智慧城市发展　推进城市全域数字化转型的指导意见》

2024 年 5 月 20 日，国家发展改革委、国家数据局、财政部、自然资源部联合发布《国家发展改革委　国家数据局　财政局　自然资源部关于深化智慧城市发展 推进城市全域数字化转型的指导意见》。该指导意见提出，加快推动城市建筑、道路桥梁、园林绿地、地下管廊、水利水务、燃气热力、环境卫生等公共设施数字化改造、智能化运营，统筹部署泛在韧性的城市智能感知终端。该指导意见明确，到 2027 年，全国城市全域数字化转型取得明显成效，形成一批横向打通、纵向贯通、各具特色的宜居、韧性、智慧城市，有力支撑数字中国建设。到 2030 年，全国城市全域数字化转型全面突破，人民群众的获得感、幸福感、安全感全面提升，涌现一批数字文明时代具有全球竞争力的中国式现代化城市。

（3）《数字化绿色化协同转型发展实施指南》

2024 年 8 月 24 日，中央网信办秘书局、国家发展改革委办公厅等十部门联合印发《数字化绿色化协同转型发展实施指南》。其中指出，通过基础设施降碳，优化新能源供给方式，加快推进应用侧节能，提高水资源利用效率，实施动态化精准管理等手段，共同推动绿色数据中心建设。该指南提出，支持采用智慧节能熔炼、热处理等设备，提高余热余压余气利用水平。积极构建电、热、冷、气等多能高效互补的用能结构，利用数字技术实现清洁能源优化配置。

1.2.6　碳达峰碳中和

（1）《碳排放权交易管理暂行条例》

《碳排放权交易管理暂行条例》于 2024 年 1 月 5 日国务院第 23 次常务会议通过，自 2024 年 5 月 1 日起施行。该条例总结实践经验，坚持全流程管理，重在构建基本制度框架，保障碳排放权交易政策功能的发挥。该条例共 33 条，主要包括以下内容：一是坚持党的领导。明确碳排放权交易及相关活动的管理，应当坚持中国共产党的领导，贯彻党和国家路线方针政策和决策部署。二是明确监督管理体制。规定国务院生态环境主管部门负责碳排放权交易及相关活动的监督管理工作，国务院有关部门按照职责分工负责有关监督管理工作。三是构建碳排放权交易管理基本制度框架。明确全国碳排放权注册登记机构和交易机构的法律地位和职责，碳排放权交易覆盖范围以及交易产品、交易主体和交易方式，重点排放单位确定，碳排放配额分配，年度温室气体排放报告编制与核查以及碳排放配额清缴和市场交易等事项。四是防范和惩处碳排放数据造假行为。主要从强化重点排放单位主体责任、加强对技术服务机构的管理、强化监督检查、加大处罚力度等方面作出明确规定。

（2）《加快推动建筑领域节能降碳工作方案》

2024 年 3 月 12 日，国务院办公厅转发国家发展改革委、住房城乡建设部《加快推动建筑领域节能降碳工作方案》。该方案明确，到 2025 年，建筑领域节能降碳制度体系更加健全，城镇新建建筑全面执行绿色建筑标准，新建超低能耗、近零能耗建筑面积比 2023 年增长 0.2 亿 m^2 以上，完成既有建筑节能改造面积比 2023 年增长 2 亿 m^2 以上，建筑用能中电力消费占比超过 55%，城镇建筑可再生能源替代率达到 8%，建筑领域节能降碳取得积极进展。

该方案提出，各地区要结合实际制定供热分户计量改造方案，明确量化目标任务和改造时限，逐步推动具备条件的居住建筑和公共建筑按用热量计量收费，户内不具备供热计量改造价值和条件的既有居住建筑可实行按楼栋计量。北方采暖地区新竣工建筑应达到供热计量要求。加快实行基本热价和计量热价相结合的两部制热价，合理确定基本热价比例和终端供热价格。因地制宜推进热电联产集中供暖，支持建筑领域地热能、生物质能、太阳能供热应用，开展火电、工业、核电等余热利用。推动农村用能低碳转型，引导农民减少煤炭燃烧使用，鼓励因地制宜使用电力、天然气和可再生能源。

（3）《2024—2025 年节能降碳行动方案》

2024 年 5 月 29 日，国务院印发《2024—2025 年节能降碳行动方案》。该方案明确，2025 年非化石能源消费占比达到 20% 左右，重点领域和行业节能降碳改造形成节能量约 5000 万 tce、减排二氧化碳约 1.3 亿 t，尽最大努力完成"十四五"节能降碳约束性指标。该方案提出，因地制宜推进北方地区清洁取暖，推动余热供暖规模化发展。到 2025 年底，城镇新建建筑全面执行绿色建筑标准，新建公共机构建筑、新建厂房屋顶光伏覆盖率力争达到 50%，城镇建筑可再生能源替代率达到 8%，新建超低能耗建筑、近零能耗建筑面积较 2023 年增长 2000 万 m² 以上。

该方案提出，落实大规模设备更新有关政策，结合城市更新行动、老旧小区改造等工作，推进热泵机组、散热器、冷水机组、外窗（幕墙）、外墙（屋顶）保温、照明设备、电梯、老旧供热管网等更新升级，加快建筑节能改造。加快供热计量改造和按热量收费，各地区要结合实际明确量化目标和改造时限。实施节能门窗推广行动。到 2025 年底，完成既有建筑节能改造面积较 2023 年增长 2 亿 m^2 以上，城市供热管网热损失较 2020 年降低 2 个百分点左右，改造后的居住建筑、公共建筑节能率分别提高 30%、20%。

（4）《关于建立碳足迹管理体系的实施方案》

2024 年 6 月 4 日，生态环境部等十五部门联合发布《关于建立碳足迹管理体系的实施方案》。该方案明确，到 2027 年，碳足迹管理体系初步建立。制定发布与国际接轨的国家产品碳足迹核算通则标准，制定出台 100 个左右重点产品碳足迹核算规则标准，产品碳足迹因子数据库初步构建，产品碳足迹标识认证和分级管理制度初步建立，重点产品碳足迹规则国际衔接取得积极进展。到 2030 年，碳足迹管理体系更加完善，应用场景更加丰富。

（5）《加快构建碳排放双控制度体系工作方案》

2024 年 8 月 2 日，国务院办公厅印发《加快构建碳排放双控制度体系工作方案》。该方案明确，"十五五"时期，实施以强度控制为主、总量控制为辅的碳排放双控制度，建立碳达峰碳中和综合评价考核制度，加强重点领域和行业碳排放核算能力，健全重点用能和碳排放单位管理制度，开展固定资产投资项目碳排放评价，构建符合中国国情的产品碳足迹管理体系和产品碳标识认证制度，确保如期实现碳达峰目标。碳达峰后，实施以总量控制为主、强度控制为辅的碳排放双控制度，建立碳中和目标评价考核制度，进一步强化对各地区及重点领域、行业、企业的碳排放管控要求，健全产品碳足迹管理体系，推行产品碳标识认证制度，推动碳排放总量稳中有降。

（6）《国家发展改革委 市场监管总局 生态环境关于进一步强化碳达峰碳中和标准计量体系建设行动方案（2024—2025年）的通知》

2024年8月8日，国家发展改革委、市场监管总局、生态环境部发布的《国家发展改革委 市场监管总局 生态环境关于进一步强化碳达峰碳中和标准计量体系建设行动方案（2024—2025年）的通知》指出，2024年，发布70项碳核算、碳足迹、碳减排、能效能耗、碳捕集利用与封存等国家标准，基本实现重点行业企业碳排放核算标准全覆盖。2025年，面向企业、项目、产品的三位一体碳排放核算和评价标准体系基本形成，重点行业和产品能耗能效技术指标基本达到国际先进水平，建设100家企业和园区碳排放管理标准化试点。

（7）《碳达峰碳中和重大宣示四周年"碳达峰十大行动"取得积极成效》

2024年9月23日，国家发展改革委发布的《碳达峰碳中和重大宣示四周年"碳达峰十大行动"取得积极成效》中显示，"十四五"以来，完成煤电节能降碳改造、灵活性改造、供热改造超 7 亿 kW。与 2020 年相比，2023 年全国煤炭消费比重下降了 1.6 个百分点，北方地区清洁取暖率提高了约 15 个百分点。2023 年煤电平均供电煤耗降至 303gce/kWh。其中指出，中央财政累计投入资金 1209 亿元，带动地方各类投入超过 4000 亿元，有力支持各地因地制宜推进清洁取暖，2023 年北方地区清洁取暖率近 80%。

（8）《完善碳排放统计核算体系工作方案》

2024 年 10 月 24 日，国家发展改革委、生态环境部、国家统计局、工业和信息化部、住房城乡建设部、交通运输部、市场监管总局、国家能源局印发《完善碳排放统计核算体系工作方案》。该方案中指出，到 2025 年，国家及省级地区碳排放年报、快报制度全面建立，一批行业企业碳排放核算标准和产品碳足迹核算标准发布实施，产品碳足迹管理体系建设取得积极进展，国家温室气体排放因子数据库基本建成并定期更新，碳排放相关计量、检测、监测、分析能力水平得到显著提升。

1.3　行业近 3 年发布的相关标准

（1）《城市热力管道安全风险评估方法》GB/T 44548—2024

该标准于 2024 年 9 月 29 日发布，2025 年 4 月 1 日实施，由北京市热力集团有限责任公司等单位共同起草，规定了热力管道安全评估的术语和定义、符号、一般规定、评估方法及工作流程、资料收集、失效可能性评估、失效后果严重性评估、安全等级评估、安全等级分级管理、安全评估报告编制。

该标准在参考国际现行城市管道风险管理体系、标准规范及经验做法的基础上，从热力管道失效可能性和失效后果两个方面出发，全面反映热力管道当前的安全状态，并以 ALARP 原则为基准，实现对热力管道安全状态的分级管理，适用于自热源出口至热用户之间既有或新建热力管道的安全评估，不包括热力站、中继泵站、隔压站等站房内管道。

该标准为企业全面了解热力管道的基础信息、安全现状提供统一的评估标准，为供热企业制定管道安全管理策略与计划提供宏观决策依据。

（2）《供热运营数据统计方法》GB/T 43097—2023

该标准于 2023 年 9 月 7 日发布，2024 年 4 月 1 日实施，由中国城镇供热协会等单位共同起草，规定了供热运营数据统计方法的基本要求、供热单位信息、供热设施基础信息、供热单位经营数据、供热运行数据和农村供热数据。

该标准通过建立全面反映供热要素特征、规模、结构、水平等指标的供热运营统计指标体系，采用科学的统计方法和先进适用的统计手段，对供热行业生产运营的相关活动进行统计调查、收集整理、提供统计资料、开展统计分析。既适用于供热企业自身管理统计，也适用于政府、行业整体数据的统计。

该标准为国家了解供热行业对国民经济和城市基础设施建设发展的贡献和影响、制定供热行业发展规划、进行宏观调控和决策提供依据，为供热行业各有关部门和企业加强供热行业的规划建设、运行组织、经营管理和科学研究提供依据。

（3）《城镇供热管道保温结构散热损失测试与保温效果评定方法》GB/T 28638—2023

该标准于 2023 年 8 月 6 日发布，2024 年 3 月 1 日实施，在《城镇供热管道保温结构散热损失测试与保温效果评定方法》GB/T 28638—2012 的基础上修订而成，由北京市公用事业科学研究所等单位共同起草。

修订的主要技术内容包括：更改了适用范围；增加了管廊、隧道敷设管道的测试方法；更改了热流传感器误差；更改了热电偶的测试方法；更改了热电阻的测试方法；更改了外护管计算热流密度的条件；更改了管道土壤导热系数的取样和测试方法等。

该标准适用于城镇供热管道、管路附件以及管道接口部位保温结构散热损失的测试与保温效果评定，旨在优化测试与评定方法，提高测试结果准确性，提升城镇供热管道的保温效果，减少散热损失，促进节能减排。

（4）《城镇供热预制保温管道技术指标检测方法》GB/T 29046—2023

该标准于 2023 年 9 月 7 日发布，2024 年 4 月 1 日实施，在《城镇供热预制直埋保温管道技术指标检测方法》GB/T 29046—2012 的基础上修订而成，由北京市公用事业科学研究所等单位共同起草。

修订的主要技术内容包括：更改了适用范围；更改了表观导热系数的术语和定义；更改了保温层结构挤压变形量的检测方法；增加了钢塑复合工作管的检测方法；增加了塑料工作管的检测方法；更改了体积密度测试仪器设备的要求等。

该标准适用于城镇供热预制热水和蒸汽保温管道、管件及接口技术指标的检测与评定，旨在细化和优化外观、结构尺寸、工作管、保温层、外护管等的检测方法，提高检测结果的准确性和可靠性，推动相关检测技术和设备的研发和应用，促进供热技术的进步和发展。

（5）《城镇供热管网设计标准》CJJ/T 34—2022

该标准于 2022 年 4 月 29 日发布，2022 年 8 月 1 日实施，在《城镇供热管网设计规范》CJJ/T 34—2010 的基础上修订而成，由北京市煤气热力工程设计院有限公司等单位共同起草。

修订的主要技术内容包括：修改了标准适用范围；调整了民用建筑供暖热负荷指标；降低了热水供热管网的回水温度推荐值；删除了开式热水管网的相关规定；调整了部分水力计算参数；增加了分布循环泵式供热管网水力计算的要求；增加了长输管线、隔压站及综合管廊的有关规定；调整了管道材料的规定；增加了地上敷设或管沟敷设管道的应力验算；增加了架空、管沟和直埋敷设方式供热管道的保温计算等。

该标准以保障供热系统安全运行为宗旨，以供热系统节能提效为目标，针对供热管网的设计提出统一标准要求，是供热行业的设计专用标准。规定了城镇供热管网设计的基本原则，确保设计的安全性、经济性和环保性，有利于提高供热管网建设的可靠性、安全性，适用于自热源出口至建筑热力入口的城镇供热管网系统。

（6）《低环境温度空气源多联式热泵（空调）机组》GB/T 25857—2022

该标准于 2022 年 12 月 30 日发布，2023 年 7 月 1 日实施，在《低环境温度空气源多联式热泵（空调）机组》GB/T 25857—2010 的基础上修订而成，由珠海格力电器股份有限公司等单位共同起草。

修订的主要技术内容包括：更改了标准适用范围；更改了型号编制要求；更改了机组正常工作的环境条件，调整了部分试验工况；更改了名义制热（冷）量的允差要求，更改了"制冷消耗功率""低温制热消耗功率""低温制热量""名义制冷消耗功率"的性能要求；增加了"待机功率"的性能要求等。

该标准适用于在室外环境温度低至 -25℃的条件下仍能热泵制热运行的多联式热泵（空调）机组（按室外环境温度低于 -25℃设计的机组可参照执行），针对产品的最低运行温度条件、制热量衰减率等方面提出了更为严格的技术参数，同时加强了对于系统能效比（*IPLV*）、噪声控制水平等方面的具体数值限定。

（7）《建筑与市政施工现场安全卫生与职业健康通用规范》GB 55034—2022

该规范于 2022 年 10 月 31 日发布，2023 年 6 月 1 日实施，为强制性工程建设规范，全部条文必须严格执行，由中国建筑第七工程局有限公司等单位共同起草。

建筑与市政工程施工现场安全、环境、卫生与职业健康管理必须执行该规范。该规范包括总则、基本规定、安全管理、环境管理、卫生管理、职业健康管理等内容，强调从施工准备、施工过程到施工结束的全过程管理，涵盖所有作业活动和作业人员；旨在保障建筑与市政施工现场作业人员的安全与健康，防止和减少安全事故和职业危害。

（8）《供热碳排放核算和碳排放责任分摊方法》T/CDHA 20—2024、T/CAR20—2024

该标准由中国城镇供热协会和中国制冷学会于 2024 年 11 月 11 日联合发布，2025 年 2 月 1 日实施，由清华大学等单位共同起草。

该标准规定了集中供热系统利用各种能源进行热量制备和热量输送过程的碳排放核算方法，以及热源、热网、热用户之间的碳排放责任分摊方法；适用于与建筑供暖、建筑其他用热和工业生产过程用热相关的碳排放核算和碳排放责任分摊。

该标准碳排放责任核算范围包括热量制备和输送过程中产生的碳排放，不包括热量制备及输送系统的设备制造、燃料生产及运输等产生的碳排放。

（9）《热力站建设标准》T/CDHA 507—2024

该标准由中国城镇供热协会于 2024 年 12 月 25 日发布，2025 年 5 月 1 日实施，由国家电投集团东北电力有限公司、天津能源投资集团有限公司等单位共同起草，适用于新建、改建和扩建的热力站工程。

该标准通过明确热力站建设过程中的关键技术指标和施工规范，提升热力站建设水平，增强热力站供热安全管控能力，促进热力站节能增效。旨在为热力站的工程设计、材料选择、施工验收、运行调节提供科学、规范的技术指导，最终达到优化资源配置，提升供热系统整体运行效率的目的。

1.4　行业新技术、新产品与新材料应用

1.4.1　光储直柔

光储直柔，英文简称 PEDF（Photovoltaics，Energy storage，Direct current and Flexibility），是指在建筑领域应用光伏发电、储能、直流配电和柔性交互四项技术的简称，可打造近零能耗绿色建筑。

"光"，指的是建筑中的分布式太阳能光伏发电设施，这些设施可以固定在建筑周围区域、建筑外表面或直接成为建筑的

构件，例如光伏板、柔性太阳能薄膜、太阳能玻璃等，推广建筑分布式光伏已成为低碳建筑的必然选择。"储"，指的是建筑中的储能设施，包括电化学储能、生活热水储能、建筑围护结构热惰性储能等多种形式。"直"，指的是建筑低压直流配电系统，直流设备连接至建筑的直流母线，直流母线通过 AC/DC 变换器与外电网连接，构建直流电器生态是推广"光储直柔"技术的基础。"柔"指的是柔性用电，也是"光储直柔"技术的最终目的。发展柔性用电技术，在满足正常使用的条件下，使建筑对外界能源的需求量具有弹性，以应对大量可再生能源供给带来的不确定性。

光储直柔技术的优势包括易于规模化安装，对电网扩容压力小，电网调度压力小，弃光率低，低压直流不会对人体造成致命伤害、可提升安全可靠性，电能质量更优，商业模式多样化，投资方、电网、用户共享利益，各方积极性高等。国务院印发的《2030 年前碳达峰行动方案》，在"加快优化建筑用能结构"中提出提高建筑终端电气化水平，建设集光伏发电、储能、直流配电、柔性用电于一体的"光储直柔"建筑。科学技术部和住房城乡建设部也将其列入"十四五"重点科技专项来研究。2025 年 1 月 20 日，国家发展改革委印发《绿色技术推广目录（2024 年版）》，其中入选了一批光储直柔相关技术。

长三角可持续发展研究院 8 号楼光储直柔示范项目是上海首个全要素的光储直柔建筑示范项目。屋面大面积铺设光伏板，光伏板采用高效单晶硅组件，可满足楼内直流负载用电；多余电储存于蓄电池，通过充电桩将电动车的储电能力利用起来，根据储能优化算法配置容量达 50kWh，8 号楼综合消纳率可达 63%。使用智能自适应 V2G 充电桩，充电桩功率和终端个数可根据场景需求智能搭配，实现 V2G 模块分时复用，缩短产品回报周期。直流照明系统直流浮地供电，与人不形成回路，降低触电风险；实现了云端照明群控制，分级柔性调光控制，回路健康监测和预警；采用第三代半导体 SiC 元件，提升能源效率，降低损耗；同时提供削峰填谷、动态增容、需求侧响应等服务。通过自主研发的柔性能源控制平台和柔性控制策略，进行能源综合管理及调控。柔性调节能力范围达 10%～100%。项目年均发电量 3.5 万 kWh，基本可满足建筑的用电需求，直流照明系统较交流系统能效提升 10%[1]。

1.4.2　氢能供热

氢既是重要的工业原料，也是高效清洁的二次能源，具有燃烧热值高、燃烧产物无污染等特点。在能源转型过程中，氢作为一种清洁能源和良好的能源载体，具有来源广泛、易于储能、应用面广、能量密度大等多种优势。

总体来看，氢能在供热领域的应用主要有两种方式：天然气掺氢和氢能燃料电池的热电联产。目前，天然气掺氢仍是有

---

① 资料来源：上海市减污降碳中心。

效输送和利用氢气的重要方式，可提高氢能多样化利用水平；通过开展天然气掺氢混烧的示范应用，有利于促进氢能规模消纳，推动氢能产业健康发展。同时，以燃料电池为载体的热电联供系统能有效接驳天然气、氢气等燃料，实现供热领域中能源的高效利用[①]。

天然气掺氢技术，是将氢气与天然气按一定比例混合而得到的代用气体燃料，将清洁能源和传统能源相结合，具有降低碳排放、优化能源结构、提高能源利用效率、降低供热系统对化石能源依赖性等显著优势。目前国内对掺氢燃烧的研究多以制氢、储氢、输氢为主，终端利用主要集中在民用燃烧设备及燃气轮机的适应性研究上。近年来，国内外学者在掺氢燃烧方面已经开始研究，大多集中在掺氢后的化学反应机理上或对燃烧的某一种特性的影响分析中。

以氢能燃料电池为载体的氢能热泵系统在北京市石景山区已投产使用。该系统利用氢能燃料电池发电驱动空气源热泵及氢能燃料电池产热共同加热二次管网回水，作为补充热源与燃气锅炉联合工作。该项目供热面积 12.48 万 m²，以居民供热为主，采用燃气锅炉供热。选配 2 台 85kW 的氢能供热机组，利用安全有机液储运氢技术，加热现状二次管网回水，作为补

---

① 汉京晓，白伟，冯俊小，等. 氢能在供热领域的研究与分析［J］. 区域供热，2021（3）：45-52.

充热源与原有燃气锅炉联合工作，系统综合 *COP* 为 1.5。脱氢系统用催化方式将氢从含氢有机液中释放出，以氢能为驱动能源，可同时利用氢燃料电池产生的电能和热能。为验证机组的性能及稳定性，项目运行期间有机液供热设备在供暖期长期工作，实际运行时可适当降低燃气锅炉供热量。该项目通过安全有机液储运氢技术，解决了氢能储运的难题，含氢有机液具有不易燃、不易爆、不挥发、无毒、无腐蚀性等特性，化学性质稳定。按照现行国家相关标准，含氢有机液属于非危化品，可以按照普通货物运输管理。该项目采用氢能供热系统设备后，实现等效供热 5000m²，每年可减少燃气消耗 4 万 Nm³，二氧化碳减排量达 80t。但氢能供热受原材料供应的制约，且其初期投资和运行成本较高，在现有技术基础上，尚不具备广泛推广的条件。

1.4.3　二氧化碳空气源热泵

二氧化碳空气源热泵是以二氧化碳（R744）为制冷剂的一种热泵，与传统空气源热泵相比，具有低温性能好、环保性能优、安全可靠性高、系统紧凑等优点，其中耐低温性是其最突出的优势。二氧化碳的临界温度低，在低温环境下仍能保持较好的制热性能，能在 −20℃甚至更低的环境温度下稳定运行并提供较高的出水温度，而传统空气源热泵在极寒天气下制热效果会大打折扣，能效比也会显著降低。但在实际应用中，二氧化碳空气源热泵具有运行压力高、能效受环境影响大（高温、高湿极端环境）、设备成本高、技术成熟度有限等缺点。
特别是由于初期投资较大，一定程度上限制了其市场推广和
应用。

河北省正定县二氧化碳空气能供暖工程已在 4 个居民小区
建成投用，供热面积 28.5 万 m^2。以供热面积近 13 万 m^2 的正定
县润江壹号院小区为例，通过供热改造，该小区全年常规能源
替代量可达 304.7tce，二氧化碳减排量 752.6t / 年，二氧化硫减
排量 6.1t / 年，粉尘减排量 3.05t / 年，年节约费用 60.9 万元 [①]。

1.4.4 跨季节储热

跨季节储热技术是一种通过将非供暖季（如春季、夏季、
秋季）的余热、太阳能等热能储存在储热介质中供冬季使用的
技术，旨在解决太阳能、余热资源等在时间、空间上的供需不
匹配问题，是提高可再生能源利用率的关键技术。其原理是通
过储热介质（如水、土壤、相变材料等）将热量长期储存，冬
季通过热泵或换热系统提取使用。

根据储热介质的不同，跨季节储热技术可分为显热储热、
潜热储热与热化学储热 3 种类型。潜热储热利用介质在相变过
程中吸收或放出的潜热来实现热能存储，而热化学储热则依靠

---

① 数据来源：河北省住房和城乡建设厅办公室. 正定县推进分布式二
   氧化碳热泵供热项目建设 构建供热新发展格局［EB/OL］.（2023-
   06-25）［2025-04-01］. https://zfcxjst.hebei.gov.cn/hbzjt/xwzx/
   sxdt/101685356184525.html

可逆化学反应或吸 / 脱附过程中的反应焓实现储放热，两者均具有较高的储能密度，但由于其储热系统较为复杂，技术尚不成熟，目前仍未进行大规模的工程实践。显热储热原理简单，技术较为成熟，仍是目前跨季节储热工程实践中应用最广泛的储热方式之一。

　　跨季节显热储热技术大体上包括 4 种类型：罐式储热、池式储热、地埋管储热和含水层储热。罐式储热与池式储热统称为水体储热，主要利用储罐、地下水池或水坑（如既有矿坑或者新建矿坑等）来储存热量。与其他储热技术相比，水体储热具有储热温度高、储热效率高、受水文地质条件影响小、安装灵活等优点，但投资相对较高、设计较为复杂。影响其储热性能的关键技术要素是储热体的几何形状、尺寸、材料等。地埋管储热利用埋地管道将热量储存在周围土壤中。由于土壤的储热密度较低，需要通过增加储热体积来满足储热量的要求。含水层储热通过注入与抽取地下水将热量储存在包含地下水的地下沙土、石灰岩层等结构中。这两种储热类型的建造成本较低，并且能够灵活应用于供热与供冷，但是均对地质条件要求较高，也存在储能密度低、热损失大等问题。而且这两种方式一般需与地源热泵结合起来应用。

　　西藏浪卡子县城的太阳能供热工程是我国首次将大型跨季节储热技术引入西藏。项目总集热面积 $22275m^2$，供热面积 8.26 万 m^2，水池体积 3.5 万 m^3，辅助热源为 3MW 电锅炉，工程总投资 1.73 亿元。无供暖需求时，太阳能系统正常运行，把热量存储在蓄热池，供季节性使用。有供暖需求时，太阳能系统直接提供热量给用户管网；在太阳能无法满足用热需求时，使用热泵作为辅助能源，提供热量给用户；在热泵无法正常工作时，使用蓄热池提供热量给用户。项目建成后室内温度在 18～20℃。供暖期太阳能输出功率约为 16706.25MWh，单位供热面积建设费用为 1460 元 /m²，单位供热面积运行费用为 2 元 /m²。年节省标准煤 293.2t[①]。

1.4.5 燃气锅炉烟气余热深度回收

常见烟气余热回收技术可分为传统冷凝技术、吸收式换热技术及热泵技术三大类，亦可分为接触式换热、间壁式换热、蓄热式换热和热管式换热及热泵技术五种回收方式，根据不同的工艺需求可组合使用。

天然气锅炉的烟气余热中，超低品位余热（通常指排烟温度为 20～60℃的烟气余热）包含大量水蒸气潜热（约占余热总量的 30%～50%）。传统余热回收技术难以高效提取此类热量，而超低品位余热深度回收技术通过冷凝换热 + 热泵提温的组合方案，可将排烟温度降至 30℃甚至 20℃以下，同时将回收的热量提升至可直接利用的温度（50～80℃），显著提升

---

① 数据来源：《全国可再生能源供暖（制冷）典型案例汇编（2024）》（第四批）。

能源利用效率。

北京某供热厂 2 座供热锅炉房内共有 10 台容量为 29MW 的燃气锅炉，节能改造前燃气锅炉排烟温度虽已降到 70℃ 左右，但排烟热损失仍较大，排烟中水蒸气含量大，排烟潜热未被回收利用，且排烟雾气大，对周围居民室外空气环境造成不良影响。2017 年，锅炉加装防腐高效烟气冷凝热能回收装置与吸收式热泵相结合的烟气深度回收利用系统，对 2017—2018 供暖期烟气冷凝余热深度回收系统进行跟踪检测，结果表明，烟气温度可由 60.0～70.0℃ 降至 23.8～34.0℃（平均为 27.9℃），系统综合节能率为 10.2%～12.9%。项目实施后，每个供暖期可节省燃气 229.4 万 m^3，节省标准煤 2785.6t，节省燃气费 624 万元，减少 CO_2 排放 4722.5t、减少 SO_2 排放 191.5kg 和减少 NO_x 排放 2332kg，社会、经济和环境效益巨大。

该项目通过采用烟气冷凝余热深度回收利用技术，提升了燃气锅炉能源效率，将烟气热量"吃干榨净"，实现了高效能与友好排放，具有非常显著的节能减排意义 [1]。

1.4.6　燃煤电厂余热利用与超净排放协同

燃煤电厂余热利用与超净排放协同技术是一项旨在实现燃

---

[1]　穆连波，王随林，朱峰，等. 燃气锅炉烟气冷凝余热深度回收系统应用与节能分析 [J]. 暖通空调，2020，50（12）：65-69.

煤电厂高效节能、超低排放和资源化利用的创新技术。通过深度回收烟气余热、降低污染物排放，并协同处理废水，实现了节能、减排、降碳、减污的多重目标。

由于燃煤电厂烟气温度高且含大量粉尘、二氧化硫等污染物，以往的余热回收设备侧重高温段余热回收及解决设备磨损腐蚀问题，需要抗腐蚀、抗堵塞设备，同时还需配置高效除尘和脱硫设备。因而其余热回收系统复杂，需配套多种环保及控制系统，建设和维护成本高。燃煤电厂余热利用与超净排放协同技术采用"烟气直接喷淋降温 + 吸收式热泵 + 压缩式热泵"工艺，通过喷淋塔将烟气温度降至 15℃以下，采用吸收式与压缩式热泵耦合技术回收烟气中的显热和潜热，将回收的余热用于供热管网，锅炉热效率提高近 10 个百分点。同时，将烟气冷凝水用于热网补水，实现废水的低能耗处理，达到废水零排放。通过多污染物联合脱除技术，烟气中的 SO_2、NO_x、烟尘等污染物浓度均达到超低排放标准[1]。

该技术实现烟气、废水超低排放，为良好的生态环境贡献力量，以较低的能源成本为热电厂超净路线提供可行的示范性模板，已经实现了正收益，在提升环保效果的同时，还实现了节能增效。

---

[1] 见本书第 7 章案例。

1.4.7　数据中心余热供热

数据中心是信息生产、计算、储存、传输的物理载体。随着社会信息化和智能化进程加快，数据通信、处理、储存量都在快速增加，数据中心能耗亦快速增长。根据国际能源署（IEA）的报告，2022 年全球数据中心用电量为 220～230TWh，占全球总电耗的 0.9%～1.3%。2022 年我国数据中心总用电量约 2700 亿 kWh，约占全社会用电量的 2.7%，约 90% 的数据中心耗电量会转化成低温余热，创造了余热回收和再利用的潜力。

数据中心余热指通过冷却系统以冷却水、空气或冷凝热形式离开数据中心的能量。由于数据中心一般规模较大且需要不间断运行，其余热具有品质较低、热量相对稳定、产热量大的特点。数据中心风冷系统余热温度通常为 25～45℃，液冷系统可在靠近 CPU 等部位捕获热流，余热温度通常为 60～75℃[①]。

国内外研究人员已经针对数据中心余热利用进行了多种尝试，包括区域供热/供热水、辅助发电、吸收式/吸附式制冷、有机朗肯循环、热电、生物质转化和海水淡化/污水处理、余热储存回收等。其中数据中心余热供热既要考虑建筑热

---

① 卢彬盛，何石泉，符军. 数据中心余热利用现状及其跨季储热前景分析 [J]. 节能，2023，42（8）：88-92.

负荷变化，又要兼顾数据中心能耗变化。建筑热负荷主要受建筑类型和室外气温变化影响，可以通过往年供热能耗和气象数据来预测；数据中心余热供热很难同时耦合数据中心能耗和用户热负荷变化，需要数据中心排热量大于热负荷，难以实现时域上的完全匹配。在数据中心余热利用供热系统中增加储热装置，既可以提高数据中心余热利用率，又可以提高安全性，是当下数据中心余热利用的重要手段。

在位于张家口的某数据中心余热供热系统中，供暖期使用多级热泵进行数据中心余热供热，在非供暖期使用蒸发冷却进行排热。该项目由 4 个数据中心余热为所在社区供热，数据中心总额定排热量为 245MW，供热面积为 817.64 万 m^2，尖峰供热量为 338.29MW。尖峰供热量大于数据中心额定排热量，建设合理规模的储热装置进行供热调峰，储热装置体积为 83.81 万 m^3。数据中心余热供热系统单位供热面积初期投资为 50.21 元 /m^2，运行费用为 26.37 元 /GJ，投资回收期约为 5.31 年，年减少碳排放约 22.13 万 t[①]。

1.4.8 石墨蓄热

石墨蓄热技术是利用石墨材料良好的蓄热性能来储存热量的技术。石墨具有较高的比热容和热导率，其蓄热原理基于显

---

① 井洋，谢晓云，江亿. 利用数据中心余热供热的系统设计与分析 [J]. 暖通空调，2024，54（7）：152−158.

热蓄热方式。在加热过程中，石墨吸收热量，温度升高，将热能以显热的形式储存起来；当需要释放热量时，温度较高的石墨与外界进行热交换，温度降低，释放出储存的热量。石墨材料特性如下：

（1）超高导热性：石墨的导热系数［1500W/(m·K)］远超金属［如铜约400W/(m·K)］，实现快速储热/放热。

（2）高温稳定性：石墨的熔点大于3000℃，可在800～2000℃的环境下长期运行，适用于极端工况。

（3）高体积能量密度：石墨蓄热系统结构紧凑，占地少，比传统水蓄热系统体积缩小70%以上。

由于石墨具有储存效率高、发热速度快、热转换效率高、使用寿命长及环保健康等优点，相比一些传统的蓄热材料，如水箱蓄热中的水，石墨可以在更小的体积和质量内储存更多的热量，提高了蓄热系统的空间利用率和能量密度。但该技术存在成本较高、热损失大、集成难度大等问题。石墨蓄热技术的典型应用场景如下：

（1）工业领域：用于钢铁厂高温废气（＞800℃）余热回收，效率达60%～70%，降低能耗成本20%以上；用于电锅炉调峰，利用谷电蓄热，降低电费30%。

（2）新能源系统：用于光热发电，如西班牙Gemasolar电站采用熔盐－石墨复合系统，实现24h持续发电；用于与核能耦合，如第四代核反应堆（如超高温气冷堆）用石墨蓄热提升热电转换效率至 50% 以上；用于区域供暖，丹麦试点项目用石墨储存太阳能，用于冬季供暖，系统效率大于 90%。

在系统设计和优化过程中，石墨蓄热技术需要与其他能源系统（如太阳能集热系统、工业热交换系统等）进行良好的集成，需要考虑热量的输入、输出、储存等多个环节的匹配，以及不同设备之间的兼容性，因而对系统集成技术提出了较高的要求。

石墨蓄热在我国供热领域也有应用案例。北京市热力集团有限责任公司某锅炉房石墨蓄热项目，供热面积 1 万 m^2，建设 5 台 70kW 石墨蓄热模块。单个石墨蓄热模块的设计工作温度范围为 220~620℃，石墨材料的质量为 1182kg，体积为 0.6831m^3（1.15m×0.45m×1.32m），蓄热量达 $6.64×10^8$J 以上，最大放热功率约 70kW。换热管路采用两阶段温区串并联结构，以实现换热面积对温降的功率补偿。石墨材质安全稳定且蓄能密度大，可满足空间受限场所的电蓄热替代。该项目实施后单个供暖期相比原燃油锅炉节能 68%，并减少了二氧化碳排放。

1.4.9　太阳能光伏光热（PVT）

太阳能是世界上最大的、利用最广的可再生能源，取之不尽用之不竭。太阳能光伏技术在部分太阳能转换为电能后余热流散到环境中，导致能源浪费。此外，光伏板自身温度升高会导致发电效率下降甚至降低使用寿命；而向热能转换的过程中

（光热转换过程），太阳能没有得到最大利用。因此，单一的太阳能利用形式存在技术上的缺陷，导致太阳能利用率低下。

为解决上述问题，太阳能 PVT 技术应运而生。该技术是将太阳能光伏发电与太阳能光热利用相结合的复合能源利用技术，可同时产生电能和热能，大幅提高太阳能的综合利用效率。

太阳能 PVT 技术的核心组件是 PVT 集热器。以常见的平板式 PVT 集热器为例，当太阳光照射到集热器上，集热器表面的光伏电池吸收光能，通过光伏效应将其转化为电能。与此同时，光伏电池在吸收光能的过程中会产生热量，导致自身温度升高，进而降低光电转换效率。此时，集热器内的流体（如水或防冻液）会吸收光伏电池产生的热量，使光伏电池降温，保证其较高的光电转换效率，而被加热的流体则可用于供热，如生活热水、建筑物供暖等。

近年来，我国各类太阳能光伏光热一体化利用技术发展迅速，特别是太阳能 PVT 技术与热泵技术的有机结合，为解决我国北方低碳能源需求提供了新思路。大连市五彩城 PVT 热泵土壤跨季储能工程，总投资 124.2 万元，总面积 3500m²，冬季采用地面＋风机盘管供暖，夏季采用风机盘管供冷，供热量 186kW，供冷量 165kW。PVT 组件 220 块，发电功率 78kW，蓄热井 45 口，双 U 型井深 120m、井间距 3m、直径 200mm。由 2023—2024 供暖期运行数据可知，热泵机组平均 COP 为

5.81，供暖系统平均 *COP* 为 3.87，PVT 组件平均热效率为 35.50%、平均电效率为 6.89%，单位面积耗电量为 14.19kWh/m²，单位面积运行成本为 21.4 元 /m²，单位面积净收益达 61.1 元 /m²[①]。

1.4.10　供热用 PE-RT Ⅱ管材

管道设计寿命为 30 年，但种种原因造成很多管道使用寿命到不了设计期限要求。钢管具有耐压、耐高温等特点，但耐腐蚀性相对较差。另外，由于钢管接头采用焊接方式连接，现场安装工艺复杂，焊缝质量不易控制。尤其是预制直埋热水管道在达到一定年限后容易产生"跑冒滴漏"现象，必须及时维修或更换，维护成本和翻修费用较高。随着材料技术的发展，塑料管道的应用领域不断拓展，目前广泛应用于建筑供暖和热水供应中，如低温热水地面辐射供暖、生活热水供应均采用塑料管道。我国二次管网的运行压力、温度基本在 0.8MPa、85℃以下，一些特定材料的塑料管能够满足集中供热的要求，特别是满足运行温度、压力的要求。而且与传统的钢管相比，塑料管具有质量轻、耐热性好、耐腐蚀好、保温效果好、管道阻力小、接头连接可靠、施工方便等特点，使用寿命可长达 50 年，因此在供热二次管网改造工程及新建工程中得到越来

---

① 张吉礼. 太阳能 PVT 热泵热电冷零碳能源技术［R］. 2024 年辽宁省公共机构能源审计布置推进会技术交流报告，2024.

越多的应用。

用于制作二次管网用保温塑料管的品种有无规共聚聚丙烯（PP-R）管材管件、耐热聚乙烯（PE-RT）Ⅱ型管材管件、钢塑复合（PSP）管材管件等。其中耐热聚乙烯（PE-RT）Ⅱ型管材管件的适用范围为：设计压力小于 1.0MPa、设计温度不大于 85℃，在供热二次管网中有较好的应用前景。

我国已建立完善的预制直埋保温塑料管标准体系，如国家标准《冷热水用耐热聚乙烯（PE-RT）管道系统　第二部分：管材》GB/T 28799.2、行业标准《高密度聚乙烯外护管聚氨酯发泡预制直埋保温复合塑料管》CJ/T 480—2015、中国城镇供热协会团体标准《城镇供热直埋保温塑料管道技术标准》T/CDHA 501—2019 等，这些标准对推动供热塑料管道的产业化、规范化应用起到了积极的作用。自 2012 年起，PE-RT Ⅱ型管材在山东、内蒙古、吉林、山西、河南等地区的集中供热二次管网中得到应用，经过多个供暖期的使用，管网运行良好。天津市大港油田供热公司同盛小区二次管网改造工程，建筑面积 26.47 万 m²，从换热站至各楼栋的二次管网支干线使用 PE-RT Ⅱ型管材，全部采用埋地敷设方式，管径 DN125～DN250，采用热熔对接方式。对改造效果分析可知，裸管时，PE-RT Ⅱ管材的热损仅为钢管的 83.6%，人工费比传统的钢管便宜 50% 以上；现场接口简便，非常适于施工现场复杂、施工时间紧张的老旧小区改造^①。2024年，呼和浩特市"温暖工程"老旧小区改造项目中，将楼栋地沟环形管道、楼栋内老旧立管更换为 PE-RT Ⅱ管，共涉及 1333 个小区，是目前应用 PE-RT Ⅱ管道规模最大的城市。在地方政策支持上，北京市《居住建筑节能设计标准》DB11/891—2020 强制要求新建小区二次管网采用高效保温塑料管。

---

① 袁鸿潮. 塑料管道在供热行业中的应用［C］//2024 供热工程建设与高效运行研讨会论文集，2024.

第**2**章

城镇供热行业基础数据统计

中国城镇供热协会供热企业 2022—2023 供暖期统计工作于 2023 年 5 月启动，得到了协会一百多家会员单位的积极响应。本章主要对该供暖期的统计结果进行汇总整理。

2.1 行业统计概况

2.1.1 统计规模

2023 年参加协会统计工作的供热企业（以下简称统计企业）共有 133 家，涵盖北方 15 省（区、市）及南方 2 省（安徽、贵州），覆盖 78 个城市。统计企业总供热面积 43.5 亿 m^2，占 2023 年全国城市集中供热面积的 37.7%[①]；居住建筑和公共建筑分别为 33.4 亿 m^2 和 10.1 亿 m^2；实际供热面积 34.1 亿 m^2，暂停供热面积 9.4 亿 m^2，总体停供率为 21.6%。结合

---

① 全国城市集中供热面积来自《中国城市建设统计年鉴 2023》。

统计数据估算，全行业从事供热运营服务与管理的人员（含临时工、季节工）为 40 万～50 万人（不含非供热主营业务以及上下游产业链从业人员）。

2.1.2 基础数据

2022—2023 供暖期统计的热源供热能力中，燃煤热电联产、燃气热电联产占比分别为 60.6% 和 5.9%，燃煤锅炉、燃气锅炉占比分别为 12.1% 和 19.9%，工业余热占比 0.7%（图 2-9）；实际供热量中，燃煤热电联产占比 69.0%，燃气热电联产占比 6.0%；燃煤锅炉占比 10.3%，燃气锅炉占比 13.1%，工业余热占比 1.3%（图 3-7）。统计企业热力站平均供热面积为 8.6 万 m^2，无人值守热力站占热力站总数的 82%。末端建筑中，二步及以上节能居住建筑占比 73.6%，节能公共建筑占比 57.1%。居民供暖室内平均温度为 21.17℃。

2.1.3 经营数据

2022—2023 供暖期统计 78 个城市居民和公共建筑按面积收费平均供热价格分别为 22.74 元 /m^2 和 35.12 元 /m^2；平均供暖成本为 30.48 元 /m^2，与居民供热价格平均倒挂 7.10 元 /m^2；企业平均利润率为 –1.0%。

供暖成本中，热力与燃料成本、固定资产折旧、职工薪酬、管理费用、修理维护费、电费及水费的占比分别为 57.5%、15.3%、10.6%、5.3%、4.6% 和 4.5%（图 3-14）。

经营原料平均购入价格中，燃煤热电联产、燃气热电联产热力分别为 35.21 元 /GJ、60.52 元 /GJ，标准煤 1309 元 /t，天然气 3.67 元 /Nm³，综合电价 0.7 元 /kWh，自来水 5.64 元 /m³。

统计企业人均供热面积 7.74 万 m²/ 人，人均热费收入 126.19 万元 / 人。

2.1.4　能耗数据

根据统计数据分析，平均能耗数据中，全系统（即热源）单位面积耗热量为 0.343GJ/m²；燃煤锅炉单位供热量燃煤消耗量为 46kgce/GJ，未达到《民用建筑能耗标准》GB/T 51161—2016（以下简写为 GB/T 51161）提出的约束值（43kgce/GJ）的要求，燃气锅炉单位供热量燃气消耗量为 28.7Nm³/GJ，优于 GB/T 51161 中引导值（29Nm³/GJ）的要求。燃煤锅炉效率为 74%，未达到 GB/T 51161 提出的约束值（79%）的要求，燃气锅炉效率为 98%，高于 GB/T 51161 中引导值（97%）的要求。

一次管网单位面积补水量为 3.2kg/（m²·月），超出《供热工程项目规范》GB 55010—2021（以下简写为 GB 55010）中低于 3kg/（m²·月）的要求，相比 2019—2020 供暖期降低了 0.7kg/（m²·月），降幅 21.8%；热力站单位面积耗电量为 0.25kWh/（m²·月），相比 2019—2020 供暖期降低了 0.01kWh/（m²·月），下降 3.9%；热力站单位面积补水量为 4.8kg/（m²·月），优于 GB 55010 中低于 6kg/（m²·月）的要求，相比 2019—2020 供暖期降低了 3.5kg/（m²·月），下降约 42%。

全系统（即热源）单位面积耗热量相比 2019—2020 供暖期降低了 0.033GJ/m²，下降 8.8%。全网综合能耗包括耗热量、耗电量和耗水量，且与各类热源的单位供热量标准煤消耗量相关，不是仅按照热量法折算，其计算方法在本书 6.4.3 节有详述。根据统计数据分析计算为 11.47kgce/m²，相比 2019—2020 供暖期的 12.73kgce/m² 下降了 10%。

2.2 企业基础信息

2.2.1 企业数量与供热面积

2023 年度统计企业供热面积 43.5 亿 m²，占 2023 年统计企业所在城市总供热面积的 52%[①]。其中，北京市热力集团有限责任公司在北京市（指城六区＋门头沟区）的供热面积为 2.78 亿 m²，为区域供热面积最大的供热企业。有 114 家企业连续 2 年参加统计工作，供热面积较上年度增长 4%，达到 40.8 亿 m²。

统计企业供热面积在 5000 万 m² 以上的有 22 家（图 2-1），合计供热面积约 23.9 亿 m²，供热面积占比为 55.0%；供热面积在 3000 万～5000 万 m² 的供热企业 25 家（图 2-2），供热面积占比 21.2%；供热面积在 1000 万～3000 万 m² 的供热企业数量最多，详见表 2-1。

---

① 所在城市和全国城市集中供热面积来自《中国城市建设统计年鉴 2023》。

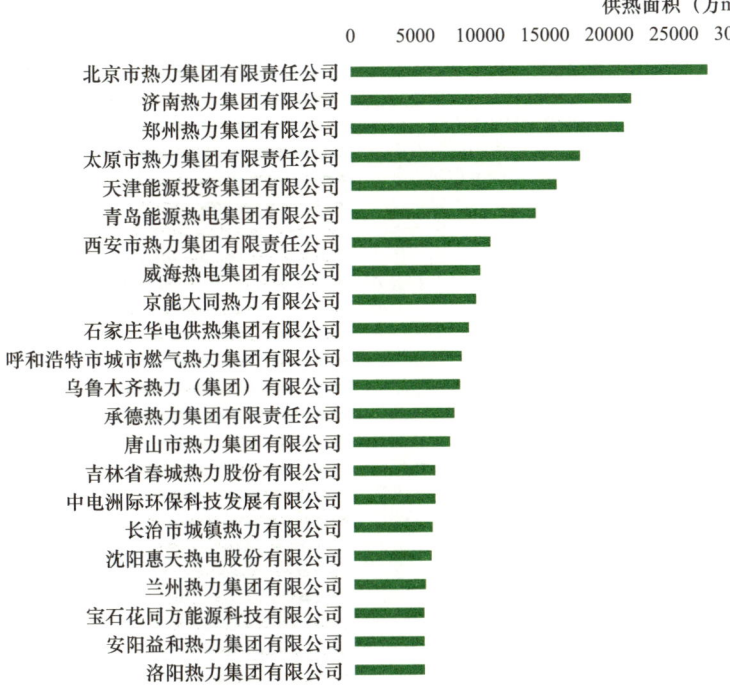

图 2-1　供热面积在 5000 万 m² 以上的企业（22 家）

注：北京市热力集团有限责任公司统计数据为其在北京市的供热面积。

2023 年统计企业供热面积分布　表 2-1

序号	企业规模	企业数量（家）	供热规模	
			合计（亿 m²）	占比（%）
1	1 亿 m² 以上	8	14.0	32.2
2	5000 万～10000 万 m²	14	9.9	22.8
3	3000 万～5000 万 m²	25	9.2	21.2
4	1000 万～3000 万 m²	51	8.6	19.8
5	1000 万 m² 以下	35	1.8	4.0

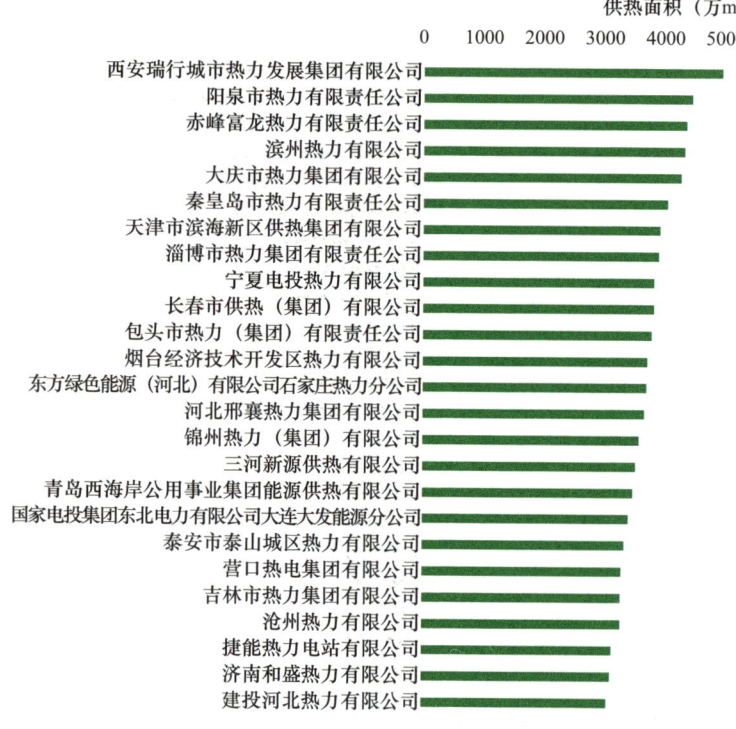

图 2-2　供热面积在 3000 万～5000 万 m² 的企业（25 家）

2.2.2　企业所有制形式

从企业所有制来看，统计企业（133 家）中以国有或国有控股为主的共计 93 家，供热面积 38.2 亿 m²，数量占比约 70%，面积占比 87.8%；民营企业 36 家，数量占比约 27%，面积占比 9.5%，如图 2-3 所示。

2.2.3　企业分布

2023 年统计供热面积的 18 个省（区、市）中，安徽、河北、山西、河南、北京等地统计供热面积已超过当地城市集中供热面积 50% 以上，如图 2-4 所示。

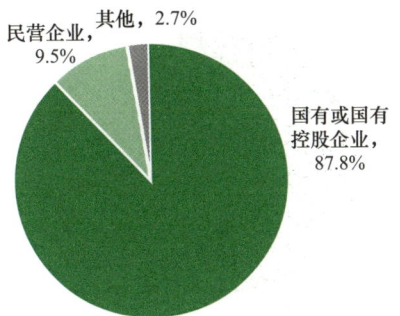

图 2-3　统计企业所有制占比

对统计企业按照所在区域进行划分，从合计供热面积来看（图 2-5），京津冀地区最大，12.3 亿 m²；其次是华东地区，8.3 亿 m²；华中地区最小，3.7 亿 m²。从统计企业数量来看（图 2-6），京津冀地区最多，36 家；其次是东北地区，27 家；华中地区最少，7 家。

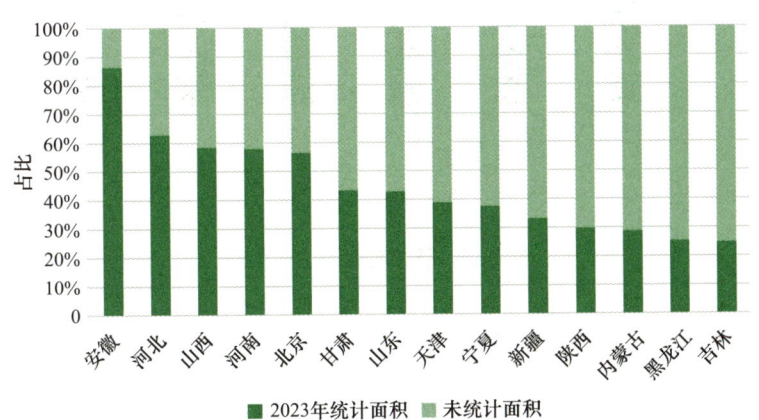

图 2-4　统计企业供热面积在所在城市集中供热面积中的占比

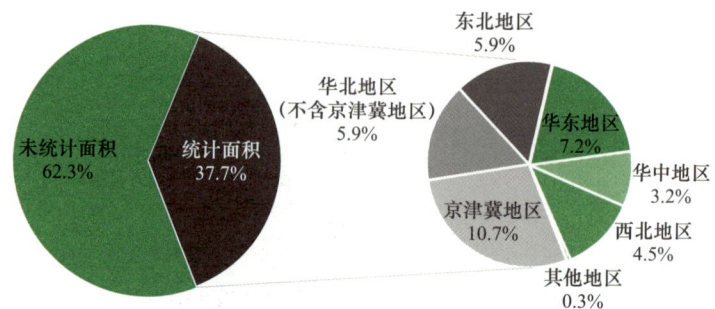

图2-5　统计企业所在区域及供热面积占比

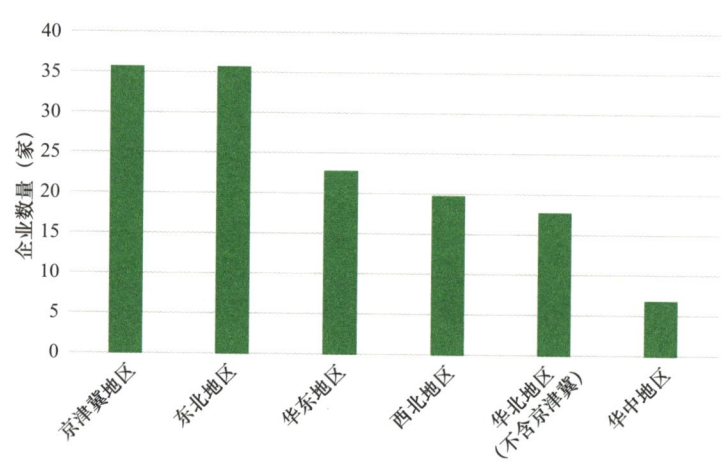

图2-6　各区域统计企业数量

2.2.4　企业供热与管理方式

从供热方式来看，拥有热电联产多热源联网（以下简称热电联产）供热方式的企业最多，共112家，占全部统计企业（133家）的84.2%；供热面积达41.4亿 m^2，占总统计面积的95.1%。38家企业同时拥有热电联产与区域锅炉房两种供热方式，供热面积 22.1 亿 m^2，占比为 50.7%；74 家企业只拥有热电联产供热方式，供热面积 19.3 亿 m^2，占比为 44.4%；21 家企业只采用区域锅炉房供热，供热面积占比为 4.9%。

从供热管理方式上看，直管到户供热面积 34.2 亿 m^2，占在网供热面积的 78.6%（上年统计结果为 73.4%）。直管到户占比较大的前五省（区）分别为吉林、内蒙古、新疆、辽宁和山东，占比均超过 85%，吉林省占比为 98%；直管到户占比较低的省份为山西和陕西，占比分别为 60% 和 30%，如图 2-7 所示。由于样本数量有限，这些统计数据分析的结果与该地区实际情况存在一定误差。

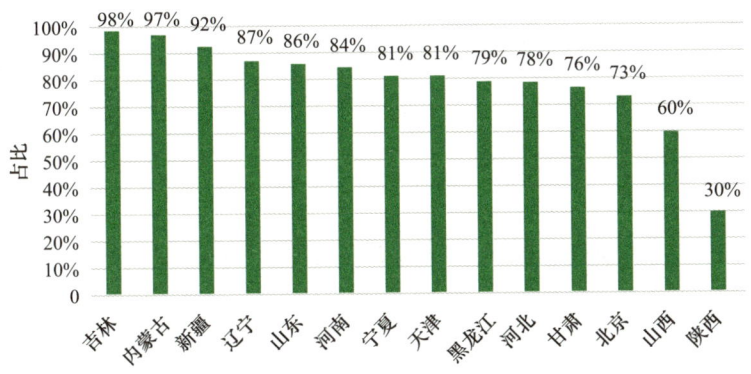

图 2-7 2023 年统计省（区、市）供热企业直管到户占比

2.2.5 企业人员类型

2023 年统计企业正式职工总人数为 5.6 万人。从人员类型上看，以运行人员为主，管理人员、运行人员和客服人员

平均占比分别为 23%、59% 和 9%。从学历上看，本科及以上学历人数平均占比为 37%，较上年高出 1 个百分点；该指标寒冷地区平均值和最大值分别为 39% 和 76%，严寒地区平均值和最大值分别为 28% 和 89%；寒冷地区平均值比严寒地区高出 11 个百分点，2022 年两个气候区平均值相差 6 个百分点（图 2-8）。

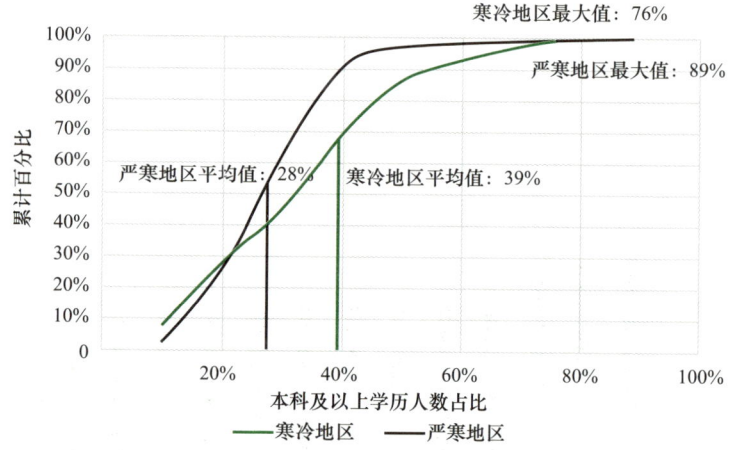

图 2-8 统计企业本科及以上学历人数占比分布图

统计企业中共有 87 家企业拥有转业军人，其人数占比为 8.5%。

供热具有季节性特点，供热企业普遍聘用临时工、季节工。133 家统计企业中有 102 家聘用临时工和季节工（总计 2.3 万人），统计企业用工总人数达 7.9 万人。其中 90 家企业正式职工人数多于临时工和季节工，两者之比的平均值为

24∶1。另有 12 家企业临时工和季节工人数多于正式职工，如严寒地区某企业供热面积接近 1000 万 m²，只有管理人员，无运行人员和客服人员，其临时工和季节工人数接近正式职工的 5 倍；又如寒冷地区某企业供热面积已超 5000 万 m²，临时工和季节工人数接近正式职工的 2 倍。

在 102 家聘用临时工和季节工的供热企业中，共有 21 家聘用农民工，农民工人数占临时工和季节工人数的比例平均为 8.5%。聘用农民工较多的企业以小型供热企业为主，如供热面积在 1500 万 m² 以下的企业中，有 9 家农民工占临时工、季节工人数的比例超过 60%；供热面积超过 3000 万 m² 的 47 家供热企业中，仅 7 家聘用农民工，且比例较低，大部分在 10% 以内。根据统计企业正式职工人数及临时工、季节工人数推算，供热行业主业从业人员为 40 万～50 万人。

2.3　企业供热系统基础数据

2.3.1　供热热源

供热热源分为统计企业自有热源和外部热源两类。分析企业供热热源结构年度统计可知，热电联产占比继续提升，由 2022 年的 62% 上升至 2023 年的 66.5%（其中燃煤热电联产占 60.6%，燃气热电联产占 5.9%）；燃煤锅炉占比持续下降，由 2022 年的 14.6% 下降至 2023 年的 12.1%；燃气锅炉占比自 2013 年开始一直攀升，2022 年达到 21.1%，2023 年结束上升趋势，下降至 19.9%；工业余热、热泵及生物质等占比均为 0.7%，见表 2-2、图 2-9。

2021—2023 年热源结构与 2013 年对比（单位：%）

表 2-2

热源类型	2013 年	2021 年	2022 年	2023 年
燃煤热电联产占比（%）	42	58.3	55.4	60.6
燃气热电联产占比（%）		4.5	6.6	5.9
燃气锅炉占比（%）	8	19.3	21.1	19.9
燃煤锅炉占比（%）	48	15.5	14.6	12.1
工业余热占比（%）	2	1.0	1.1	0.7
热泵及生物质占比（%）		0.9	1.1	0.7
其他（电锅炉、燃油锅炉等）占比（%）		0.5	0.1	0.1

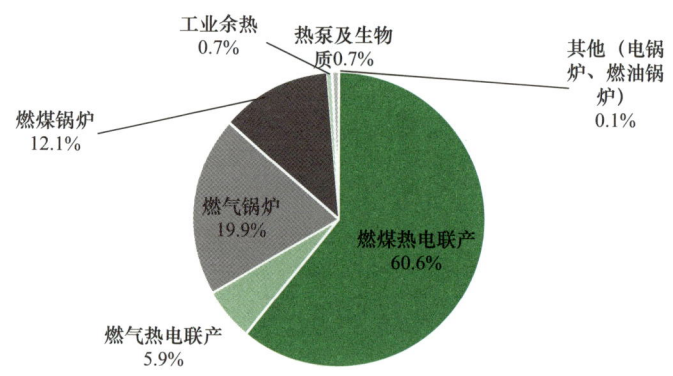

图 2-9　2023 年统计企业供热热源构成

本次统计共有 8 家企业填报蓄热相关指标，蓄热装置 20 个，蓄热介质为水和固体两类，总蓄热体积 9498m³，总蓄热能力 340MW。

2023 年统计企业分省（区、市）供热热源（含上游电厂）装机容量见表 2-3。

2023 年统计企业分省（区、市）供热热源装机容量
（单位：MW）　　表 2-3

省（区、市）	燃煤热电联产	燃气热电联产	燃煤锅炉	燃气锅炉	工业余热	生物质	热泵	其他	合计
北京	2984	6572	—	16536	—	—	183	92	26367
天津	13652	4679	522	3901	—	—	51	20	22825
河北	19638	1988	2758	1504	516	—	66	60	26530
山西	24743	1090	1630	2370	80				29913
内蒙古	9585	232	3148	2071	502		4		15542
辽宁	10142	—	3865	90					14097
吉林	9073	—	1940	56				19	11088
黑龙江	8298	—	6638	779	292	—	387		16394
山东	30215	1103	9572	6318	169	259	281	512	48429
河南	12725	—	—	3300	100		4	—	16129
陕西	3517		448	4481	—	83	11	3	8543
甘肃	7303	—	1477	1539				2	10321
青海	—			49					49
宁夏	2196			325					2521
新疆	6767		382	9482				126	16757
南方企业	1016	—	—	271	80	—	51	11	1429
合计	161854	15664	32380	53072	1739	342	1038	845	266934

注：其他包括电锅炉、燃油、太阳能等热源形式。

一般来说单位面积供热能力越高说明热源能力越充裕，由表2-4、图2-10可知各地热源供应能力是否充足。通过表2-4中分省（区、市）两年单位面积供热能力对比可得，河南、陕西、甘肃、宁夏等地因供热面积增加、热源供热能力不变，使得单位面积供热能力有所降低，北京和河北保持不变，其他地区较上年供热能力均有所增加。

2023年统计企业分省（区、市）热源单位面积供热能力

表2-4

序号	省（区、市）	热源供热能力（MW）	供热面积（亿 m²）	2023年单位面积供热能力（MW/万 m²）	2022年单位面积供热能力（MW/万 m²）	两年供热能力变化
1	北京	26367	4.02	0.66	0.66	0
2	天津	22824	2.28	1.00	0.75	↑33.3%
3	河北	26531	6.03	0.44	0.44	0
4	山西	29913	4.85	0.62	0.49	↑26.5%
5	内蒙古	15542	1.99	0.78	0.43	↑81.4%
6	辽宁	14097	2.74	0.52	0.49	↑6.1%
7	吉林	11089	1.80	0.62	0.57	↑8.8%
8	黑龙江	16395	2.29	0.72	0.64	↑12.5%
9	山东	48430	8.27	0.59	0.58	↑1.7%
10	河南	16129	3.72	0.43	0.57	↓24.6%
11	陕西	8542	1.57	0.54	0.61	↓11.4%
12	甘肃	10321	1.33	0.77	0.85	↓9.4%
14	宁夏	2530	0.58	0.43	0.44	↓2.3%
15	新疆	16758	1.72	0.98	0.89	↑10.1%
合计		265468	43.19	0.65	0.60	↑9.5%

注：此表为中国城镇供热协会统计企业数据，不代表该地区数据（图2-10同此）。

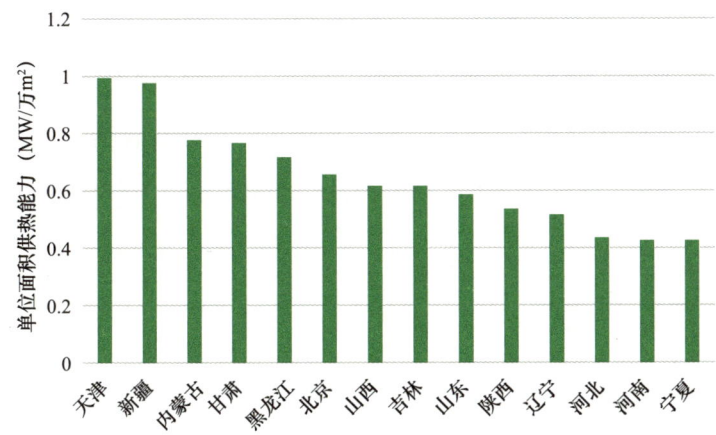

图 2-10　2023 年统计企业分省（区、市）单位面积供热能力

2.3.2　供热管网

统计企业供热管网总长度为 12.1 万 km，占 2023 年全国城市集中供热管网总长度的 23.1%。其中，一次管网 3.2 万 km，二次管网 8.9 万 km。一次管网按敷设方式统计，直埋管敷设占比 94.1%，管沟敷设占比 2.2%，架空敷设占比 3.1%，综合管廊占比 0.6%；按使用年限统计，15 年以内的占比 78.0%，15～30 年的占比 21.1%，超过 30 年的占比 0.9%。二次管网按使用年限统计，15 年以内的占比 70.0%，超过 15 年的占比 30.0%。图 2-11 和图 2-12 分别是各地统计企业一次老旧管网情况和二次老旧管网情况（注：协会统计时把使用 15 年以上的管网称为"老旧管网"）。

由图 2-11 可知，一次管网中，老旧管网长度占比为

22.0%（上年统计值为 20.4%），其中吉林、天津和北京的老旧管网长度占比超过 35%，河北、辽宁、甘肃、黑龙江和内蒙古的占比在 20%～35%，山东、山西、新疆的占比在 15%～20%，其余地区一次老旧管网占比低于 15%。

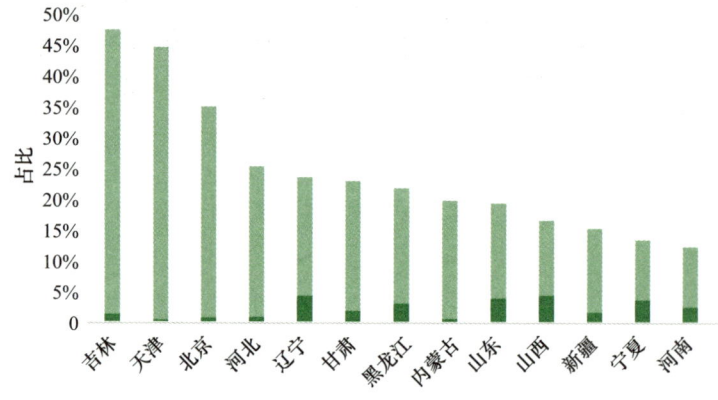

■ 一次老旧管网长度占一次管网长度的百分比
■ 年度改造长度占一次老旧管网长度的百分比

图 2-11 统计企业分省（区、市）一次老旧管网情况

2023 年度，辽宁、山西、山东和宁夏改造管网长度占一次老旧管网长度的百分比超过 3%，其他省（区、市）均低于 3%。2023 年统计企业改造一次老旧管网长度 798km，较上年增加 22km，占一次管网长度的 2.5%，其中山东、山西和北京等地年度改造长度较上年分别增加 77.9km、20.3km 和 3.1km，其他省份改造长度均较上年有所下降。

由图 2-12 可知，二次管网中，老旧管网长度占比为

30.0%（上年统计值为 31.9%），其中北京、天津、辽宁、新疆、吉林的老旧管网占比超过 35%；河北、甘肃、黑龙江、宁夏、内蒙古、山东、陕西和河南的占比在 20%～35%，南方企业的占比在 15%～20%；山西的占比低于 15%。

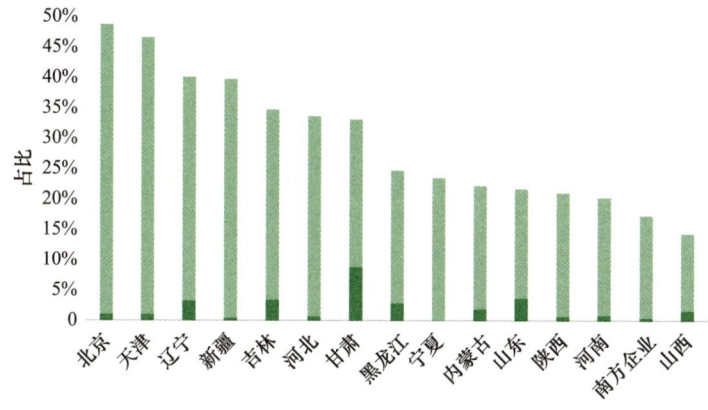

图 2-12　统计企业分省（区、市）及地区二次老旧管网情况

2023 年度，甘肃、山东、吉林、辽宁和黑龙江二次老旧管网改造长度占二次老旧管网长度的百分比超过 3%，其他省（区、市）及地区均低于 3%。2023 年统计企业改造二次老旧管网长度 1920km，较上年增加 34km，其中山东、甘肃、河南、内蒙古、天津、辽宁等地年度改造长度较上年分别增加 172.3km、74.4km、63.3km、64.2km、22.0km 和 14.5km，其他省（区、市）及地区改造长度均较上年有所下降。

2.3.3 热力站

统计企业热力站总数为 53755 个，其中无人值守热力站占比 82%，比上年高 4 个百分点。宁夏、山东、天津、吉林、河南和甘肃等地无人值守热力站占比均在 90% 以上；2 家南方地区的供热企业填报热力站总数为 234 个，其中无人值守热力站 193 个，占比 82%；各省（区、市）及地区热力站及无人值守热力站见表 2-5。

统计企业分省（区、市）及地区热力站数量　表 2-5

省（区、市）	热力站数量（个）	无人值守热力站数量（个）	无人值守热力站占比
宁夏	561	561	100%
山东	10938	10709	98%
天津	3282	3196	97%
吉林	2215	2060	93%
河南	5428	5042	93%
甘肃	1393	1267	91%
内蒙古	1995	1647	83%
南方企业	234	193	82%
山西	5054	4166	82%
河北	8047	6014	75%
新疆	2328	1734	74%
辽宁	2692	1977	73%
黑龙江	2977	2171	73%
北京	4232	2243	53%

从规模上看，热力站供热面积最大值约为 42 万 m^2，平均供热面积为 8.6 万 m^2；宁夏、山西和甘肃的统计企业热力站

平均供热面积均超过 10 万 m²，如图 2-13 所示。

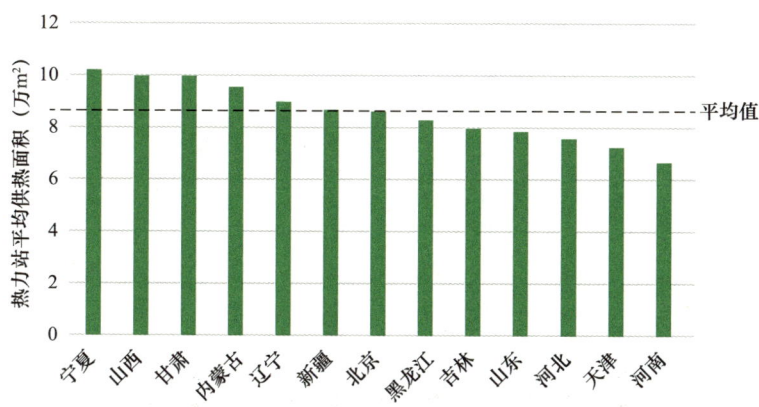

图 2-13　统计企业分省（区、市）热力站平均供热面积

133 家统计企业中，有 32 家拥有楼宇热力站，总数为 1809 个，占热力站总数的 3.4%。

2.3.4　热用户

统计企业 43.5 亿 m² 总供热面积中，居住建筑供热面积 33.4 亿 m²，用户数量 3121 万户，平均每户约 107m²；公共建筑供热面积 10.1 亿 m²，用户数量 158 万户，平均每户约 639m²。

统计企业服务的用户中，居住建筑已统计建筑节能等级的供热面积为 23.5 亿 m²，其中二步及以上节能建筑占比 73.6%，较上年提高 3.4 个百分点；公共建筑已统计建筑节能等级的供热面积为 6.0 亿 m²，其中节能公共建筑占比 57.1%。如图 2-14 所示，陕西、山东、内蒙古、吉林、天津、黑龙江、北京、甘肃、河南二步及以上节能居住建筑占比已超过 70%。
如图 2-15 所示，辽宁、北京、山西、天津四省（市）节能公
共建筑占比达到 50% 以上。

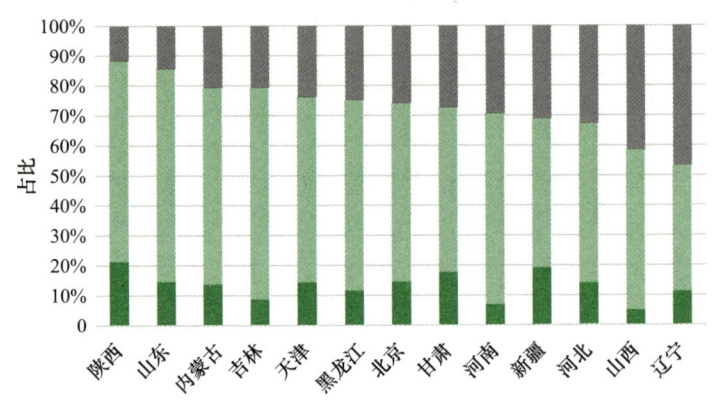

图 2-14　各省（区、市）统计企业不同节能等级居住建筑占比

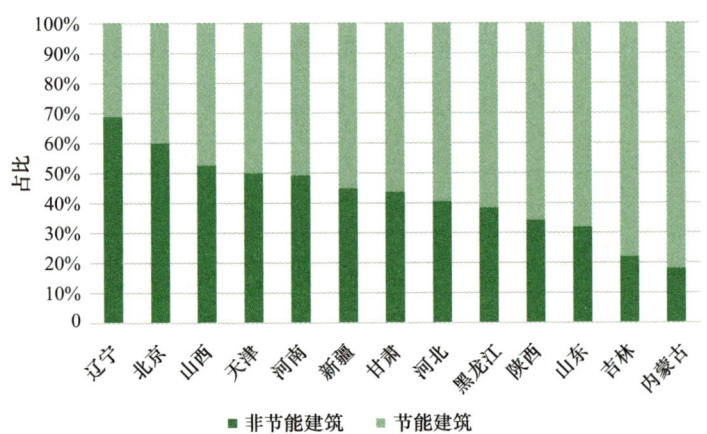

图 2-15　各省（区、市）统计企业节能与非节能公共建筑占比

2.4　企业供热经营基础数据

2.4.1　供热价格

供热价格分按面积收费和热计量收费两类进行统计。各地按面积收费的办法和标准各有不同，大部分省（区、市）按照建筑面积收费，少数地区按照使用面积或套内面积来收费，个别地区按照供暖面积收费。根据《民用建筑通用规范》GB 55031—2022 的定义：建筑面积是指每个自然层楼（地）面处外围护结构外表面所围空间的水平投影面积。根据《民用建筑设计术语标准》GB/T 50504—2009 的定义，使用面积是指建筑面积中减去公共交通面积、结构面积等，留下可供使用的面积。根据《住宅设计规范》GB 50096—2011 的定义，套内面积是由套内房屋使用面积、套内墙体面积、套内阳台建筑面积三部分组成。也有个别城市以供暖面积作为供暖费收缴的依据，其定义的供暖面积是指以房屋建筑竣工图为准，凡有供暖设施的房间（贯穿间）以图标轴线各减半壁墙厚度的实际间距计算面积[①]。

协会统计了 2022—2023 供暖期按面积收费的 83 个城市居民供热价格，平均价格为 22.74 元 /m²，其中热电联产、区域燃煤锅炉以及燃气锅炉供热的平均价格分别为 22.35 元 /m²、

[①]　《秦皇岛市城市供热管理办法》。

23.79 元 /m²、24.64 元 /m²；最低为山西阳城县的 12.8 元 /m²，去除非北方采暖地区（居民供热价格贵阳市为 36 元 /m²），最高价格为北京市锅炉房区域供热（30 元 /m²）；哈尔滨市按使用面积收费，为 38.32 元 /m²，如果按照建筑面积的 75% 折算为使用面积，则建筑面积收费为 28.74/m²。分地区看，东北地区供暖时间较长，折算成按平均居民供热价格为 27.07 元 /m²，明显高于其他地区（表 2-6、图 2-16、表 2-8）。

各地按面积收费供热价格　　　　表 2-6

序号	省（区、市）	市 / 县	居民供热价格（元 /m²）	非居民供热价格（元 /m²）	备注
1	北京	北京	24/30[①]	43/45[②]	
2	天津	天津	25	40	
3	河北	石家庄	22	31/33.9[③]	
4		沧州	22.5	34	
5		承德	24	33	
6		邯郸	21	35.5	
7		廊坊	22	38	
8		三河	25	35	
9		秦皇岛	34	34	居民按供暖面积收费
10		唐山	26	34.3	居民按使用面积收费
11		邢台	18	30	
12		保定	20/22/20.9[④]	30.4/32.2/28/30[⑤]	

续表

序号	省 （区、市）	市/县	居民供热价格 （元/m²）	非居民供热 价格（元/m²）	备注
13	河北	涿州	19.5	28	
14		张家口	29.55	49	
15	山西	太原	18	37.5	
16		大同	25.85	38.5	居民按使用 面积收费
17		阳泉	21	35	居民按使用 面积收费
18		运城	16/22[⑥]	24/25/30[⑦]	
19		长治	13.2/16.5[⑧]	28.8/36[⑨]	
20		晋城	13.2	28.8	
21		阳城	12.8	28	
22		临汾	14	23.2/28.4[⑩]	
23		吕梁	16	20/25[⑪]	居民按使用 面积收费
24		文水	18	28	
25		忻州	16.5	35	
26		原平	13.5	31	
27	内蒙古	呼和浩特	22.08	30.18	
28		赤峰	21.6	27/28.8[⑫]	
29		包头	21	26.4	
30		乌兰察布	25.92/17.28/28.8[⑬]	30.9/36.9/38.8[⑭]	
31	辽宁	沈阳	26	32	
32		本溪	26	32	
33		大连	25/26[⑮]	30/31[⑯]	
34		抚顺	26	34	

续表

序号	省（区、市）	市/县	居民供热价格（元/m²）	非居民供热价格（元/m²）	备注
35	辽宁	阜新	26	32	
36		锦州	25	31	
37		营口	25	28	
38	吉林	长春	27	31	
39		吉林	27	29.5/33[17]	
40		辽源	28	36.5	
41	黑龙江	哈尔滨	38.32	43.3	均按使用面积收费
42		大庆	29	34.5/43.5[18]	
43		鹤岗	27.5	38	
44		鸡西	27.78	39.31	
45		牡丹江	38.16	38.16	居民按使用面积收费
46		齐齐哈尔	27	35	
47	山东	济南	20.5/26.7[19]	28.9/39.8[20]	
48		济宁	20	29.7	
49		邹城	18	28.6	
50		临沂	23	34	居民按套内面积收费
51		青岛	30.4	33.06	居民按使用面积收费
52		泰安	23	33.6	
53		威海	25	33.9	居民按使用面积收费
54		潍坊	23	32.65	
55		烟台	23	34.5	

续表

序号	省（区、市）	市/县	居民供热价格（元/m²）	非居民供热价格（元/m²）	备注
56	山东	枣庄	19.2	28.3	
57		淄博	22	20.5/36[21]	居民按套内面积收费
58		德州	22	30	
59		滨州	22	32	
60		菏泽	24	30	
61	河南	郑州	22.8	33.6	居民按套内面积收费
62		安阳	21.6	38.4	
63		焦作	21.18	32.67	
64		鹤壁	16.4	28	按建筑面积的88%收费
65		三门峡	19	32	
66		洛阳	19.6/18.73/17.86[22]	36.3	
67		新乡	21	33.6	
68	安徽	合肥	21.5/23[23]		
69	陕西	西安	21.2/23.2[24]	28/30[25]	
70	甘肃	兰州	25	35/41/46[26]	
71		酒泉	20.5	28/30[27]	
72		平凉	20.5	28	
73		天水	21.2	35.2/39.2[28]	
74		张掖	25	29	
75		白银	25	31	
76	贵州	贵阳	36	45	
77	青海	西宁	31.02/32.22[29]	42.98[30]	居民按套内面积收费

续表

序号	省（区、市）	市/县	居民供热价格（元/m²）	非居民供热价格（元/m²）	备注
78	宁夏	银川	24.5	34.5/39 ㉚	
79		吴忠	19	29	
80	新疆	乌鲁木齐	22	22	
81		库尔勒	20.5	21.5	
82		阜康	22	23.5	
83		石河子	20.5	20.5	

① 北京市居民供热价格：热电联产 24 元 /m²，燃气锅炉 30 元 /m²。

② 北京市非居民供热价格：热电联产与燃气锅炉城六区 45 元 /m²，非城六区 43 元 /m²。

③ 石家庄市非居民供热价格：热电联产 31 元 /m²，燃气锅炉 33.9 元 /m²。

④ 保定市居民供热价格：热电联产 20 元 /m²，燃气锅炉多层 22 元 /m²，高层 20.9 元 /m²。

⑤ 保定市非居民供热价格：热电联产办公用房 30.4 元 /m²，生产经营 32.2 元 /m²，燃气锅炉办公用房 28 元 /m²，生产经营 30 元 /m²。

⑥ 运城市居民供热价格：热电联产 16 元 /m²，燃煤锅炉 22 元 /m²。

⑦ 运城市非居民供热价格：热电联产 24 元 /m² 或 25 元 /m²，燃煤锅炉 30 元 /m²。

⑧ 长治市居民供热价格：热电联产 13.2 元 /m² 或 16.5 元 /m²。

⑨ 长治市非居民供热价格：热电联产 28.8 元 /m² 或 36 元 /m²。

⑩ 临汾市非居民供热价格：热电联产办公 23.2 元 /m²，商用 28.4 元 /m²。

⑪ 吕梁市非居民供热价格：机关团体 20 元 /m²，经营性用户 25 元 /m²。

⑫ 赤峰市非居民供热价格：热电联产非经营性 27 元 /m²，经营性 28.8 元 /m²。

⑬ 乌兰察布市居民供热价格：集宁中心城区 25.92 元 /m²，城镇低保居民 17.28 元 /m，兴和县 28.8 元 /m²。

⑭ 乌兰察布市非居民供热价格：集宁中心城区事业单位 30.9 元 /m²，经营性用房 36.9 元 /m²，兴和县 38.8 元 /m²。

⑮ 大连市居民供热价格：热电联产 26 元 /m²，燃煤锅炉 25 元 /m²。

⑯ 大连市非居民供热价格：热电联产 31 元 /m²，燃煤锅炉 30 元 /m²。

⑰ 吉林市非居民供热价格：经营性用房 33 元 /m²，非经营性用房 29.5 元 /m²。

⑱ 大庆市非居民供热价格：商服 43.5 元 /m²，公建 34.5 元 /m²。

⑲ 济南市居民供热价格：市区 26.7 元 /m²，区县 20.5 元 /m²。

⑳ 济南市非居民供热价格：市区 39.8 元 /m²，区县 28.9 元 /m²。

㉑ 淄博市非居民供热价格：学校社区类 20.5 元 /m²，公建 36 元 /m²。

㉒ 洛阳市居民供热价格：多层 19.60 元 /m²，小高层 18.73 元 /m²，高层 17.86 元 /m²。

㉓ 合肥市居民供热价格：144m² 内 21.5 元 /m²，超过部分 23 元 /m²。

㉔ 西安市居民供热价格：物业代管 21.2 元 /m²，直管到户 23.2 元 /m²。

㉕ 西安市非居民供热价格：物业代管 28 元 /m²，直管到户 30 元 /m²。

㉖ 兰州市非居民供热价格：二类学校 35 元 /m²，三类宾馆 41 元 /m²，四类商铺 46 元 /m²。

㉗ 酒泉市非居民供热价格：行政事业单位 28 元 /m²，商业门市 30 元 /m²。

㉘ 天水市非居民供热价格：商企 35.2 元 /m²，办公 39.2 元 /m²。

㉙ 西宁市居民供热价格：热电联产 31.02 元 /m²，燃气锅炉 33.06 元 /m²。

㉚ 西宁市非居民供热价格：居民供热价格上浮不超过 10%。

㉛ 银川市非居民供热价格：公建 34.5 元 /m²，商业 39 元 /m²。

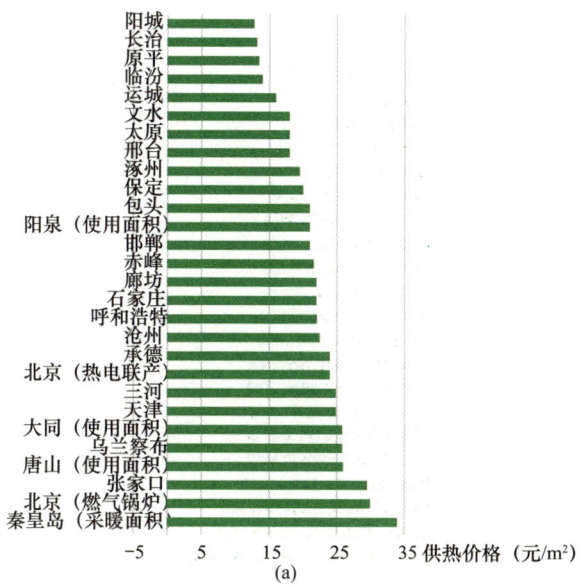

图 2-16 不同地区按面积收费居民供热价格

（a）华北地区

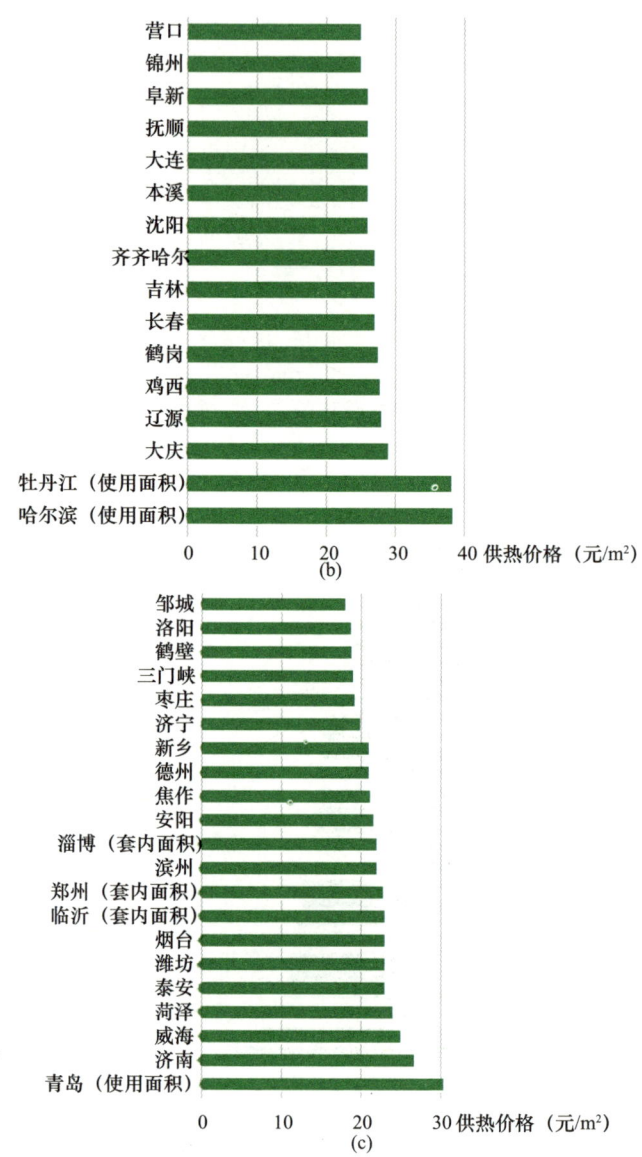

图 2-16 不同地区按面积收费居民供热价格（续）

（b）东北地区；（c）华中及华东地区

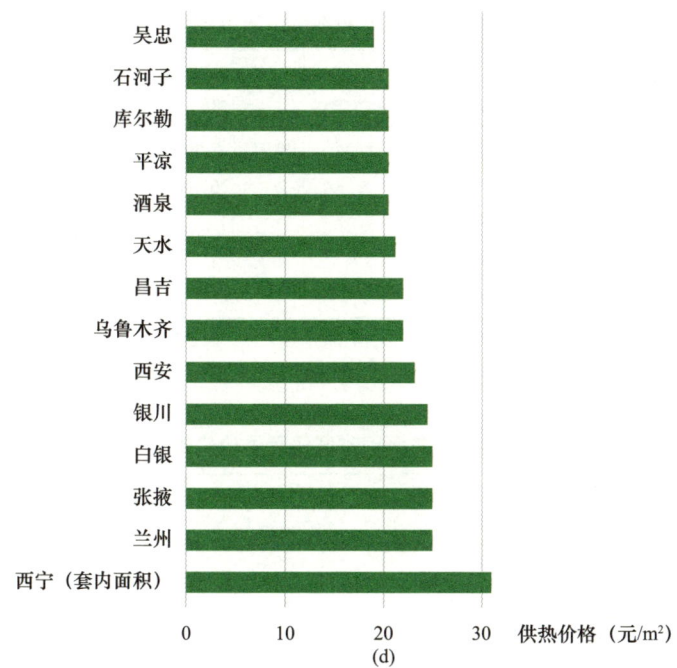

图 2-16　不同地区按面积收费居民供热价格（续）

（d）西北地区

按面积收费的 82 个城市非居民平均供热价格为 35.12 元 /m²，热电联产、区域燃煤锅炉以及燃气锅炉供热的平均供热价格分别为 32.17 元 /m²、32.45 元 /m²、34.86 元 /m²；最低为山西吕梁市（20.0 元 /m²），最高为河北张家口（49 元 /m²）。

2022—2023 供暖期统计城市中有 5 个城市供热价格有调整，其中阜康和鹤岗居民供热价格分别上调 3.4 元 /m²、1.5 元 /m²，保定、邹城和潍坊对非居民价格分别上调 4 元 /m²、2.6 元 /m²和 1.55 元 /m²（表 2-7）。

2022—2023 供暖期调整供热价格城市   表 2-7

序号	城市	居民供热价格（元/m²）		非居民供热价格（元/m²）	
		调整前	调整后	调整前	调整后
1	保定	—	—	26.4/28.2/28/30[①]	30.4/32.2/32/4
2	邹城	—	—	26	28.6
3	潍坊	—	—	31.1	32.65
4	阜康	18.6	22	23	23.5
5	鹤岗	26	27.5	37	38

① 按面积收费居民供热价格：热电联产供热：办公 26.4 元/m²、生产经营 28.2 元/m²；天然气锅炉供热：办公 25 元/m²、生产经营 34 元/m²。

不同地区按面积收费居民供热价格   表 2-8

地区	平均供热价格 （元/m²）	最低供热价格 （元/m²）	最高供热价格 （元/m²）
华北	21.67	12.80	34.00（供暖面积）
东北	27.07	25.00	38.32（使用面积）
华中及华东	22.20	18.0	30.40
西北	22.69	19.00	25.00

热计量收费为两部制热价，其中基础热价为按面积收费供热价格的一定比例收取，计量热价按实际用热量收取。协会统计了近 60 个城市的居民供热计量收费价格，平均基础热价、平均计量热价分别为 7.68 元/m²、0.146 元/kWh（折合 40.56 元/GJ）。居民供热计量收费中，基础热价占比最高的为北京市的燃气锅炉供热，基础热价占比 60%；其余地区以 30% 居多（图 2-17）。居民供热的计量热价中，最高为夏热冬冷地区的贵阳市 [0.38 元/kWh（折合 105.6 元/GJ）]，北方采暖地区最高的为大连市 [0.237 元/kWh（折合 65.9 元/GJ）]，最低的

为包头市 [0.064 元 /kWh（折合 17.8 元 /GJ）]，见图 2-18。

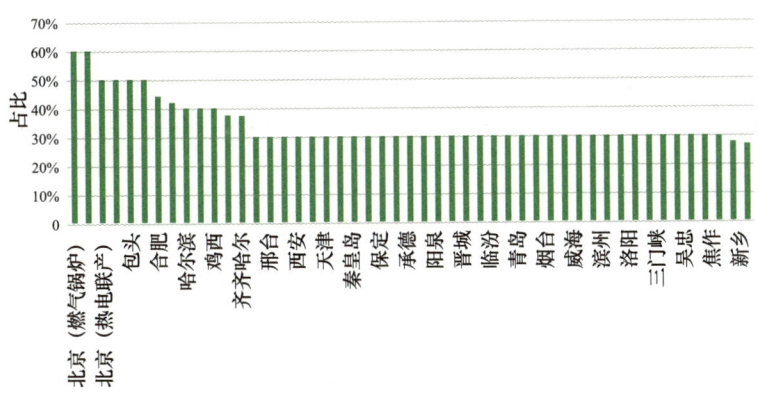

图 2-17　全国主要城市两部制热价中基础热价占比

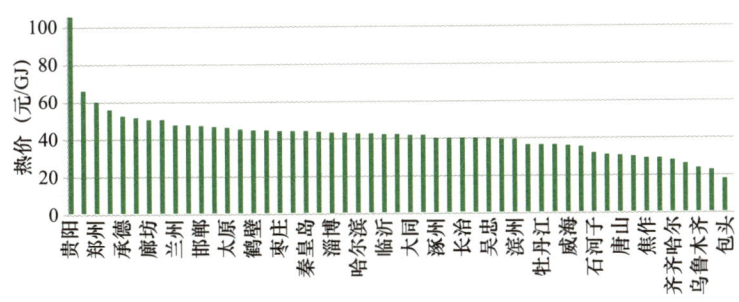

图 2-18　全国主要城市两部制热价中计量热价

非居民供热计量收费中，平均基础热价、平均计量热价分别为 11.68 元 /m²、0.229 元 /kWh（折合 63.6 元 /GJ），计量热价最高和最低的地区分别为北京市 [0.356 元 /kWh（折合 98.9 元 /GJ）] 和乌鲁木齐市 [0.085 元 /kWh（折合 23.5 元 /GJ）]，见表 2-9。

全国主要城市计量热价　　　表 2-9

序号	省（区、市）	市	居民供热 基础热价（元/m²）	居民供热 计量热价（元/GJ或元/kWh）	非居民供热 基础热价（元/m²）	非居民供热 计量热价（元/GJ或元/kWh）	备注
1	北京	北京	12/18①	44.45	13.5/18	91.6/98.9②	
2	天津	天津	7.5	36	12	70	
3	河北	石家庄	6.6	0.157	9.3	0.217	
4		保定	6	0.154	9.12/9.66③	0.19	
5		涿州	5.85	0.145	8.40	0.206	
6		沧州	6.75	0.167	10.2	93.5	
7		承德	7.2	0.188	16.5	0.183	
8		邯郸	6.3	0.168	10.65	0.266	
9		廊坊	7.5/11	0.18/0.112	10.50	0.245	
10		三河	7.5	50.1	10.5	68.1	
11		秦皇岛	10.2	0.158	10.2	0.235	居民基价按采暖面积
12		唐山	9.75	0.11	17.15	0.225	
13		邢台	5.4	0.154	9	0.245	
14	山西	太原	5.40	0.165	11.25	0.344	
15		大同	7.76	0.15	11.55	0.3	
16		晋城	3.96	27.08	8.64	59.09	
17		阳城	3.84	26.26	8.40	57.44	
18		临汾	4.20	0.0994	6.96/8.52④	0.286/0.351⑤	
19		吕梁	4.80	0.0968	—	—	
20		阳泉	6.30	0.127	10.50	0.297	
21		长治	3.96	0.144	8.64	0.315	
22		运城	4.80	0.204	7.20	0.306	

续表

序号	省（区、市）	市	居民供热		非居民供热		备注
			基础热价（元/m²）	计量热价（元/GJ或元/kWh）	基础热价（元/m²）	计量热价（元/GJ或元/kWh）	
23	内蒙古	包头	10.50	17.80	13.20	22.76	
24		赤峰	—	—	8.64	26.39	
25	辽宁	沈阳	3.84	26.26			
26		大连	15	66	15	72.90	
27	吉林	长春	—	—	31	78	
28		吉林	—	—	9.90	0.195	
29	黑龙江	哈尔滨	15.33	42.55	17.32	48.08	基价按使用面积
30		鹤岗	11	31.13	15.20	43.02	
31		牡丹江	16	0.13	16	0.18	
32		齐齐哈尔	10.08	0.10	14	0.13	
33		鸡西	11.11	22.52	15.72	31.87	
34	安徽	合肥	9.50	0.15	—	—	
35	山东	济南	8.01	0.20	11.94	0.30	
36		临沂	6.90	42.16	10.20	60.34	
37		青岛	9.12	42.29	—	85.57	
38		济宁	—	—		69.89	
39		泰安	6.90	0.17	10.08	0.25	
40		威海	7.5/6.9[6]	35.7/36.4[7]	10.17	54.25	
41		烟台	6.90	41.82	—	89.61	
42		枣庄	—	44.00		69.70	
43		淄博	6.60	43.09	10.80	0.25	
44		滨州	6.60	0.14	9.60	0.12	

续表

序号	省（区、市）	市	居民供热		非居民供热		备注
			基础热价（元/m²）	计量热价（元/GJ或元/kWh）	基础热价（元/m²）	计量热价（元/GJ或元/kWh）	
45	河南	郑州	6.84	0.217	10.80	0.32	
46		安阳	6.48	0.131	11.52	0.29	
47		焦作	6.23/6.3	0.11	—	0.23	
48		洛阳	5.88/5.62/5.36[8]	0.142	10.80	0.259	
49		三门峡	5.70	0.1079	9.60	0.23	
50		新乡	5.67	0.18	—	—	
51	陕西	西安	6.36/6.96	28.49/30.8	8.4/9	38.5/41.3	物业代管/直管到户
52	甘肃	兰州	7.5/25	47.43	10.5/12.3/13.8	66.41/77.79/87.28[9]	
53		酒泉	29.60	39	29.60	43	
54		张掖	7.5	30.02	8.7	34.82	
55	贵州	贵阳	10	0.38	—	—	
56	宁夏	吴忠	5.70	0.142	8.70	0.216	
57	新疆	乌鲁木齐	11.00	22/23.5[10]	11.00	22/23.5/24.5[11]	
58		阜康	—	28.83	—	55.56	

① 北京市居民供热计量收费基础热价：热电联产 12 元/m²，燃气锅炉 18 元/m²。

② 北京市非居民供热计量收费计量热价：城六区 98.9 元/GJ，非城六区 91.6 元/GJ。

③ 保定市非居民供热计量收费基础热价：办公用房 9.12 元/m²，生产及经营 9.66 元/m²。

④ 临汾市非居民供热计量收费基础热价：办公 6.96 元 /m²，商用 8.52 元 /m²。

⑤ 临汾市非居民供热计量收费计量热价：办公 0.286 元 /kWh，商用 0.351 元 /kWh。

⑥ 威海市居民供热计量收费基础热价：市区 7.5 元 /m²，文登 6.9 元 /m²。

⑦ 威海市居民供热计量收费计量热价：市区 35.7 元 /GJ，文登 36.4 元 /GJ。

⑧ 洛阳市居民供热计量收费基础热价：多层 5.88 元 /m²，小高层 5.62 元 /m²，高层 5.36 元 /m²。

⑨ 兰州市非居民供热计量收费计量热价：二类 66.41 元 /GJ，三类 77.79 元 /GJ，四类 87.28 元 /GJ。

⑩⑪ 乌鲁木齐市居民和非居民计量热价：到楼栋 22 元 /GJ，到户 23.5 元 /GJ，到换热站 24.5 元 /GJ。

2.4.2　外购热力价格

2022—2023 供暖期协会统计的 133 家供热企业中有 86 家企业向上游电厂购买热量。外购热力（燃煤热电联产）价格平均值为 35.21 元 /GJ，较上个供暖期降低 2.41 元 /GJ；价格最高的为天津市（96.82 元 /GJ），最低的为乌鲁木齐市（11.5 元 /GJ），见表 2-10、图 2-19。外购热力（燃气热电联产）价格平均值为 60.52 元 /GJ，较上个供暖期下降 15.61 元 /GJ，降幅达 20.5%；价格最高的为天津市 132.14 元 /GJ，最低的为太原市 20.5 元 /GJ，见表 2-11、图 2-20。

部分地区供热企业外购热力（燃煤热电联产）价格

表 2-10

序号	省（区、市）	市	外购热力（燃煤热电联产）价格（元 /GJ）
1	北京	北京	31.00～70.00
2	天津	天津	28.00～96.82

续表

序号	省（区、市）	市	外购热力（燃煤热电联产）价格（元/GJ）
3	河北	石家庄	27.00～43.00
4		邢台	13.50～27.13
5		邯郸	29.00
6		廊坊	29.70～30.00
7		秦皇岛	27.00
8		唐山	29.70
9		张家口	29.06
10		保定	31.50
11		承德	28.20
12		沧州	28.00～36.81
13	山西	太原	20.00
14		长治	27.50～28.50
15		大同	20.00
16		阳泉	20.00
17		运城	21.00～27.50
18		吕梁	20.50
19		临汾	27.50
20		晋城	27.50
21	内蒙古	呼和浩特	33.00
22		包头	22.00～24.27
23		赤峰	21.28
24		乌兰察布	23.00
25	辽宁	沈阳	57.00
26		大连	40.00
27		本溪	34.00

续表

序号	省（区、市）	市	外购热力（燃煤热电联产）价格（元/GJ）
28	辽宁	抚顺	31.71～32.46
29		阜新	35.00
30		锦州	35.00
31		营口	39.50
32		葫芦岛	45.00
33	吉林	长春	39.00～39.43
34		吉林	35.39～36.69
35		辽源	35.87
36	黑龙江	哈尔滨	42.70
37		大庆	43.00～87.15
38		鸡西	25.21
39		牡丹江	37.50
40		齐齐哈尔	42.84
41	安徽	合肥	56.04
42	山东	济南	42.80～78.00
43		济宁	37.00
44		临沂	40.00～45.25
45		青岛	50.42
46		泰安	46.00～60.00
47		烟台	59.00
48		枣庄	44.00～59.70
49	河南	郑州	37.00
50		安阳	31.00
51		新乡	31.00
52		鹤壁	28.00
53		三门峡	31.60

第 2 章

续表

序号	省（区、市）	市	外购热力（燃煤热电联产）价格（元/GJ）
54	陕西	西安	37.50～55.00
55	甘肃	兰州	34.40
56		白银	24.00
57		酒泉	29.60
58		平凉	26.00
59	宁夏	银川	43.13
60		吴忠	23.00
61	新疆	乌鲁木齐	11.50～23.80
62		昌吉	15.50
63		库尔勒	28.00

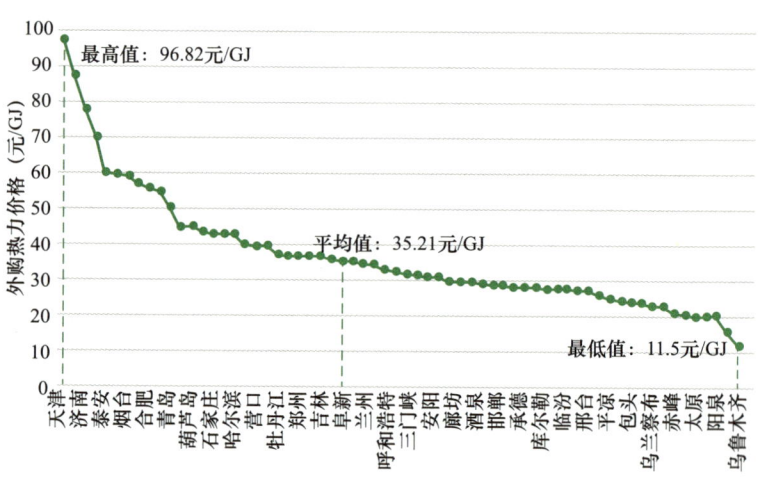

图 2-19 典型城市供热企业外购热力（燃煤热电联产）价格

部分地区供热企业外购热力（燃气热电联产）价格

表 2-11

序号	省（区、市）	市	外购热力（燃气热电联产）价格（元 /GJ）
1	北京	北京	90.40
2	天津	天津	28.00～132.14
3	河北	石家庄	43.00～48.67
4	山西	太原	20.50
5	黑龙江	大庆	43.00
6	山东	济南	78.00
7	陕西	西安	74.00

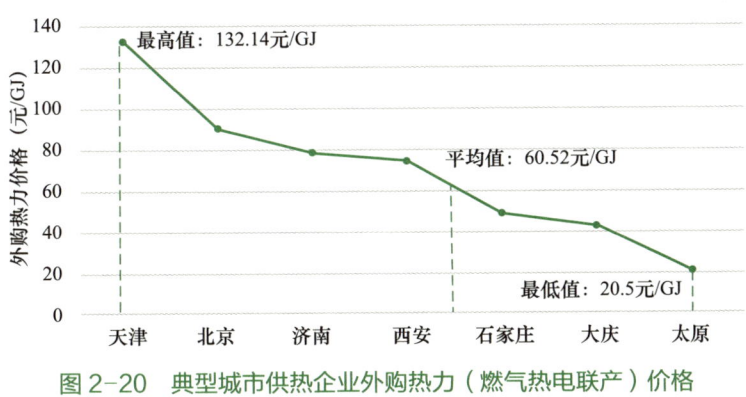

图 2-20　典型城市供热企业外购热力（燃气热电联产）价格

外购热力（工业余热）价格平均值为 26.62 元 /GJ，较上个供暖期降低 0.49 元；价格最高的为烟台市化工厂余热（45.5 元 /GJ），最低的为赤峰市钢铁厂余热（7.0 元 /GJ），见图 2-21。

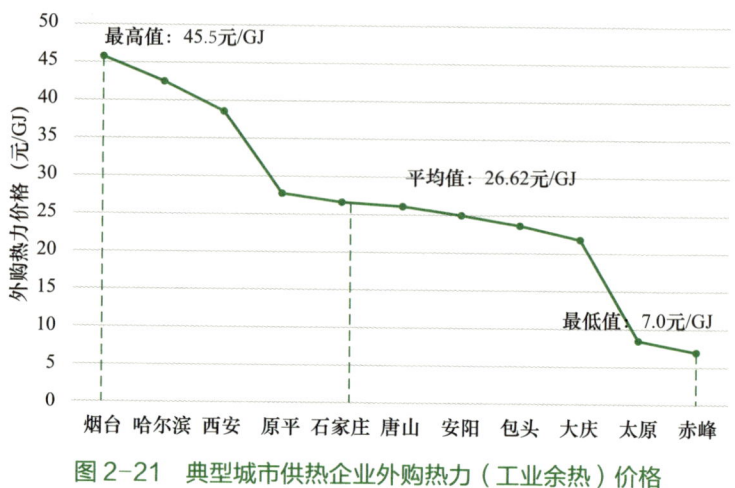

图 2-21　典型城市供热企业外购热力（工业余热）价格

外购热力（长输热电联产）价格平均值为 36.28 元 /GJ，较上个供暖期增加 1.74 元 /GJ；价格最高的为青岛市（87 元 /GJ），最低的为太原市和大同市（15 元 /GJ），见图 2-22。

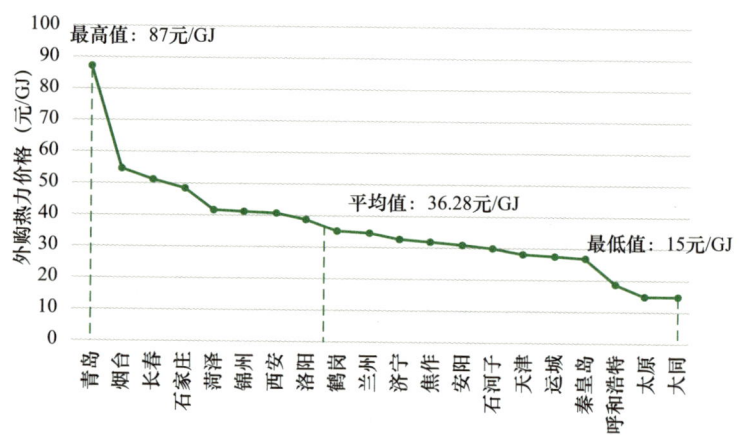

图 2-22　北方典型城市供热企业外购热力（长输热电联产）价格

部分地区外购热力价格见表 2-10～表 2-13。

部分地区供热企业外购热力（工业余热）价格　表 2-12

序号	省（区、市）	市	外购热力（工业余热）价格 （元/GJ）
1	河北	石家庄	26.65
2		唐山	26.00
3	山西	太原	8.50
4		原平	27.60
5	内蒙古	包头	23.61
6		赤峰	7.00
7	黑龙江	哈尔滨	42.70
8		大庆	21.75
9	山东	烟台	45.50
10	河南	安阳	25.00
11	陕西	西安	38.50

部分地区供热企业外购热力（长输热电联产）价格

表 2-13

序号	省（区、市）	市	外购热力（长输热电联产） 价格（元/GJ）
1	天津	天津	28.00
2	河北	石家庄	26.00～48.67
3		秦皇岛	27.00
4	山西	太原	15.00
5		大同	15.00
6		运城	27.50
7	内蒙古	呼和浩特	19.00

续表

序号	省（区、市）	市	外购热力（长输热电联产）价格（元/GJ）
8	辽宁	锦州	41.00
9	吉林	长春	39.00～51.00
10	黑龙江	鹤岗	35.05
11	山东	菏泽	41.45
12		青岛	87.00
13		济宁	32.78
14		烟台	54.80
15	河南	安阳	31.00
16		焦作	30.00～32.00
17		洛阳	38.90
18	陕西	西安	40.80
19	甘肃	兰州	34.40
20	新疆	石河子	30.00

2.4.3 燃煤价格

协会统计了 25 个城市的供热企业燃煤购入价格，见表 2-14。统计企业燃煤价格平均值为 1309 元/tce，比上个供暖期下降 42 元/tce；最高的为大庆（1960 元/tce），最低的为忻州（550 元/tce）。北方典型城市供热企业燃煤购入价格如图 2-23 所示。

不同地区供热企业燃煤购入价格　　表 2-14

序号	省（区、市）	市	燃煤价格（元/tce）
1	天津	天津	775.00

续表

序号	省（区、市）	市	燃煤价格（元 /tce）
2	河北	石家庄	1709.45
3		承德	1657.00
4		廊坊	1387.00
5	山西	太原	946.70
6		忻州	550.00
7		阳泉	1829.76
8		运城	1417.24～1732.42
9	山东	济南	1847.91
10		青岛	1666.62～1747.90
11	内蒙古	呼和浩特	712.31
12		赤峰	626.52
13	黑龙江	哈尔滨	1130.00
14		大庆	1633.00～1960.00
15		鸡西	1134.00
16		牡丹江	1300.00
17	吉林	长春	1302.80～1592.29
18		辽源	957.43
19	辽宁	沈阳	1559.00～1623.00
20		大连	1495.91
21		锦州	741.52
22	陕西	西安	1330.00
23	安徽	合肥	1262.58
24	甘肃	兰州	1500.00～1910.00
25		天水	766.66

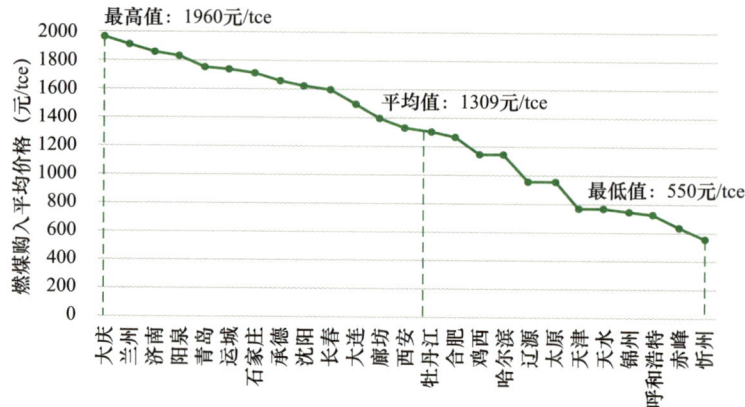

图 2-23　北方典型城市供热企业燃煤购入平均价格

2.4.4　天然气价格

协会统计了 25 个城市供热企业购买天然气价格，见表 2-15。统计企业天然气价格平均值为 3.67 元 /Nm³，较上个供暖期上涨 0.07 元 /Nm³；最高的为包头市 [7.31 元 /Nm³（较上个供暖期上涨 2.24 元 /Nm³）]，最低的为酒泉市（1.32 元 / Nm³），见图 2-24。

不同地区供热企业天然气购入价格　　表 2-15

序号	省（区、市）	市	天然气价格（元 /Nm³）
1	北京	北京	2.64～2.88
2	天津	天津	3.84～3.87
3	河北	石家庄	3.75～4.31
4		保定	3.97
5		沧州	4.60
6		承德	4.75

续表

序号	省（区、市）	市	天然气价格（元 /Nm³ ）
7	河北	廊坊	2.64
8		唐山	4.70
9	河南	郑州	4.84
10		安阳	4.98
11		焦作	4.95
12		三门峡	5.50
13	山西	太原	4.45
14	山东	济南	1.71
15		青岛	4.09～4.80
16		淄博	3.30
17	内蒙古	呼和浩特	2.54
18		包头	7.31
19	陕西	西安	2.23～2.25
20	甘肃	兰州	2.77
21		酒泉	1.32
22	青海	西宁	1.61
23	贵州	贵阳	3.96
24	新疆	乌鲁木齐	1.37
25		库尔勒	1.60

2.4.5　电费与电价

供热企业用电电费主要是指供热系统对外供热全过程有关的动力设备、仪器仪表和照明灯所消耗的用电支出，包括热源用电和热力站用电。协会对 2022—2023 供暖期综合电价进行了统计（表 2-16），平均值为 0.70 元 /kWh，较上个供暖

期增加 0.01 元 /kWh；最高的为长春市（1.15 元 /kWh），最低
的为乌鲁木齐市、乌兰察布市和石河子市（0.45 元 /kWh），见
图 2-25 和表 2-16。

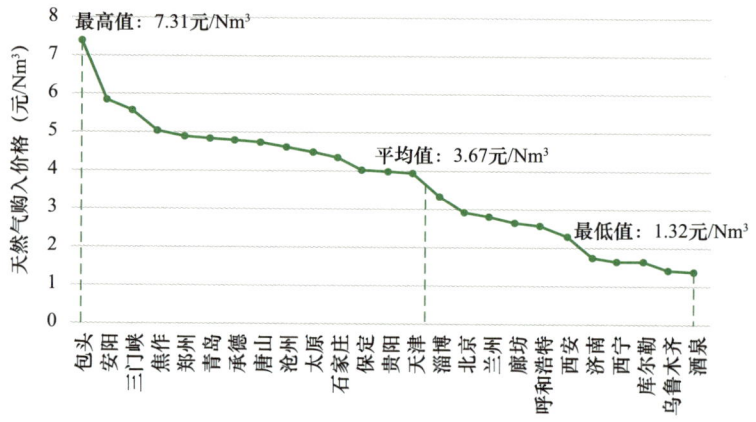

图 2-24　北方典型城市供热企业天然气购入价格

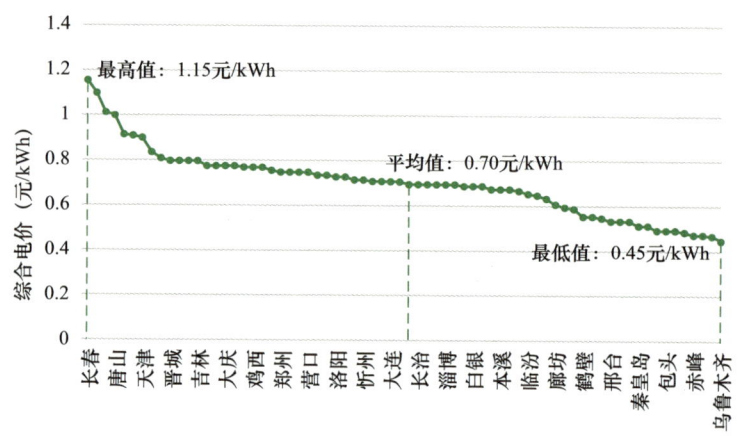

图 2-25　北方典型城市供热企业综合电价

不同地区综合购电价格　　表 2-16

序号	省（区、市）	市	综合电价（元 /kWh）
1	北京	北京	0.87～1.10
2	天津	天津	0.71～0.90
3	河北	石家庄	0.59～0.70
4		保定	0.71
5		邢台	0.51～0.54
6		沧州	0.54
7		承德	0.64
8		秦皇岛	0.50～0.52
9		邯郸	0.54
10		廊坊	0.59～0.61
11		唐山	0.80～1.00
12		张家口	0.50
13	河南	郑州	0.75
14		洛阳	0.73
15		安阳	0.72
16		新乡	0.74
17		焦作	0.78
18		三门峡	0.77
19		鹤壁	0.56
20	山西	太原	0.67
21		大同	0.60
22		晋城	0.80
23		临汾	0.66
24		长治	0.57～0.70
25		运城	0.60～0.74
26		阳泉	0.68
27		忻州	0.72

续表

序号	省（区、市）	市	综合电价（元/kWh）
28	山东	济南	0.75～1.01
29		济宁	0.71～0.80
30		临沂	0.71～0.91
31		青岛	0.69～0.92
32		泰安	0.70
33		烟台	0.70
34		枣庄	0.81
35		滨州	0.71
36		淄博	0.70
37		菏泽	0.55
38	内蒙古	呼和浩特	0.56
39		包头	0.48～0.50
40		赤峰	0.48
41		乌兰察布	0.45
42	黑龙江	哈尔滨	0.75～0.78
43		大庆	0.77～0.78
44		鹤岗	0.75
45		鸡西	0.77
46		牡丹江	0.77
47		齐齐哈尔	0.80
48	吉林	长春	0.81～1.15
49		吉林	0.80
50		辽源	0.84
51	辽宁	沈阳	0.70～0.76
52		大连	0.67～0.71

续表

序号	省（区、市）	市	综合电价（元 /kWh）
53	辽宁	本溪	0.68
54		抚顺	0.72～0.75
55		阜新	0.71
56		锦州	0.73
57		营口	0.75
58		葫芦岛	0.65
59	陕西	西安	0.55～0.69
60	安徽	合肥	0.59
61	甘肃	兰州	0.70～0.78
62		白银	0.69
63		天水	0.68
64		酒泉	0.65～0.69
65	贵州	贵阳	0.70
66	宁夏	银川	0.50
67		吴忠	0.49
68	青海	西宁	0.52
69	新疆	乌鲁木齐	0.45～0.53
70		石河子	0.45
71		昌吉	0.47
72		库尔勒	0.48

2.4.6　水费与水价

供热企业水费主要指保障供暖系统正常运行所消耗的补水量支出，不包括供热系统初始上水量。2022—2023 供暖期 72 个城市自来水平均价格为 5.64 元 /m³，较上个供暖期上涨 0.12

元 /m³；最高的为赤峰市（9.9 元 /m³），最低的为临汾市（2.0 元 /m³），见图 2-26 和表 2-17。

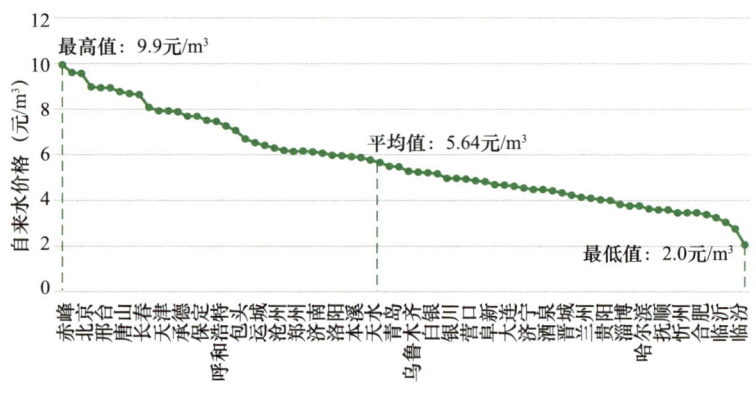

图 2-26 北方典型城市自来水价格

各地自来水价格 表 2-17

序号	省（区、市）	市	自来水价格（元 /m³）
1	北京	北京	9.00～9.50
2	天津	天津	7.68～7.90
3	河北	石家庄	8.00～8.94
4		保定	7.62
5		邢台	8.88
6		沧州	6.24
7		承德	7.84
8		秦皇岛	7.64
9		邯郸	9.54
10		廊坊	7.50～8.62
11		唐山	5.20～8.70

续表

序号	省（区、市）	市	自来水价格（元/m³）
12	河北	张家口	7.43
13		邢台	8.88
14	河南	郑州	6.11
15		洛阳	5.90
16		三门峡	6.36
17		新乡	4.45
18		焦作	4.80
19		鹤壁	4.90
20	山西	太原	6.10
21		大同	5.80
22		晋城	4.30
23		临汾	2.00
24		忻州	3.40
25		运城	4.10～6.45
26		长治	6.60
27		阳泉	8.02
28	山东	济南	4.45～6.05
29		济宁	4.20～4.50
30		临沂	3.03～3.20
31		青岛	5.40～5.43
32		泰安	4.40
33		烟台	3.54
34		枣庄	2.70
35		淄博	3.80
36		滨州	3.58
37		菏泽	4.60

第2章

续表

序号	省（区、市）	市	自来水价格（元/m³）
38	内蒙古	呼和浩特	7.40
39		包头	6.97
40		赤峰	9.90
41		乌兰察布	7.20
42	黑龙江	哈尔滨	2.95～3.70
43		大庆	4.00～5.60
44		鹤岗	3.40
45		鸡西	3.00
46		牡丹江	7.90
47		齐齐哈尔	3.92
48	吉林	长春	6.80～8.55
49		吉林	5.40
50		辽源	6.00
51	辽宁	沈阳	4.20
52		大连	4.57～4.60
53		本溪	5.85
54		抚顺	3.55
55		阜新	4.76
56		锦州	3.75
57		营口	4.85
58		葫芦岛	5.19
59	陕西	西安	5.80～5.89
60	安徽	合肥	3.40
61	甘肃	兰州	3.80～4.09
62		白银	5.16
63		天水	5.70
64		酒泉	3.60～4.45

续表

序号	省（区、市）	市	自来水价格（元/m³）
65	贵州	贵阳	4.00
66	宁夏	银川	4.92
67		吴忠	5.10
68	青海	西宁	4.57
69	新疆	乌鲁木齐	4.74～5.20
70		石河子	3.32
71		库尔勒	4.05
72		昌吉	6.15

2.4.7 能源价格变化情况

根据统计数据，对近 5 个供暖期供热企业外购热力价格、燃料和水、电价格分别做了比对，详见表 2-18～表 2-20。

近 5 个供暖期供热企业外购热力（燃煤热电联产）价格
变化情况 表 2-18

供暖期	平均		最高		最低	
	价格（元/GJ）	较上个供暖期变化情况（%）	价格（元/GJ）	城市	价格（元/GJ）	城市
2022—2023	35.21	↓2.41	96.82	天津	11.50	乌鲁木齐
2021—2022	37.62	↑3.86	96.82	天津	11.50	乌鲁木齐
2020—2021	33.76	↓0.14	87.00	北京	11.50	乌鲁木齐
2019—2020	33.90	↓0.1	87.00	北京	11.50	乌鲁木齐
2018—2019	34.00	↓1.3	87.00	北京	11.50	乌鲁木齐

近 5 个供暖期供热企业外购热力（燃气热电联产）价格
变化情况　　　　　　　　　表 2-19

供暖期	平均		最高		最低	
	价格 （元/GJ）	较上个供 暖期变化 情况（%）	价格 （元/GJ）	城市	价格 （元/GJ）	城市
2022—2023	60.52	↓15.61	132.14	天津	20.50	太原
2021—2022	76.13	↑19.48	132.14	天津	20.50	太原
2020—2021	56.65	↓9.85	91.00	北京	20.50	太原
2019—2020	66.50	↓19.90	96.40	石家庄	20.50	太原
2018—2019	46.60	—	91.00	北京	20.50	太原

近 5 个供暖期供热企业燃料和水、电价格　表 2-20

供暖期	燃煤 （元/tce）	天然气 （元/Nm³）	电费 （元/kWh）	水费 （元/m³）
2018—2019	814.00	2.73	0.70	5.67
2019—2020	768.00	2.97	0.67	5.45
2020—2021	825.00	2.64	0.68	5.80
2021—2022	1351.00	3.60	0.69	5.52
2022—2023	1309.00	3.67	0.70	5.64

2.4.8　职工人均工资

从统计数据看，不同地区不同企业间职工人均工资存在
较大差异。2023 年协会共统计了 90 家供热企业职工人均工
资，平均值为 11.08 万元/（人·年），较上年增长 0.36 万元/
（人·年），但比 2022 年电力、热力、燃气及水行业人均工资

低 1.54 万元/（人·年）①。分地区看，供热企业人均工资平均值最高的为北京 [16.28 万元/（人·年）]，最低的为甘肃 [5.22 万元/（人·年）]，最高值是最低值的 3.1 倍；绝大多数省（市、区）供热企业人均工资平均值均低于当地电力、热力、燃气及水行业人均工资，差额最大的为天津市 [9.23 万元]。从同地区不同供热企业人均工资最高值与最低值之比看，比值最大的为北京 4.30，最小的为甘肃 1.10，详见表 2-21。

2023 全国供热企业职工人均工资 [单位：万元/（人·年）]

表 2-21

序号	省（区、市）	最高值	平均值	最低值	最高与最低之比	2022 电力、热力、燃气及水行业人均工资	供热与能源行业平均工资差值
1	北京	21.51	16.28	5.00	4.30	20.68	-4.40
2	天津	9.37	9.21	8.63	1.10	18.44	-9.23
3	河北	20.57	11.33	6.47	3.20	12.30	-0.97
4	山西	13.05	9.80	5.03	2.60	10.66	-0.86
5	内蒙古	8.95	7.61	6.88	1.30	12.94	-5.33
6	辽宁	17.82	8.20	3.77	4.70	9.77	-1.57
7	吉林	9.65	8.50	5.82	1.70	10.87	-2.37
8	黑龙江	19.85	11.15	4.79	4.10	9.87	1.28
9	山东	18.60	10.85	4.78	3.90	13.12	-2.27
10	河南	13.73	8.86	5.31	2.60	11.00	-2.14

① 2022 年电力、热力、燃气及水行业平均工资来自《中国统计年鉴 2023》。

续表

序号	省（区、市）	最高值	平均值	最低值	最高与最低之比	2022 电力、热力、燃气及水行业人均工资	供热与能源行业平均工资差值
11	甘肃	5.41	5.22	5.02	1.10	10.38	−5.16
12	新疆	15.30	11.67	4.78	3.20	12.76	−1.09

2.4.9　管网新建及老旧改造费用

2023 年共有 50 家供热企业投资 64.3 亿元用于新建供热管网，涉及供热面积 23.8 亿 m^2。供热企业用于新建供热管网的资金最高达 15.3 亿元，最低为 81 万元。

由于供热管网存在老化、腐蚀等问题，热供热企业每年需开展老旧管网改造。2023 年共有 50 家供热企业投资 86 亿元改造管网 1876km，平均每延米投资约 0.46 万元；一次管网和二次管网改造长度占比分别为 2.5% 和 2.2%，见表 2-22。受"三供一业"政策影响，部分供热企业加大老旧管网改造力度，年度改造长度最大可达 420km。

供热企业老旧管网改造情况统计表　　　表 2-22

企业编号	一次管网（km）		二次管网（km）		年度改造总长度（km）
	总长度	年度改造长度	总长度	年度改造长度	
1	1623.00	136.00	2196.50	284.00	420.00
2	597.25	6.44	1532.80	240.14	246.58
3	514.90	51.64	2023.67	101.46	153.10
4	653.30	23.00	4009.00	81.00	104.00
5	1665.00	97.70	468.09	3.19	100.89

续表

企业编号	一次管网（km）		二次管网（km）		年度改造总长度（km）
	总长度	年度改造长度	总长度	年度改造长度	
6	606.00	18.00	1863.00	69.00	87.00
7	398.75	5.10	752.50	70.40	75.50
8	274.96	10.33	490.85	62.80	73.13
9	166.40	11.40	251.50	53.00	64.40
10	210.50	18.53	1032.98	42.91	61.44
11	324.00	22.00	614.00	28.00	50.00
12	79.70	0.50	252.70	44.70	45.20
13	58.59	0.00	1882.70	41.30	41.30
14	1719.00	41.00	2155.00	0.00	41.00
15	1239.24	5.08	2789.75	35.46	40.54
16	282.00	1.80	1291.00	36.50	38.30
17	74.60	2.30	558.44	35.77	38.07
18	163.30	0.00	1371.23	37.24	37.24
19	732.96	0.76	2303.74	33.31	34.07
20	185.00	3.00	1270.00	29.00	32.00
21	114.00	1.37	370.00	30.27	31.64
22	48.00	6.00	525.00	25.00	31.00
23	206.34	3.57	754.90	26.85	30.42
24	212.20	1.40	950.00	29.00	30.40
25	252.64	5.76	821.87	20.77	26.53
26	51.26	11.00	185.00	15.00	26.00
27	422.00	25.00	1550.00	0.00	25.00
28	652.79	2.50	2093.13	22.39	24.89
29	95.18	7.07	330.00	17.50	24.57

续表

企业编号	一次管网（km）		二次管网（km）		年度改造总长度（km）
	总长度	年度改造长度	总长度	年度改造长度	
30	1621.00	2.00	1853.00	21.00	23.00
31	110.00	10.00	78.00	13.00	23.00
32	35.36	5.56	122.07	17.21	22.77
33	33.50	7.53	114.91	14.87	22.40
34	326.40	6.31	1084.42	15.10	21.41
35	116.00	6.00	750.00	15.00	21.00
36	107.00	3.00	468.00	17.80	20.80
37	234.30	0.35	561.68	20.40	20.75
38	1075.37	8.00	3400.22	11.47	19.47
39	334.00	4.00	3243.00	15.00	19.00
40	578.47	14.74	480.63	3.34	18.08

第 **3** 章

城镇供热行业运营数据统计

3.1 供热运行基础数据

3.1.1 供热时间

协会统计了 2022—2023 供暖期寒冷地区 53 个城市的供热时间，正式开始供暖最早时间是 2022 年 10 月 10 日（敦煌市），最晚时间是 2022 年 11 月 15 日（邯郸市）；正式结束供暖最早时间是 2023 年 3 月 10 日（天水市），最晚时间是 2023 年 4 月 16 日（威海市）；供暖期最短时间是 121d（三门峡市），最长时间是 188d（敦煌市），详见表 3-1。

寒冷地区部分城市 2022—2023 供暖期

起止时间　　　　　　　　　　　表 3-1

序号	省（区、市）	市	供暖期正式开始日期	供暖期正式结束日期	实际供暖天数（d）	法定供暖天数（d）	计算供暖期天数（d）①
1	北京	北京	2022-11-13	2023-03-15	123	121	114
2	天津	天津	2022-11-01	2023-03-25	145	121	118

续表

序号	省（区、市）	市	供暖期正式开始日期	供暖期正式结束日期	实际供暖天数（d）	法定供暖天数（d）	计算供暖期天数（d）[①]
3	河北	石家庄	2022-11-10	2023-03-15	126	121	97
4	河北	唐山	2022-11-04	2023-03-22	139	121	120
5	河北	秦皇岛	2022-10-25	2023-04-04	162	151	—
6	河北	邯郸	2022-11-15	2023-03-25	131	121	—
7	河北	保定	2022-11-01	2023-03-15	135	121	108
8	河北	邢台	2022-11-07	2023-03-18	132	121	93
9	河北	沧州	2022-11-01	2023-03-15	135	121	115
10	河北	承德	2022-11-01	2023-03-31	151	151	150
11	河北	廊坊	2022-11-10	2023-03-15	126	121	—
12	河北	张家口	2022-11-01	2023-04-06	157	151	145
13	山西	太原	2022-10-20	2023-03-31	163	151	127
14	山西	阳泉	2022-10-25	2023-03-31	158	151	—
15	山西	长治	2022-10-15	2023-03-31	168	121	—
16	山西	晋城	2022-11-02	2023-03-27	146	121	—
17	山西	运城	2022-11-11	2023-03-15	125	121	84
18	山西	忻州	2022-11-01	2023-03-31	151	151	—
19	山西	临汾	2022-11-01	2023-03-15	135	121	—
20	山西	吕梁	2022-11-01	2023-03-31	151	151	—
21	辽宁	大连	2022-11-01	2023-04-05	156	152	125
22	辽宁	锦州	2022-10-30	2023-04-01	154	152	141
23	辽宁	营口	2022-10-28	2023-03-31	155	151	142
24	辽宁	葫芦岛	2022-10-29	2023-03-31	154	151	—
25	山东	济南	2022-11-07	2023-03-20	134	121	92
26	山东	青岛	2022-11-10	2023-04-09	151	141	99

续表

序号	省（区、市）	市	供暖期正式开始日期	供暖期正式结束日期	实际供暖天数（d）	法定供暖天数（d）	计算供暖期天数（d）①
27	山东	淄博	2022-11-06	2023-03-17	132	121	—
28	山东	枣庄	2022-11-13	2023-03-20	128	121	—
29	山东	烟台	2022-11-02	2023-03-31	150	136	—
30	山东	潍坊	2022-11-09	2023-03-19	131	122	117
31	山东	济宁	2022-11-08	2023-03-25	138	126	—
32	山东	泰安	2022-11-07	2023-03-22	136	131	—
33	山东	威海	2022-11-01	2023-04-16	167	137	—
34	山东	临沂	2022-11-07	2023-03-20	134	131	100
35	山东	德州	2022-11-11	2023-03-18	128	121	115
36	山东	滨州	2022-11-15	2023-03-20	126	126	—
37	山东	菏泽	2022-11-12	2023-03-18	127	121	111
38	河南	郑州	2022-11-08	2023-03-17	130	120	88
39	河南	洛阳	2022-11-15	2023-03-17	123	121	—
40	河南	安阳	2022-11-15	2023-03-17	123	121	93
41	河南	鹤壁	2022-11-15	2023-03-17	123	121	—
42	河南	新乡	2022-11-15	2023-03-17	123	121	—
43	河南	焦作	2022-11-15	2023-03-17	123	121	—
44	河南	三门峡	2022-11-15	2023-03-15	121	121	—
45	陕西	西安	2022-11-10	2023-03-19	130	121	82
46	甘肃	兰州	2022-11-01	2023-03-31	151	151	126
47	甘肃	白银	2022-10-27	2023-03-31	156	151	—
48	甘肃	天水	2022-11-01	2023-03-10	130	130	110
49	甘肃	平凉	2022-10-20	2023-03-31	163	151	139
50	甘肃	敦煌	2022-10-10	2023-04-15	188	183	139

第 3 章

续表

序号	省（区、市）	市	供暖期正式开始日期	供暖期正式结束日期	实际供暖天数（d）	法定供暖天数（d）	计算供暖期天数（d）①
51	宁夏	银川	2022-10-20	2023-04-09	172	151	140
52	宁夏	吴忠	2022-10-20	2023-03-31	163	151	—
53	新疆	库尔勒	2022-10-15	2023-03-31	168	151	121

① 根据《严寒和寒冷地区居住建筑节能设计标准》JGJ 26—2018，计算供暖期天数指采用滑动平均法计算出的累年日平均温度低于或等于 5℃的天数。计算供暖期天数供通风空调、供热或建筑节能等相关专业人士在进行项目设计、规划或咨询时使用，与当地法定的供暖天数不一定相等。

注：气候区划分参考《严寒和寒冷地区居住建筑节能设计标准》JGJ 26—2018，"—"表示该标准中未提及该城市相关数据。

协会统计了 25 个严寒地区城市的供暖时间，正式开始供暖最早时间是 2022 年 9 月 25 日（乌鲁木齐），最晚时间是 2022 年 11 月 1 日（阜新市和沈阳市）；正式结束供暖最早时间是 2023 年 3 月 31 日（抚顺市、阜新市、本溪市、沈阳市），最晚时间是 2023 年 5 月 2 日（鸡西市）；供暖期最短时间是 151d（阜新市和沈阳市），最长时间是 213d（鸡西市），详见表 3-2。

严寒地区 2022—2023 供暖期起止时间　　表 3-2

序号	省（区、市）	市	供暖期正式开始日期	供暖期正式结束日期	实际供暖天数（d）	法定供暖天数（d）	计算供暖期天数（d）
1	山西	大同	2022-10-12	2022-04-17	188	168	158
2	内蒙古	呼和浩特	2022-10-08	2023-04-15	190	183	158

续表

序号	省（区、市）	市	供暖期正式开始日期	供暖期正式结束日期	实际供暖天数（d）	法定供暖天数（d）	计算供暖期天数（d）
3	内蒙古	包头	2022-10-09	2023-04-15	189	183	—
4	内蒙古	赤峰	2022-10-07	2023-04-15	191	183	161
5	内蒙古	乌兰察布	2022-10-07	2023-04-15	192	183	—
6	辽宁	抚顺	2022-10-30	2023-03-31	153	151	—
7	辽宁	阜新	2022-11-01	2023-03-31	151	151	—
8	辽宁	本溪	2022-10-26	2023-03-31	157	151	157
9	辽宁	沈阳	2022-11-01	2023-03-31	151	151	150
10	吉林	长春	2022-10-18	2023-04-06	171	169	165
11	吉林	吉林	2022-10-17	2023-04-09	175	172	—
12	吉林	辽源	2022-10-20	2023-04-10	173	168	—
13	黑龙江	哈尔滨	2022-10-12	2023-04-20	191	183	167
14	黑龙江	齐齐哈尔	2022-10-13	2023-04-15	185	183	177
15	黑龙江	鹤岗	2022-10-05	2023-04-30	208	203	—
16	黑龙江	大庆	2022-10-09	2023-04-20	194	193	—
17	黑龙江	鸡西	2022-10-02	2023-05-02	213	208	175
18	黑龙江	牡丹江	2022-10-06	2023-04-17	194	183	168
19	青海	西宁	2022-10-10	2023-04-15	188	183	161
20	新疆	乌鲁木齐	2022-09-25	2023-04-10	198	183	149
21	新疆	昌吉	2022-09-30	2023-04-20	203	198	—
22	新疆	石河子	2022-10-01	2023-04-15	197	183	—
23	甘肃	张掖	2022-10-26	2023-04-10	167	151	155
24	甘肃	酒泉	2022-10-25	2023-04-10	168	151	152

注：气候区划分参考《严寒和寒冷地区居住建筑节能设计标准》JGJ 26—2018，"—"表示标准中未提及该城市相关数据。

此外，还统计了南方地区 2 个城市的供暖时间，详见表 3-3。

南方地区 2 个城市 2022—2023 供暖期
起止时间 表 3-3

序号	省	市	供暖期正式开始日期	供暖期正式结束日期	实际供暖天数（d）	法定供暖天数（d）	计算供暖期天数（d）
1	安徽	合肥	2022-11-28	2023-03-05	98	91	—
2	贵州	贵阳	2022-11-15	2023-03-15	121	121	—

2022—2023 供暖期 78 个城市 133 家供热企业中共有 68 个城市 111 家供热企业延长供暖期，延长率分别为 87% 和 83%；寒冷地区最多延长 47d，平均延长 10d；严寒地区最多延长 15d，平均延长 7d；见图 3-1 和图 3-2。根据协会的统计数据，延长供暖导致供热企业耗热量增加 3.66%，其中寒冷地区增加 4.4%，严寒地区增加 2.0%，见表 3-4。

延长供暖对耗热量的影响 表 3-4

延长供热企业划分	实际供热面积（亿 m²）	供暖期供热量（亿 GJ）	法定供暖期供热量（亿 GJ）	完整供暖期热单耗（GJ/m²）	法定供暖期热单耗（GJ/m²）	能耗增加
所有企业	30.52	10.47	10.10	0.343	0.331	3.66%
寒冷地区企业	22.76	7.12	6.82	0.313	0.299	4.4%
严寒地区企业	7.76	3.35	3.28	0.432	0.423	2.0%

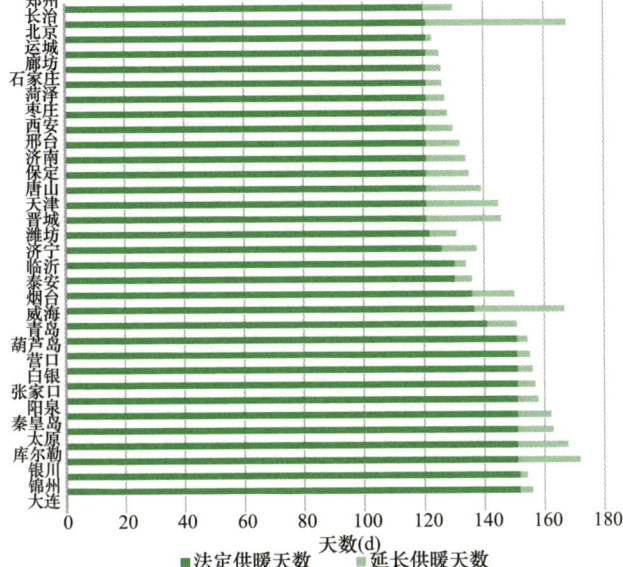

图 3-1　2022—2023 供暖期寒冷地区城市供暖天数

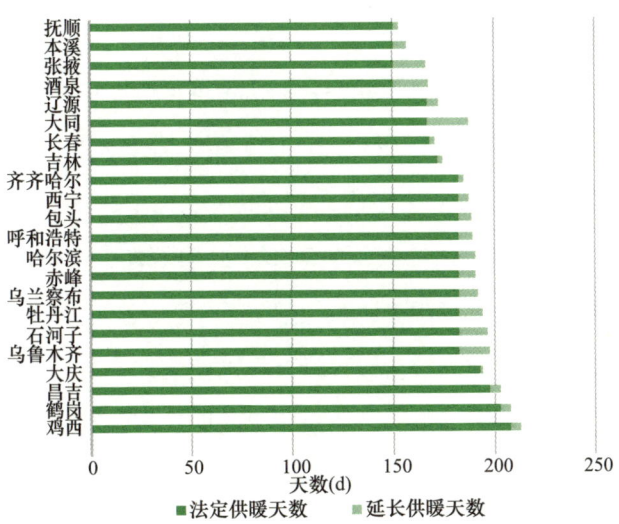

图 3-2　2022—2023 供暖期严寒地区城市供暖天数

3.1.2　供暖室内温度

协会统计了 2022—2023 供暖期全国 79 个城市的供暖室内温度达标要求，其中有 63 个城市为 18℃，占比达到 80%；合肥市为 16℃；天津、廊坊、银川、济宁、库尔勒、大庆、哈尔滨、鹤岗、鸡西、吉林、牡丹江、齐齐哈尔、乌鲁木齐、乌兰察布和昌吉 15 个城市为 20℃。

对于供暖室内温度，2025 年 3 月 31 日住房城乡建设部发布的全文强制性国家标准《住宅项目规范》GB 55038—2025 中第 7.2.2 条明确规定：住宅建筑采用集中供暖系统时，卧室、起居室和卫生间冬季室内供暖计算温度不应低于 18℃，厨房冬季室内供暖计算温度不应低于 15℃。

对于供暖室内温度达标要求，各地的供热管理办法或条例多有阐述，说法并不一致。例如《北京市供热采暖管理办法》第十二条规定：采暖期内，对符合现行国家住宅设计规范要求的住宅，供热单位应当保证住宅用户卧室、起居室（厅）的室温符合现行国家住宅设计规范的温度要求；2021 年修正的《黑龙江省城市供热条例》第三十二条规定：在供热期内，供热单位应当保证居民卧室、起居室（厅）温度全天不低于 20℃，其他部位应当符合设计规范标准要求。

协会统计了各地供热企业法定供暖期居民室内温度和获取方式，从室内温度看，法定供暖期居民室内平均温度统计值为 21.17℃，较上个供暖期提高 0.43℃。115 家供热企业提供了法

定供暖期居民室内平均温度 t_n 统计数据，18℃≤t_n＜20℃的占
比为 17%（较上个供暖期低 5 个百分点），20℃≤t_n＜22℃的
占比为 62%（较上个供暖期高 6 个百分点），t_n≥22℃以上占
比为 21%（较上个供暖期低 1 个百分点），见图 3-3。图 3-4
分别统计了法定供暖期各地室内平均温度的情况，可以看到除
甘肃省（数据量不足）外，其他北方各省份都超过 20℃，其
中，山西和内蒙古超过 22℃。

　　从供热企业获取居民室内供暖温度的方式来看，105 家供
热企业采取人工抽检的方式，97 家供热企业采取自动采集的
方式，86 家供热企业同时采取人工抽检和自动采集相结合的
方式。使用人工抽检和自动采集获取居民室内供暖温度的用户
数占总用户数的比例分别为 6.55% 和 3.74%。

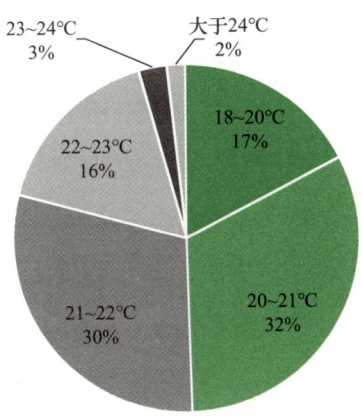

图 3-3　法定供暖期居民室内平均温度 t_n 数据分布图

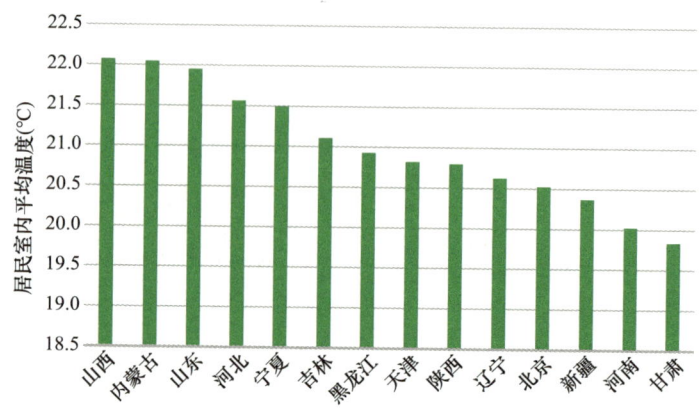

图 3-4　法定供暖期各地居民室内平均温度

提前、法定和延后供暖期三个时间段居民室内平均温度对比见图 3-5。89 家供热企业提供了提前供暖期统计数据，居民室内平均温度 20℃≤t_n≤22℃的占 64%（较上个供暖期高 14 个百分点），24% 在 20℃以下（较上个供暖期低 2 个百分点），12% 在 22℃以上（较上个供暖期低 12 个百分点）。59 家供热企业提供了延后供暖期统计数据，居民室内平均温度 20℃≤t_n≤22℃的占比为 68%（较上个供暖期高 21 个百分点），20℃以下以及 22℃以上的占比分别为 14%（较上个供暖期低 6 个百分点）和 18%（较上个供暖期低 15 个百分点）。

提前供暖期、法定供暖期和延后供暖期居民室内平均温度超过 20℃的占比分别为 76%、83% 和 86%（上个供暖期的统计值为 74%、78% 和 80%），但超过 22℃的用户占比均较上个供暖期有所下降。

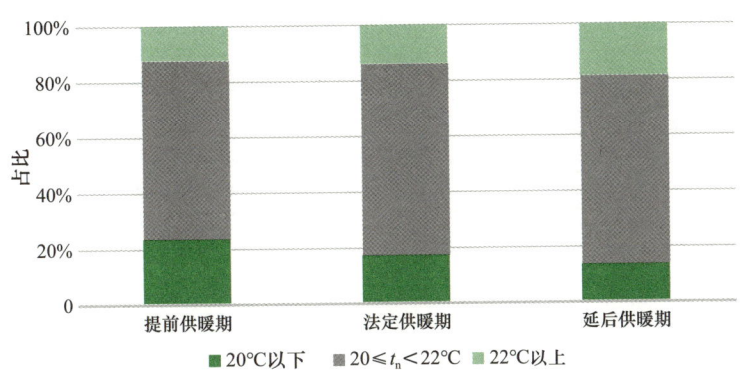

图 3-5　供暖期内居民室内平均温度占比

总体来说，从这几年的数据看，供暖期居民室内平均温度有逐渐升高的趋势，但是用户的室内供暖温度更加均衡了，过高和过低的比例均有所下降。在延长供暖的时间段，过量供热情况较多，但也有些地方室内供暖温度不达标问题较突出，甚至引发舆情。可见，今后仍需继续强化末端均衡供热管理，尽可能减少不热和过热的现象。

3.1.3　热计量收费

统计企业已知收费类型的供热面积共计 40.3 亿 m²，居住建筑和公共建筑分别为 31.0 亿 m² 和 9.3 亿 m²。其中，4.3 亿 m² 居住建筑按热计量收费，占比 13.9%，较上个供暖期增加 1.3 个百分点；2.4 亿 m² 公共建筑按热计量收费，占比 25.8%，较上个供暖期降低 5.9 个百分点。各地不同收费类型供热面积统计见表 3-5。

各地不同收费类型供热面积统计　　　表 3-5

省（区、市）或地区	公共建筑			居住建筑		
	按面积收费（万 m²）	按热计量收费（万 m²）	热计量收费占比（%）	按面积收费（万 m²）	按热计量收费（万 m²）	热计量收费占比（%）
北京	6628	8320	55.7%	21219	2701	11.3%
天津	4921	884	15.2%	15454	2634	14.6%
河北	10756	1173	9.8%	35385	9576	21.3%
山西	9349	449	4.6%	32143	5568	14.8%
内蒙古	4620	90	1.9%	14389	42	0.3%
辽宁	3677	45	1.2%	15070	—	—
吉林	4997	237	4.5%	11471	—	—
黑龙江	5810	812	12.3%	15886	31	0.2%
山东	6209	8201	56.9%	53591	10420	16.3%
河南	1242	1652	57.1%	17261	6527	27.4%
陕西	1638	256	13.5%	12786	1046	7.6%
甘肃	2845	499	14.9%	7587	1933	20.3%
宁夏	773	104	11.9%	4018	—	—
新疆	4877	631	11.4%	10029	1300	11.5%
南方地区	127	755	85.6%	318	1662	83.9%

从表 3-5 可以看出，南方地区热计量收费占比较高，北方地区公共建筑热计量收费占比整体高于居住建筑。北方地区公共建筑热计量收费占比超过 20% 的有北京、山东和河南，居住建筑热计量收费占比超过 15% 的有河北、山东、河南和甘肃。

通过各地热计量收费占比以及统计面积占其总供热面积的

比例估算，北方地区按照热计量收费的公共建筑和居住建筑总面积分别约为 5.1 亿 m² 和 8.6 亿 m²。

3.1.4　未供及报停供热面积

2022—2023 供暖期 133 家统计企业在网供热面积 43.5 亿 m²，实际供热面积 34.1 亿 m²，暂停供热面积 9.4 亿 m²，平均停供率为 21.6%，较上个供暖期升高 3.5 个百分点；其中居民报停供热面积 5.3 亿 m²，占暂停供热面积的 56.4%。由图 3-6 可知，停供率较高的有：河南，45%（上个供暖期为 40%）；山东，29%（上个供暖期为 27%）；河北，28%（上个供暖期为 26%）；陕西，27%（上个供暖期为 23%）；辽宁，23%（上个供暖期为 24%）和吉林，22%（上个供暖期为 20%）。与上个供暖期数据相比，停供率除辽宁略有降低外，其余 5 省份均较上个供暖期有所增加。

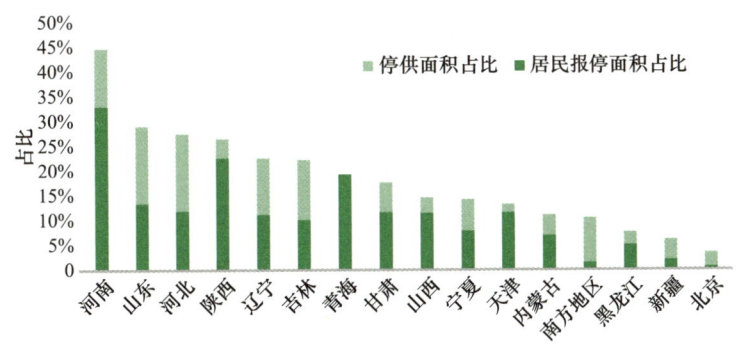

图 3-6　各地停供面积与居民报停面积占比

从供热企业规模看，供热面积 5000 万 m² 以上的 22 家供热企业在网供热面积 23.9 亿 m²，暂停供热面积 5.0 亿 m²；停供率最大为 48%，平均为 21%；停供率超过 20% 的供热企业共有 11 家，见表 3-6。供热面积 3000 万～5000 万 m² 的 25 家供热企业在网供热面积 9.2 亿 m²，暂停供热面积 2.3 亿 m²；停供率最大为 43%，平均为 25%；停供率超过 20% 的企业共有 17 家，见表 3-7。

5000 万 m² 以上的供热企业中停供率超过 20% 的企业及其相关数据 表 3-6

企业编号	停供面积		居民报停面积占总停供面积比例	停供率
	公共建筑占比	居住建筑占比		
企业 1	26%	74%	74%	48%
企业 2	11%	89%	89%	46%
企业 3	28%	72%	6%	39%
企业 4	9%	91%	91%	39%
企业 5	24%	76%	18%	35%
企业 6	24%	76%	10%	27%
企业 7	5%	95%	95%	26%
企业 8	24%	76%	60%	23%
企业 9	15%	85%	69%	22%
企业 10	5%	95%	95%	21%
企业 11	32%	68%	67%	21%

3000 万~5000 万 m^2 的供热企业中停供率大于 20% 的企业
及其相关数据　　表 3-7

企业编号	停供面积		居民报停面积占总停供面积比例	停供率
	公共建筑占比	居住建筑占比		
企业 1	1%	99%	99%	43%
企业 2	27%	73%	73%	39%
企业 3	20%	80%	32%	39%
企业 4	7%	93%	8%	36%
企业 5	23%	77%	9%	35%
企业 6	22%	78%	78%	35%
企业 7	8%	92%	3%	34%
企业 8	25%	75%	3%	33%
企业 9	20%	80%	80%	32%
企业 10	35%	65%	2%	32%
企业 11	11%	89%	66%	29%
企业 12	24%	76%	76%	28%
企业 13	29%	71%	56%	25%
企业 14	9%	91%	61%	25%
企业 15	21%	79%	79%	24%
企业 16	31%	69%	19%	23%
企业 17	36%	64%	64%	23%

第 3 章

　　各地报停面积收费标准详见表 3-8，可见山东、河南、河北多数地区停热不收费，大多数地区收取 15%~30% 的热费。

各地报停面积收费标准　　　　表 3-8

序号	报停面积收费标准	代表地区
1	不收费	山东、石家庄、唐山、秦皇岛、邯郸、邢台、沧州、承德、沧州、张家口、郑州、洛阳、安阳、鹤壁、新乡、焦作、三门峡
2	15%	包头、本溪
3	20%	天津市、吉林省、齐齐哈尔、鹤岗、合肥、涿州
4	25%	牡丹江、鸡西
5	30%	北京市、山西省、呼和浩特、赤峰、哈尔滨、大庆、西安、渭南、平凉、张掖、银川、吴忠、石河子、乌兰察布
6	50%	西宁、乌鲁木齐、库尔勒

注：以上数据由统计企业提供。

　　停供率升高除与各地住房空置率升高有直接关系外，与当地对居民报停后不收费的政策也存在有一定的关系。协会对报停收费标准进行统计后发现，停供率较高的多处于寒冷地区，如山东、河南、河北，同时当地施行报停不收费的政策，这一政策有可能加剧了这些地区的报停"蹭热"现象。由于供热存在户间传热，所以即使某一户居民完全停热了，相邻住户的热仍然可以传导至停热的房间，而且实际上停热户消耗的热量占比非常大，这些热量均由周围用户来分担；同时停热户完全关阀可能导致周围没有申请停热的用户室内供暖温度无法达标；而供热企业为了让停热户周边户的室温达标，只能把停热户的阀打开，这样供热企业势必要担负停热户实际不停热的成本。这方面研究有很多论文、专著，在此不做赘述。在我国北方采暖地区，供热作为民生保障工程受到各地政府的高度重视，因此在确保居民温暖过冬的前提下，采取停热完全不收费的政策有失公允，有违集中供热的公用属性，对公共利益、供热企业利益、相邻用户利益均可能造成一定的侵害，并有可能引发一系列的社会矛盾。

2025 年 3 月 20 日，新修改的《山东省供热条例》将原条例中"用户要求暂停或恢复供热，供热企业不得收取任何费用"修改为"供热企业对办理暂停供热手续的用户是否收取适当的热能损耗补偿费，由设区的市人民政府按照公平公正、统筹兼顾的原则根据实际情况确定"，这意味着山东省对暂停供热不再"一刀切"不收费，而是由设区的市人民政府根据实际情况确定，具体由设区的市人民政府通过组织听证会、论证会等方式，听取各方意见后确定。

对于暂停供热是否收取一定额度的供暖费，各地做法不一，取消收费争议比较大，主要是其重点关注了申请停热的少数群体，影响了周边用户的供暖舒适度，同时给供热企业带来沉重的成本负担以及大量投诉带来的负面影响。在东北一些城市，冬季室外温度非常低，因此个别用户的停热会造成周边用户的供暖舒适性变差，有些企业的做法是用户申请停热需征得左邻右舍以及紧邻的楼上楼下用户的同意，并取得邻居的签字供热单位才可以停热，这也是为解决问题、避免纠纷的一种不得以的办法。

3.1.5 供热量构成

2022—2023 供暖期，统计企业实际供热面积 34.1 亿 m^2，累计消耗热量 11.7 亿 GJ，平均耗热量为 0.343GJ/m^2。总供热量中，燃煤热电联产占比 69.0%，燃气热电联产占比 6.0%，分别较上个供暖期高出 4.1 和 0.3 个百分点；燃煤锅炉占比 10.3%，较上个供暖期低 1.7 个百分点；燃气锅炉占比 13.1%，与上个供暖期相同；工业余热占比 1.3%，较上个供暖期低 2.5 个百分点，热泵、生物质占比 0.2%，与上个供暖期占比相同。

比较图 3-7 和图 2-9，燃煤热电联产供热热源占比 60.6%，其供热量占比达到 69.0%；燃气热电联产供热热源占比 5.9%，其供热量占比为 6.0%，即热电联产实际供热量占比与供热热

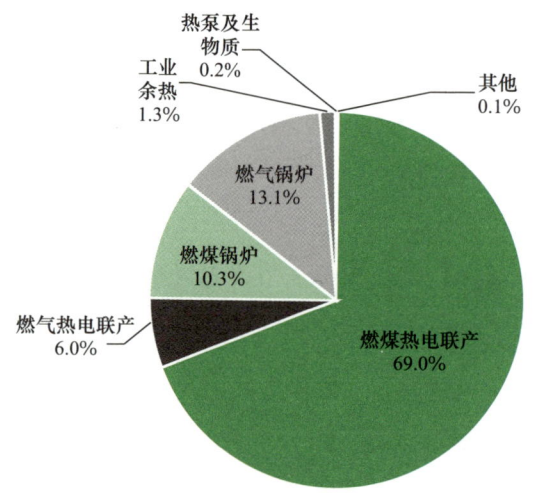

图 3-7　2022—2023 供暖期统计企业供热量来源构成

源占比相比有所增加。燃煤锅炉供热热源占比 12.1%，其供热量占比 10.3%，燃气锅炉供热热源占比 19.9%，其供热量占比 13.1%，即燃煤锅炉、燃气锅炉实际供热量占比比供热热源占比均有所减少，且燃气锅炉的减少量显著大于燃煤锅炉。这主要因为实际供暖时，燃煤（燃气）热电联产作为基础热源尽可能多地承担了基本负荷，燃煤和燃气锅炉有一部分仅作为调峰锅炉，由于燃气价格相对较高，企业在调峰时尽可能减少燃气锅炉的使用。工业余热供热热源占比 0.7%，其供热量占 1.7%，说明工业余热可能更多地作为基础热源投入使用。

3.2　供热经营指标

3.2.1　人均供热面积

2023 年统计企业正式职工总数约 5.6 万人，季节工、临时工 2.3 万人。人均供热面积为企业总供热面积与企业正式职工人数的比值。统计企业人均供热面积平均值为 7.74 万 m^2/ 人，较 2022 年的 6.95 万 m^2/ 人增加了 11.4%；人均供热面积超过 10 万 m^2/ 人的供热企业有 28 家，较 2022 年增加 6 家；供热企业人力资源利用率继续提升。

分气候区来看，寒冷地区人均供热面积最大值为 18.96 万 m^2/ 人，最小值为 1.8 万 m^2/ 人，平均值为 8.55 万 m^2/ 人，中位数为 6.95 万 m^2/ 人；严寒地区最大值为 13.99 万 m^2/ 人，最小值为 1.4 万 m^2/ 人，平均值为 4.49 万 m^2/ 人，中位数为

3.34 万 m²/人；如图 3-8 所示。

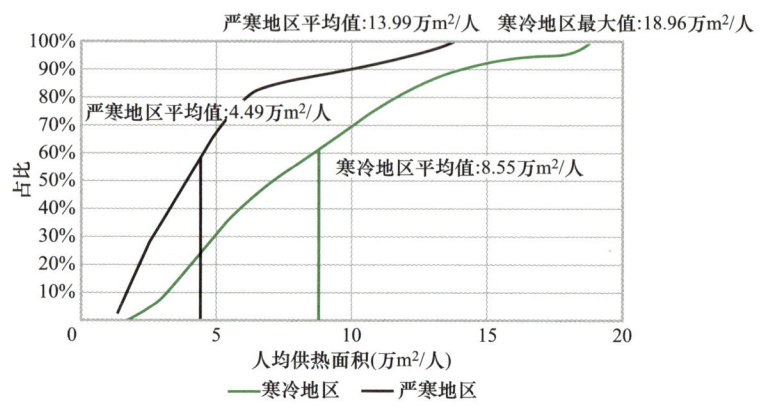

图 3-8 统计企业人均供热面积数据分布图

3.2.2 人均热费收入

人均热费收入根据居民热费收入、非居民热费收入以及供热企业正式职工人数计算得出，如图 3-9 所示。整体来说，寒冷地区人均热费收入略大于严寒地区，但严寒地区出现了极大值。

寒冷地区 86 家统计企业人均热费收入平均值为 132.66 万元/人，最大值为 597.94 万元/人，该供热企业人均供热面积达到 20.08 万 m²/人，管理效率较高；最小值为 33.77 万元/人，该供热企业拥有自有电厂和大量的运行人员，致使其人均供热面积较低，因而人均热费收入亦较低。

严寒地区 31 家统计企业人均热费收入平均值为 111.43

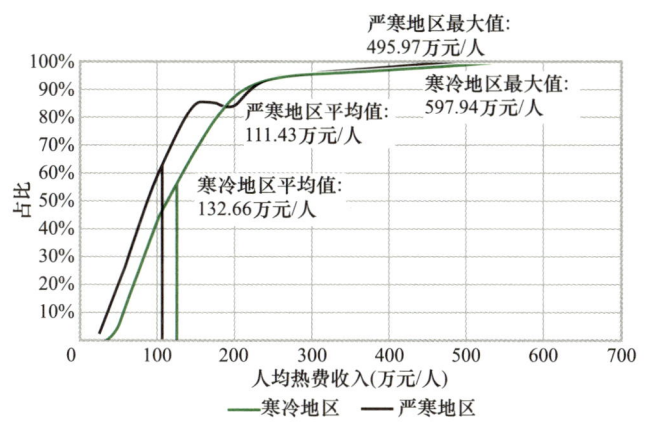

图 3-9　统计企业人均热费收入数据分布图

万元 / 人。最大值为 495.97 万元 / 人，该供热企业无自有热源，正式职工人数较少，仅有管理人员；最小值为 27.04 万元 / 人，该供热企业正式职工人数较多，没有聘用临时工。

3.2.3　能源成本构成

2022—2023 供暖期有 112 家供热企业向上游电厂购买热量，累计购买 8.26 亿 GJ；其中，燃煤热电联产 58889 万 GJ，燃气热电联产 6454 万 GJ，工业余热 1432 万 GJ，长输热电联产 15441 万 GJ；总购热成本 307.89 亿元。31 家供热企业拥有燃煤锅炉，共消耗燃煤 694.6 万 tce，总购煤成本 90.92 亿元；44 家供热企业拥有燃气锅炉，共消耗天然气 55.0 亿 Nm^3，总购气成本 201.85 亿元；133 家供热企业共消耗电量 67.5 亿 kWh，支出 47.25 亿元；消耗自来水 1.3 亿 m^3，支出 7.32 亿元。

统计企业实际供热面积 34.1 亿 m²，共支出能源成本 655.23 亿元，单位面积能源成本平均为 19.21 元 /m²。在供热企业能源成本中，外购热力及燃料成本占比 92%，电和水成本占比 8%，详见表 3-9、图 3-10。与上个供暖期相比，天然气成本占比提高了 9 个百分点，外购热力、燃煤及用电的成本均下降。

2022—2023 供暖期统计企业能源成本　　表 3-9

能源类型	单价			消耗量		成本（亿元）	占比	上个供暖期占比
	单位	平均单价	与上个供暖期相比变化量	单位	消耗量			
外购热力	元 /GJ	37.27	−1.27	亿 GJ	8.26	307.89	47%	49%
标准煤	元 /tce	1309	−42	万 tce	694.6	90.92	14%	17%
天然气	元 /Nm³	3.67	+0.07	亿 Nm³	55.0	201.85	31%	22%
综合电价	元 /kWh	0.70	+0.01	亿 kWh	67.5	47.25	7%	11%
自来水	元 /m³	5.63	+0.11	亿 m³	1.3	7.32	1%	1%
合计	—	—	—	—	—	655.23	100%	100%

3.2.4　平均供暖成本

供暖成本是统计企业供热主营业务成本与实际供热面积之比，涉及能源消耗、人力和物力资源经营等，可反映供热企业管理水平，是重要的基础经营数据。2022—2023 供暖期受燃煤热电联产热力、燃气热电联产热力及燃煤价格下降影响，统计企业供暖成本平均值为 30.48 元 /m²，较上个供暖期降

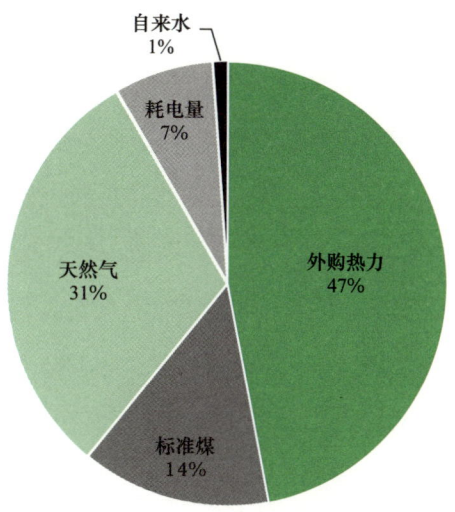

图 3-10　2022—2023 供暖期统计企业供暖能源成本构成

低 1.18 元 /m², 下降 3.8%。寒冷地区和严寒地区供暖成本见图 3-11。

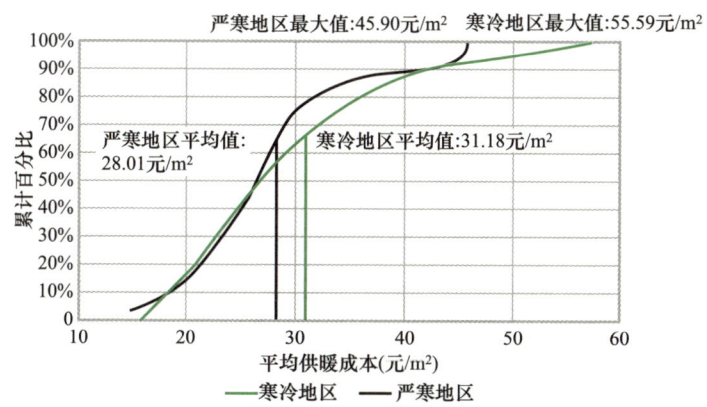

图 3-11　2022—2023 供暖期统计企业供暖成本数据分布图

寒冷地区供暖成本平均值为 31.18 元 /m²，较上个供暖期下降 1.17 元 /m²，下降 3.6%；最大值为 55.59 元 /m²，该供热企业燃煤热力、燃煤购入价格均接近行业最大值；最小值为 16.13 元 /m²，该供热企业单位面积耗热量较低，且燃煤热力购入价格接近行业最低值；中位数为 26.94 元 /m²。

严寒地区供暖成本平均值为 28.01 元 /m²，较上个供暖期下降 1.24 元 /m²，下降 4.2%；最大值为 45.90 元 /m²，该供热企业人工成本占比较大，且职工人均工资在当地处于较高水平；最小值为 15.01 元 /m²，该供热企业单位面积耗热量较低，且燃煤热力购入价格、综合电价均接近行业最低值；中位数为 26.95 元 /m²。

平均供暖成本虽然较上个供暖期有所降低，但是供热行业上下游价格仍然倒挂。2023 年全行业平均供暖成本与居民供热价格平均倒挂 7.10 元 /m²，较上个供暖期减少 1.62 元 /m²；倒挂严重地区为北京和山东，倒挂价格分别为 18.24 元 /m² 和 13.02 元 /m²（图 3-12）。

3.2.5 供热成本构成

协会对统计企业 2022—2023 供暖期供热成本按原材料成本和其他成本分别进行了统计。其中原材料成本包括燃料成本、水电费，其他成本包括职工薪酬、固定资产折旧、环保投入、修理维护费、管理费用、财务费用等。

从供热成本构成来看，燃料（外购热力、燃煤、燃气

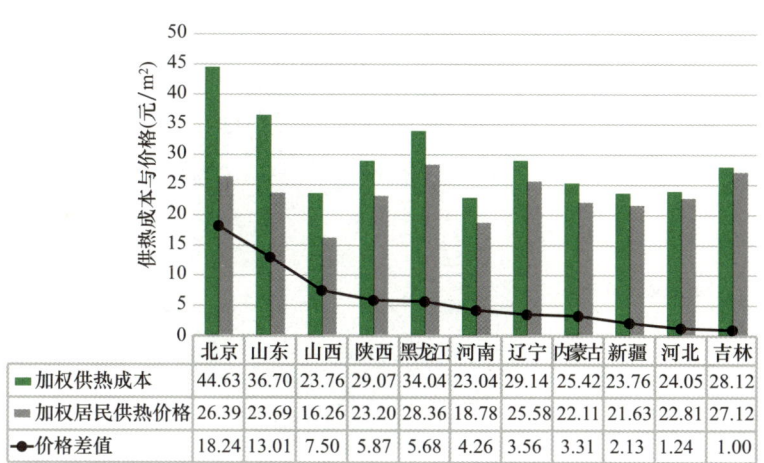

	北京	山东	山西	陕西	黑龙江	河南	辽宁	内蒙古	新疆	河北	吉林
■ 加权供热成本	44.63	36.70	23.76	29.07	34.04	23.04	29.14	25.42	23.76	24.05	28.12
■ 加权居民供热价格	26.39	23.69	16.26	23.20	28.36	18.78	25.58	22.11	21.63	22.81	27.12
●价格差值	18.24	13.01	7.50	5.87	5.68	4.26	3.56	3.31	2.13	1.24	1.00

图 3-12　各地平均供暖成本与居民供热价格对比

等）成本占比历年都在 50% 以上；各类成本占比从高到低依次为燃料成本、固定资产折旧、职工薪酬、管理费用、修理维护费、电费及水费等，占比分别为 57.5%、15.3%、10.6%、5.3%、4.6% 和 4.5%，上个供暖期占比分别为 52.8%、16.1%、10.2%、6.1%、5.6% 和 4.6%，即燃料成本占比增加 4.7 个百分点、职工薪酬占比增加 0.4 的百分点、水电费占比降低 0.1 个百分点，表明供热企业燃料成本、人工成本继续增加，节能增效带来水电费等可变成本下降，如图 3-13 所示。

分气候区来看，严寒地区燃料成本、水电费、职工薪酬占比较寒冷地区分别高出 2.4、1.2 和 0.6 个百分点，固定资产折旧占比较严寒地区低 4.3 个百分点，详见图 3-14 和图 3-15。分地域看，受供暖期长的影响，东北地区燃料成本

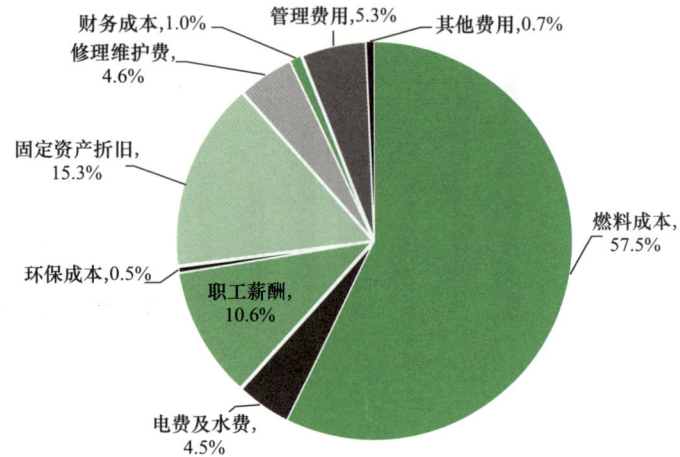

图 3-13　2022—2023 供暖期统计企业供热成本构成

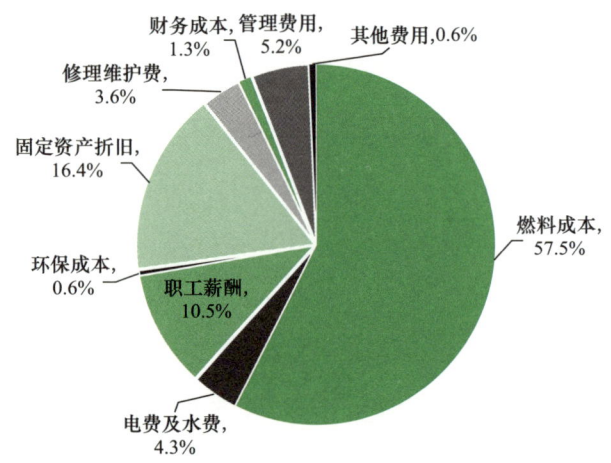

图 3-14　2022—2023 供暖期寒冷地区统计企业供热成本构成

占比为 60.7%，高于其他地区；华北地区（不含京津冀）电

费及水费占比最高，为 5.8%；京津冀地区职工薪酬成本占比

最高，为 11.3%；京津冀地区和华东地区环保成本高于其他地区；华北地区固定资产折旧占比最大，达 21.3%；东北地区修理维护费占比最大；各地区管理费用占比差别较小；华北地区（不含京津冀）、华东地区和西北地区财务费用均超过 3%；详见表 3-10。

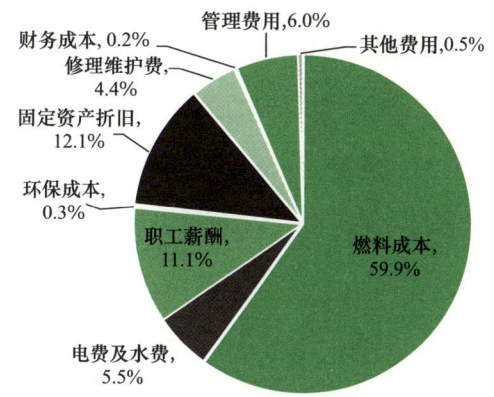

图 3-15　2022—2023 供暖期严寒地区统计企业供热成本构成

2022—2023 供暖期各地区统计企业供热

成本构成　　　　　　　　　表 3-10

地区	燃料成本	电费及水费	职工薪酬	环保成本	固定资产折旧	修理维护费	管理费用	财务费用	其他费用
京津冀地区	56.1%	4.3%	11.3%	0.7%	16.2%	3.7%	4.8%	2.3%	0.6%
华北地区（不含京津冀）	48.8%	5.8%	10.9%	0.1%	21.3%	3.8%	5.2%	3.4%	0.7%
东北地区	60.7%	4.9%	11.2%	0.6%	9.3%	5.3%	6.5%	1.1%	0.4%

地区	燃料成本	电费及水费	职工薪酬	环保成本	固定资产折旧	修理维护费	管理费用	财务费用	其他费用
华东地区	59.9%	3.6%	9.5%	0.7%	12.8%	3.2%	5.6%	4.2%	0.5%
华中地区	59.1%	5.4%	8.4%	—	15.3%	3.1%	4.7%	2.1%	1.9%
西北地区	55.9%	4.2%	9.3%	0.1%	18.2%	2.7%	4.4%	4.3%	0.9%

3.2.6 燃料费用占比

供热企业燃料费用包括外购热力费用和自产热力外购燃料费用，燃料费用占比为燃料费用占供热企业总成本的比例，如图 3-16 所示。整体来看，寒冷地区燃料费用占比略低于严寒地区，且两地区燃料费用占比平均值差值较上个供暖期增加 3 个百分点。

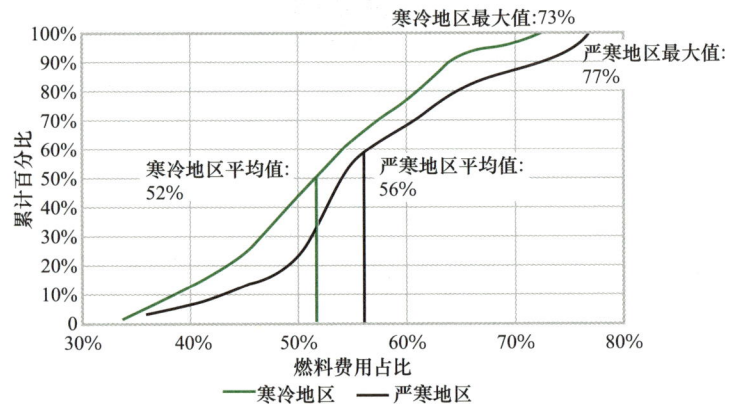

图 3-16　2022—2023 供暖期统计企业燃料费用占比数据分布图

寒冷地区燃料费用占比平均值为 52%，中位数为 52%，数据集中在 40%~66%；最大值为 73%，该供热企业拥有自有电厂，燃料成本未进行热电分摊，致使燃料费用占比高于无自有电厂、无自有热源的供热企业；最小值为 34%，该供热企业无自有热源，通过外购长距离输送热量供热，购热价格显著低于行业平均值。严寒地区燃料费用占比平均值为 56%，中位数为 55%，数据集中在 45%~60%；最大值为 77%，该供热企业燃煤热力购入价格接近行业最高值，且拥有调峰燃煤锅炉房，燃煤购入价格为行业最高；最小值为 36%，该供热企业无自有热源，通过外购燃煤热电联产热力供热，购热价格明显低于行业平均值。

3.2.7　水电费占比

根据统计企业的填报数据，分别对寒冷地区和严寒地区水电费占比进行分析，如图 3-17 所示。

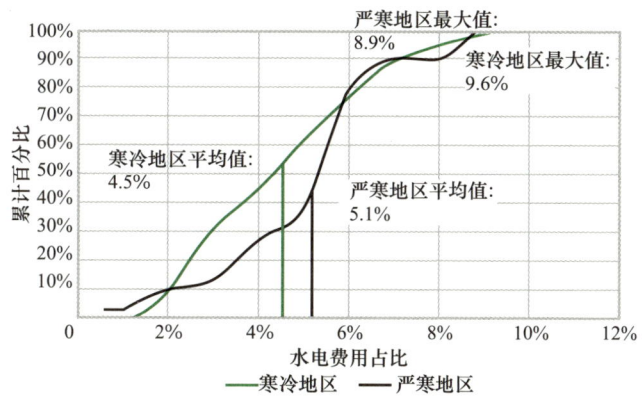

图 3-17　2022—2023 供暖期统计企业水电费费用占比数据分布图

寒冷地区水电费占比平均值为 4.5%，中位数为 4.4%，数据集中在 2%～7%；最大值为 9.6%，该供热企业拥有自有热源，且热力站耗电量、补水量均远高于平均值；最小值为 1.3%，该供热企业无自有热源，二次管网使用年限均在 15 年以内，热力站电耗、综合电价以及水耗均显著低于行业平均值。严寒地区水电费占比平均值为 5.1%，中位数为 5.7%，数据集中在 5%～6%；最大值为 8.9%，该供热企业无自有热源，但热力站单位面积耗电量明显高于行业平均值，且管网失水量较大，供暖初期原始注水和供暖期补水未分开计量，管理水平有待提升；最小值为 0.7%，该供热企业热网补水量、热力站耗电量远低于行业平均值。

3.2.8　固定资产折旧占比

根据统计企业的填报数据，分别对寒冷地区和严寒地区固定资产折旧费用占比进行分析，如图 3-18 所示。

寒冷地区固定资产折旧费用占比平均值为 14.8%，中位数为 13.9%，数据集中在 10%～25%；最大值为 34.8%，该供热企业资产构成、折旧政策具有特殊性，加上管网维护成本计入折旧等因素致使该成本构成占比较大；最小值为 1.5%，该供热企业属于轻资产运营，运行的大部分锅炉房产权不归属该供热企业。严寒地区固定资产折旧费用占比最大值为 24.3%，最小值为 2.2%，平均值为 11.8%，中位数为 11.7%，数据集中在 10%～20%。

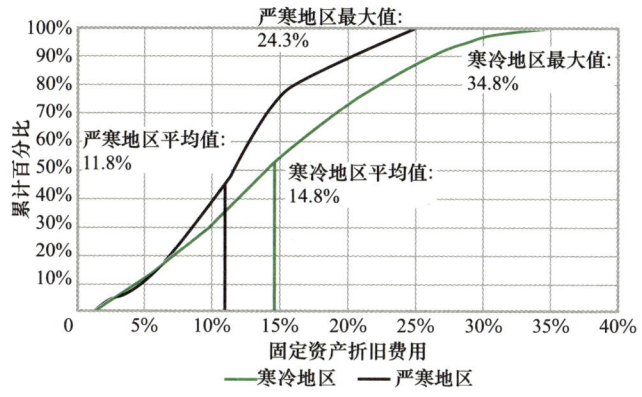

图 3-18　2022—2023 供暖期统计企业固定资产折旧费用
占比数据分布图

3.2.9　职工薪酬占比

根据统计企业的填报数据，分别对寒冷地区和严寒地区职工薪酬占比进行分析，如图 3-19 所示。

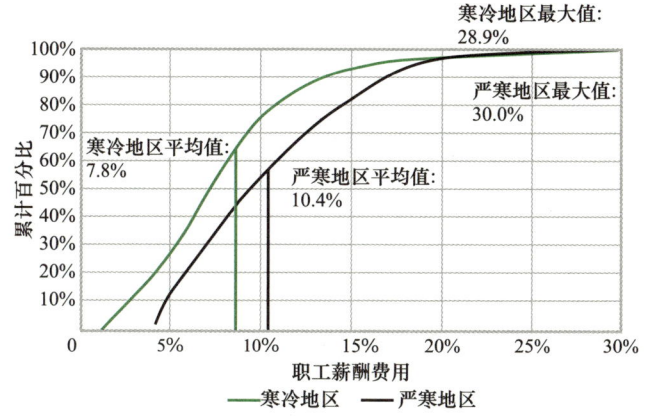

图 3-19　2022—2023 供暖期统计企业职工薪酬占比数据分布图

寒冷地区职工薪酬占比平均值为 7.8%，中位数为 6.6%，数据集中在 4%～12%；最大值为 28.9%，该供热企业为经营实力雄厚的电力行业国有企业下属子公司，本科及以上学历人数占其正式职工人数的 60% 以上，约为行业平均值的 2 倍，职工人均工资位于所在省份最高值。最小值为 1.6%，该供热企业本科及以上学历人数占其正式职工人数的比例远低于行业平均值，且运行人员和客服人员占其总人数的一半以上，职工人均工资在所在省份接近最低值。严寒地区职工薪酬占比平均值为 10.4%，中位数为 9.9%，数据集中在 5%～15%；最大值为 30.0%，该供热企业为经营实力雄厚的大型电力中央管理企业（简称央企）下属子公司，管理人员占比较高，职工人均工资在所在省份处于较高水平。最小值为 4.2%，该供热企业本科及以上学历人数占其正式职工人数的比例远低于行业平均值，运行人员和客服人员占其总人数的 70%，职工人均工资为所在省份最低值。

3.3　供热能耗指标

3.3.1　热源

1. 热源折算单位面积耗热量

热源折算单位面积耗热量为统计企业填报的热源供热量与实际供热面积之比。寒冷地区和严寒地区热源折算单位面积耗热量如图 3-20 所示。

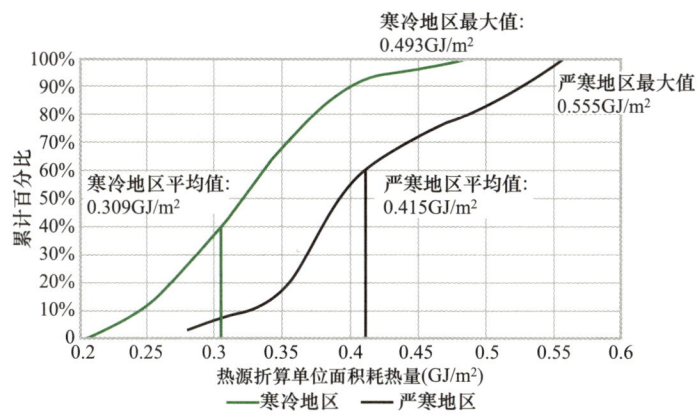

图 3-20　2022—2023 供暖期统计企业热源折算
单位面积耗热量数据分布图

　　寒冷地区热源折算单位面积耗热量平均值为 $0.309GJ/m^2$，中位数为 $0.321GJ/m^2$；最大值为 $0.493GJ/m^2$，该供热企业主要向公共建筑供热，节能措施较少；最小值为 $0.207GJ/m^2$，该供热企业所供建筑均为三步及以上节能建筑，管网使用年限均在 15 年以内。严寒地区热源折算单位面积耗热量平均值为 $0.415GJ/m^2$，中位数为 $0.385GJ/m^2$；最大值为 $0.555GJ/m^2$，该供热企业所供公共建筑为非节能建筑，所供居住建筑一半为非节能及一步节能建筑；最小值为 $0.280GJ/m^2$，该供热企业供热面积不足 100 万 m^2，所供公共建筑多为小型商铺，且为节能建筑，所供居住建筑均为二步或三步节能建筑。

　　由于不同气候区建筑围护结构建造时已经考虑了室外温度影响，因此，按照同一供暖天数折算得出热源折算单位面积耗

第3章

热量后可进行统一比较。

按供暖天数 121d 对各统计企业热源单位面积耗热量进行折算，最大值为 0.493GJ/m²，最小值为 0.185GJ/m²，平均值为 0.293GJ/m²，中位数为 0.294GJ/m²，主要集中在 0.25～0.35GJ/m²，如图 3-21 所示。

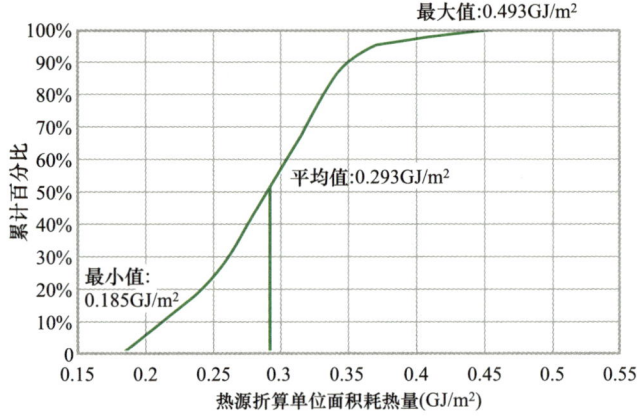

图 3-21　2022—2023 供暖期统计企业热源折算单位面积耗热量数据分布图

2. 单位供热量燃煤消耗量

单位供热量燃煤消耗量为燃煤锅炉燃煤消耗总量与供热总量的比值，包括热电联产调峰锅炉和区域供热锅炉，41 家统计企业统计单位供热量燃煤消耗量如图 3-22 所示。

单位供热量燃煤消耗量最大值为 64.0kgce/GJ，最小值为 35.6kgce/GJ，平均值为 46.0kgce/GJ，中位数为 45.0kgce/GJ，

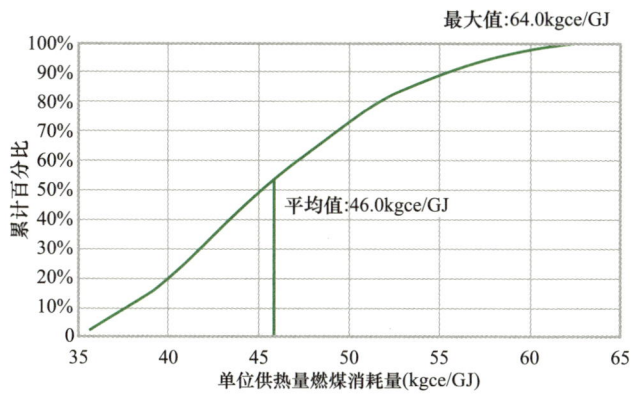

图 3-22　2022—2023 供暖期统计企业单位
供热量燃煤消耗量数据分布图

主要集中在 40～50kgce/GJ。

《供热系统节能改造技术规范》GB/T 50893—2013（以
下简称 GB/T 50893）要求燃煤锅炉单位供热量燃料消耗量小
于 48.7kgce/GJ，2022—2023 供暖期统计企业的锅炉符合率为
68.3%，较上个供暖期升高 7.3 个百分点；《民用建筑能耗标
准》GB/T 51161—2016（以下简称 GB/T 51161）对该指标的
约束值为 43kgce/GJ，2022—2023 供暖期统计企业的锅炉符合
率为 34.1%，较上个供暖期降低 2.5 个百分点。

根据燃煤锅炉单位供热量燃煤消耗量进行锅炉效率换算，
结果如图 3-23 所示。燃煤锅炉效率最大值为 95.9%，最小值
为 53.3%，平均值 74.0%，中位数为 75.8%。

3. 燃煤锅炉单位面积燃煤消耗量

燃煤锅炉单位面积燃煤消耗量为区域锅炉房燃煤消耗总量

与实际供热面积的比值。根据统计企业的填报数据对其进行测算，结果如图 3-24 所示。

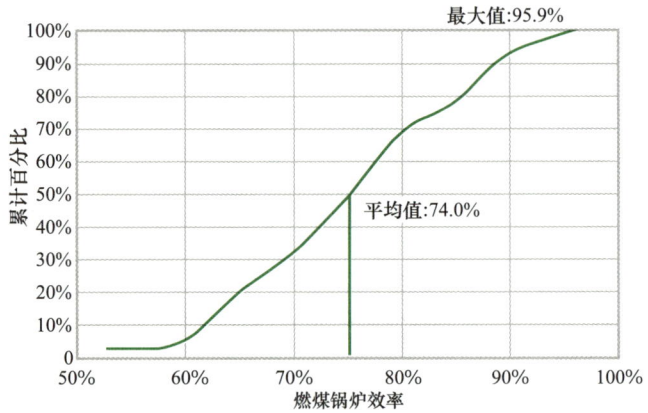

图 3-23　2022—2023 供暖期统计企业燃煤锅炉效率数据分布图

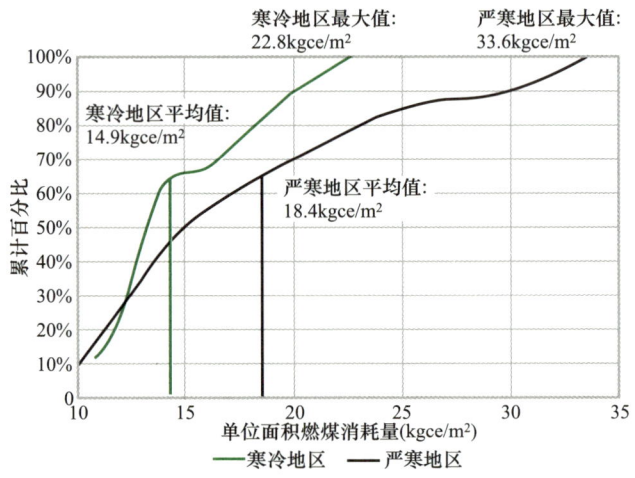

图 3-24　2022—2023 供暖期统计企业燃煤锅炉单位面积
燃煤消耗量数据分布图

寒冷地区燃煤锅炉单位面积燃煤消耗量平均值为 $14.9kgce/m^2$，中位数为 $13.8kgce/m^2$；最大值为 $22.8kgce/m^2$，该供热企业所供公共建筑为非节能建筑，所供居住建筑均为非节能及一步节能建筑，热耗较高，导致热源单位面积燃煤消耗量较大；最小值为 $10.9kgce/m^2$，该供热企业所供公共建筑中节能建筑占比 73%，所供居住建筑均为二步及以上节能建筑，且三步节能建筑占比为 35%，热耗较低，单位面积燃煤消耗量亦较低。严寒地区燃煤锅炉单位面积燃煤消耗量最大值为 $33.6kgce/m^2$，最小值为 $10.2kgce/m^2$，分析结果与寒冷地区类似，单位面积燃煤消耗量主要受所供建筑节能等级影响。严寒地区燃煤锅炉单位面积燃煤消耗量平均值为 $18.4kgce/m^2$，中位数为 $15.4kgce/m^2$。

两个地区的平均值均满足 GB/T 50893 对供暖建筑单位面积燃煤消耗量的要求（$12\sim18kgce/m^2$、$9\sim26kgce/m^2$），最大值均不满足 GB/T 50893 的要求。

4. 单位供热量燃气消耗量

根据统计企业填报的数据，将燃气锅炉燃气消耗量折算为标准天然气消耗量，则单位供热量燃气消耗量为标准天然气消耗总量与供热总量的比值，包括热电联产调峰锅炉和区域供热锅炉，如图 3-25 所示。单位供热量燃气消耗量最大值为 $32.6Nm^3/GJ$，最小值为 $26.7Nm^3/GJ$，平均值为 $28.7Nm^3/GJ$，中位数为 $28.1Nm^3/GJ$，主要集中在 $28\sim30Nm^3/GJ$。

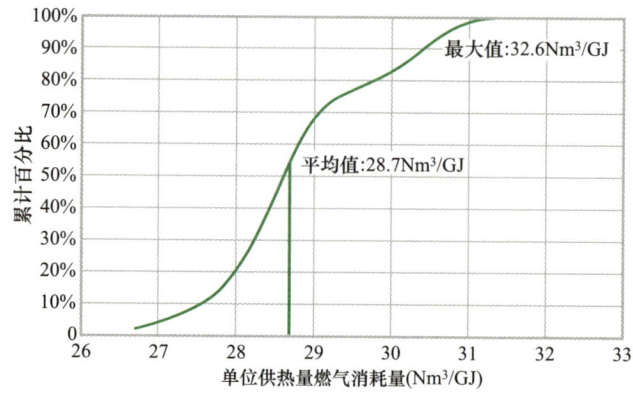

图 3-25 2022—2023 供暖期统计企业单位供热量
燃气消耗量数据分布图

GB/T 50893 对燃气锅炉单位供热量燃气消耗量的要求是不大于 31.2Nm³/GJ，GB/T 51161 对该指标的约束值为 32Nm³/GJ。2022—2023 供暖期，统计企业的燃气锅炉符合率均为 98%；GB/T 51161 对该指标的引导值为 29Nm³/GJ，统计企业的锅炉符合率为 68%，较上个供暖期提高 5 个百分点。

根据燃气锅炉单位供热量燃气消耗量进行锅炉效率换算，结果如图 3-26 所示。燃气锅炉效率最大值为 105.3%，最小值为 86.3%，平均值为 98.0%，中位数为 100.0%。

5. 燃气锅炉单位面积燃气消耗量

燃气锅炉单位面积燃气消耗量为锅炉房标准天然气消耗总量与其实际供热面积的比值。根据统计数据，将燃气消耗量折算为标准天然气消耗量，分别对寒冷地区、严寒地区的数据进

行分析，如图 3-27 所示。整体来看，寒冷地区燃气锅炉单位
面积燃气消耗量明显低于严寒地区。

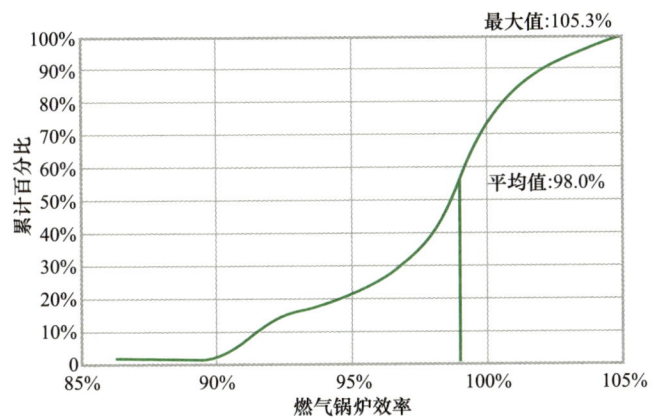

图 3-26　2022—2023 供暖期统计企业燃气锅炉效率数据分布图

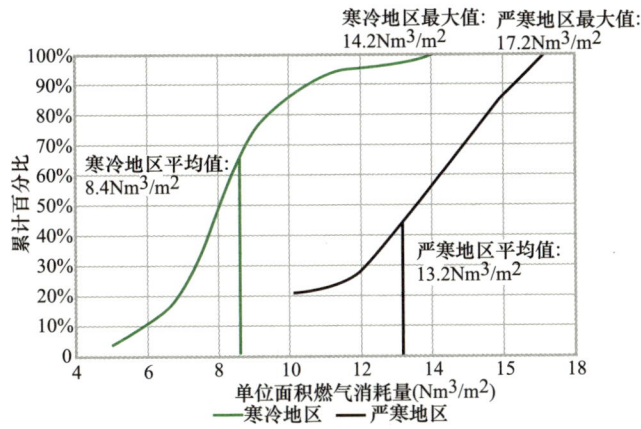

图 3-27　2022—2023 供暖期统计企业单位面积燃气
消耗量数据分布图

寒冷地区燃气锅炉单位面积燃气消耗量平均值为 8.4Nm³/m²，

中位数为 8.3Nm^3/m^2；最大值为 14.2Nm^3/m^2，该供热企业所供建筑以居住建筑为主，且非节能及一步节能建筑占比接近50%；最小值为 5.0Nm^3/m^2，该供热企业所供建筑均为节能公共建筑，热耗较低，单位面积燃气消耗量亦较低。严寒地区燃气锅炉单位面积燃气消耗量最大值为 17.2Nm^3/m^2，最小值为10.1Nm^3/m^2，平均值为 13.2Nm^3/m^2，中位数为 13.1Nm^3/m^2。

寒冷地区和严寒地区燃气锅炉单位面积燃气消耗量平均值均满足 GB/T 50893 的要求（8～12Nm^3/m^2、12～17Nm^3/m^2），且 90% 以上的统计企业的数据满足该标准要求。

3.3.2　热网

1. 一次管网平均供回水温度

一次管网平均供回水温度为法定供暖期内每日一次管网平均供回水温度的平均值，对热电联产、区域锅炉房分别统计，统计数据见表 3-11。

2022—2023 供暖期统计企业一次管网平均
供回水温度　　　　　表 3-11

供热方式	气候区	一次管网平均供水温度（℃）			一次管网平均回水温度（℃）			供回水温差平均值
		最小值	最大值	平均值	最小值	最大值	平均值	平均值
热电联产	寒冷地区	69.5	102.0	85.8	36.2	66.0	44.5	41.3
	严寒地区	64.2	110.0	82.0	34.4	51.0	42.9	39.1

续表

供热方式	气候区	一次管网平均供水温度（℃）			一次管网平均回水温度（℃）			供回水温差
		最小值	最大值	平均值	最小值	最大值	平均值	平均值
区域锅炉房	寒冷	47.5	97.5	74.9	34.3	59.8	44.0	30.9
	严寒	58.2	110.0	77.8	36.4	55.0	43.2	34.6

一次管网供水温度：热电联产供热，寒冷地区平均值为85.8℃（比严寒地区高 3.8℃），最小值为 69.5℃；区域锅炉房供热，寒冷地区平均值为 74.9℃（比严寒地区低 2.9℃），最小值为 47.5℃，该区域锅炉房供热面积仅 10 万 m^2，且为新建建筑供热。

一次管网回水温度：热电联产供热，寒冷地区平均值为44.5℃（比严寒地区高 1.6℃）。寒冷地区、严寒地区的最小值分别为 36.2℃和 34.4℃，这两个供热企业一次管网供回水温差分别为 56.3℃和 40℃。区域锅炉房供热，寒冷地区平均值比严寒地区高 0.8℃，寒冷地区、严寒地区的最小值分别为34.3℃和 36.4℃，这两个供热企业一次管网供回水温差分别为45℃和 34.1℃。

从表 3-12 可以看出，总体上热电联产供热实际运行一次管网供回水温差在 40℃左右，比区域锅炉房供热高 5～10℃。不同企业一次管网供水和回水温度差距较大，供水温度最大值比最小值高出 40℃以上，最大与最小回水温度的差值最大也达到 30℃。

2. 系统热量输送和换热效率

系统热量输送和换热效率 η 以一次管网平均回水温度和一次管网平均供水温度为基础数据计算得出，计算公式如下：

$$\eta = \left(1 - \frac{一次管网平均回水温度 - 室内温度}{一次管网平均供水温度 - 室内温度}\right) \times 100\%$$

（3-1）

其中，室内温度取 20℃。

针对热电联产供热和区域锅炉房供热，分别计算统计企业系统热量输送和换热效率，结果如图 3-28、图 3-29 所示。

寒冷地区热电联产供热热量输送和换热效率最大值为 77.7%，最小值为 32.1%，平均值为 60.5%，中位数为 61.5%；严寒地区最大值为 74.4%，最小值为 44.4%，平均值为 62.4%，中位数为 64.2%。

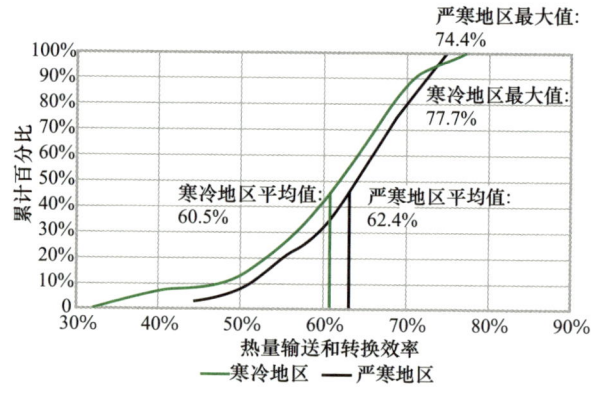

图 3-28　2022—2023 供暖期统计企业热电联产供热
热量输送和换热效率数据分布图

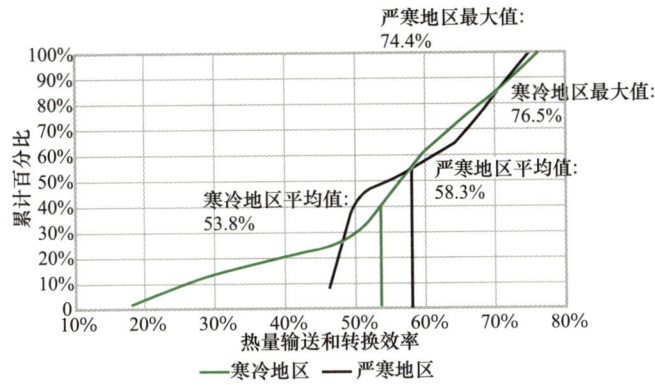

图 3-29　2022—2023 供暖期统计企业区域锅炉房供热热量输送和换热效率数据分布图

寒冷地区区域锅炉房供热热量输送和换热效率最大值为 76.5%，最小值为 18.2%，平均值为 53.8%，中位数为 56.9%；严寒地区最大值为 74.4%，最小值为 46.2%，平均值为 58.3%，中位数为 56.0%。

根据以上结果可知，严寒地区无论是热电联产供热还是区域锅炉房供热，热量输送和换热效率平均值均高于寒冷地区；同一气候区下，热电联产供热热量输送和换热效率平均值比区域锅炉房供热高出 4~6 个百分点。

3. 一次管网单位面积循环流量

分别统计热电联产供热和区域锅炉房供热的一次管网单位面积循环流量，如图 3-30 所示。

热电联产供热一次管网单位面积循环流量最大值为 15.2t/（h·万 m²），平均值为 7.8t/（h·万 m²），中位数为 7.5t/（h·万 m²）；

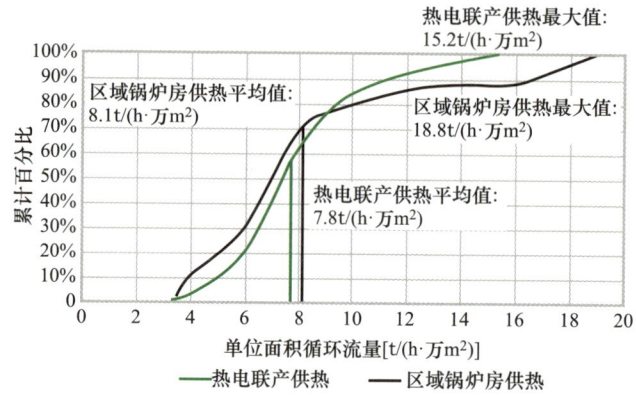

图 3-30　2022—2023 供暖期统计企业一次管网单位面积
循环流量数据分布图

最小值为 3.3t/（h·万 m²），该供热企业实际供回水平均温差
较大（56℃），高于行业平均水平（15℃）。区域锅炉房供热
一次管网单位面积循环流量最大值为 18.8t/（h·万 m²），平均
值为 8.1t/（h·万 m²），中位数为 6.9t/（h·万 m²）；最小值为
3.5t/（h·万 m²），该供热企业供回水温差较大（45℃），远高
于行业平均水平。

4. 一次管网热损失率

根据统计数据，一次管网热损失率为 0.2%～13%，其中
共有 58 家供热企业一次管网热损失率在 5% 以下。经与供热
企业核实，主要是热力站数据缺失，导致一次管网热损失率失
真。根据经验剔除一次管网热损失率在 5% 以下的数据，重新
分析，结果如图 3-31 所示。

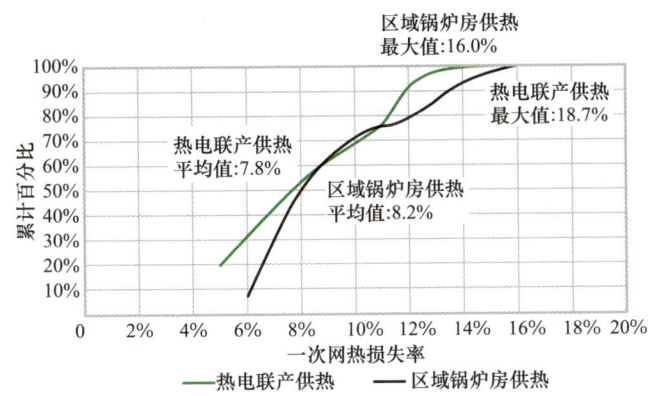

图 3-31　2022—2023 供暖期统计企业一次管网热损失率数据分布图

　　热电联产供热一次管网热损失率最大值为 18.7%，平均值为 7.8%，中位数为 8.0%；区域锅炉房供热一次管网热损失率最大值为 16.0%，平均值为 8.2%，中位数为 8.3%。

　　5. 一次管网单位面积补水量

　　一次管网单位面积补水量为供暖期内平均每月保障供暖系统正常运行时一次管网的补水量与供热面积之比，不包括供暖系统抢修检修补水、初始上水量等。根据统计数据，分别对热电联产供热和区域锅炉房供热一次管网单位面积补水量进行分析，如图 3-32 所示。

　　热电联产供热一次管网单位面积补水量最大值为 17.88kg/（m² · 月），最小值为 0.37kg/（m² · 月），平均值为 3.41kg/（m² · 月）［较上个供暖期增加 0.19kg/（m² · 月）］，中位数为 2.39kg/（m² · 月）。区域锅炉房供热一次管网单位面积补水量

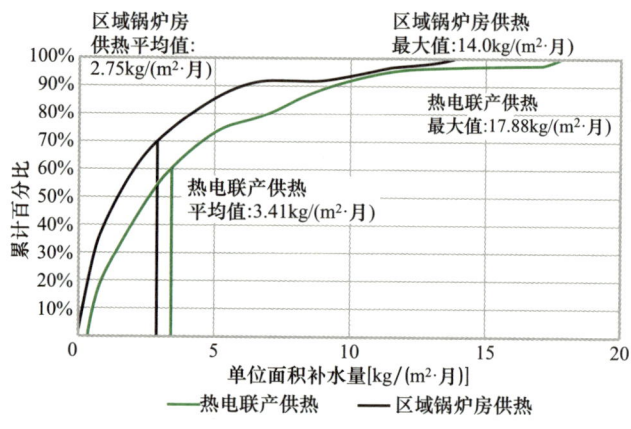

图 3-32　2022—2023 供暖期统计企业一次管网单位面积
补水量数据分布图

最大值为 14.0kg/（ m²·月 ），最小值为 0.03kg/（ m²·月 ），平均值为 2.75kg/（ m²·月 ）[较上供暖期下降 0.32kg/（ m²·月 ）]，中位数为 1.52kg/（ m²·月 ）。统计企业一次管网单位面积补水量集中在 5kg/（ m²·月 ）以下。值得注意的是，国家标准《供热工程项目规范》GB 55010—2021 第 2.3.6 条规定，热水供热管网应采取减少失水的措施，单位供暖面积补水量一次管网不应大于 3kg/（ m²·月 ）；二次管网不应大于 6kg/（ m²·月 ）。目前看，统计企业的一次管网单位面积补水量平均值超出了强制性国家标准的规定，供热企业还需加强一次管网失水量治理工作。

3.3.3　热力站

1. 折算单位面积耗热量

按照供暖天数 121d 对各统计企业设计工况下热力站单位

面积耗热量再次进行折算，结果如图 3-33 所示。

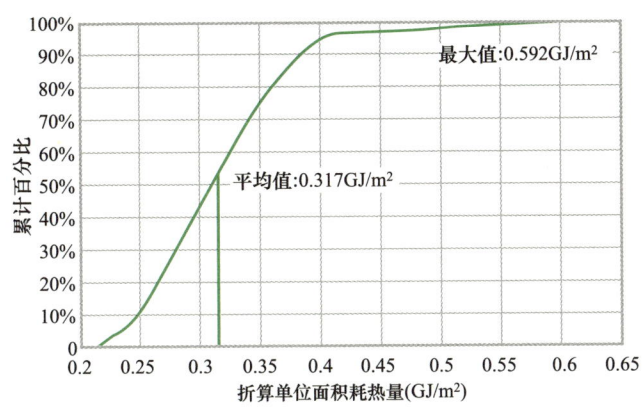

图 3-33　2022—2023 供暖期统计企业热力站折算单位面积
耗热量数据分布图

热力站折算单位面积耗热量平均值为 0.317GJ/m²，中位数
为 0.316GJ/m²；最大值为 0.592GJ/m²，该值与严寒地区热源折
算单位面积耗热量最大值为同一家供热企业，该供热企业所供
建筑以非节能及一步节能建筑为主；最小值为 0.217GJ/m²，该
供热企业所供居住建筑几乎均为二步及以上节能建筑，加上供
热企业采取了其他节能手段，因此该指标很低。

2. 单位面积耗电量

根据统计数据，热力站单位面积耗电量平均值为
0.26kWh/（m²·月），较上个供暖期下降 0.03kWh/（m²·月），
中位数为 0.25kWh/（m²·月），数据集中在 0.20～0.40kWh/
（m²·月），如图 3-34 所示。最大值为 0.75kWh/（m²·月）

[较上个供暖期下降 0.38kWh/（m² · 月 ）]，该供热企业热力站补水量接近行业最大值，热力站单位面积耗热量较大，单位面积循环水量较大，循环泵、补水泵耗电量较大；最小值为 0.04kWh/（m² · 月 ）。单位面积耗电量平均值及最大值均较上个供暖期下降，表明统计企业热力站耗电量普遍在降低。

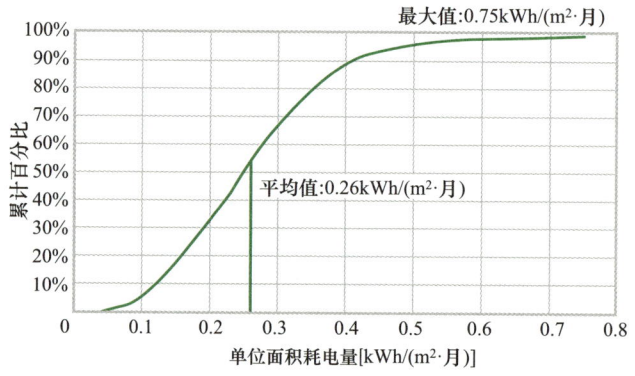

图 3-34　2022—2023 供暖期统计企业热力站单位面积耗电量数据分布图

3. 单位供热量耗电量

根据统计数据，热力站单位供热量耗电量平均值为 3.49kWh/GJ，较上个供暖期降低 0.01kWh/GJ，中位数为 3.3kWh/GJ，数据集中在 1～5kWh/GJ，如图 3-35 所示。最大值为 7.99kWh/GJ，该供热企业二次管网供回水温差较小，采用大流量小温差运行模式；最小值为 0.75kWh/GJ，该供热企业采用小流量大温差运行，热力站耗电量一直处于较低水平。

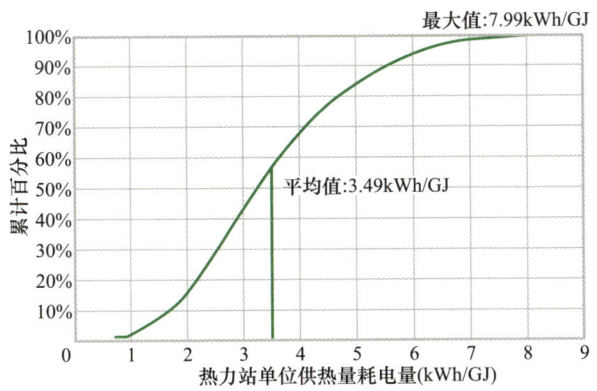

图 3-35　2022—2023 供暖期统计企业热力站单位
供热量耗电量数据分布图

4. 单位面积补水量

热力站单位面积补水量为供暖期内保障供暖系统正常运行时，二次管网平均每月的补水量与供热面积之比，统计结果如图 3-36 所示。

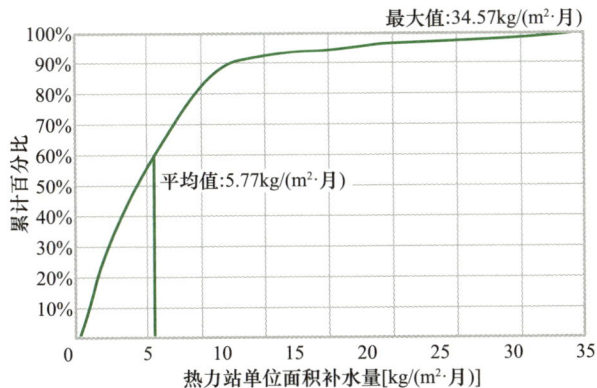

图 3-36　2022—2023 供暖期统计企业热力站单位面积
补水量数据分布图

热力站单位面积补水量最大值为 34.57kg/（m²·月），该供热企业老旧管网较多，热力站补水量一直居高不下；最小值为 0.41kg/（m²·月），该供热企业使用年限在 15 年以内的管网长度约占 90%，且水耗管理严格，一直为行业较低水平；平均值为 5.77kg/（m²·月），与上个供暖期相比降低 0.15kg/（m²·月）；中位数为 4.40kg/（m²·月）。从统计数据看，统计企业的热力站单位面积补水量平均值略低于强制性国家标准《供热工程项目规范》GB 55010—2021 的规定 [二次管网单位供暖面积补水量不应大于 6kg/（m²·月）]，且供热企业之间管理水平差距较大，热力站单位面积补水量最小值与最大值相差 80 倍以上，大量的供热企业仍需进一步努力减少二次管网失水量，这不仅意味着节水，同时也可以节热、节电，进而节约大量供热成本。

第 **4** 章

城镇供热行业碳排放核算

随着"双碳"目标的提出，供热领域作为碳排放的重要来源之一，其降碳工作尤为重要。而碳排放责任核算对降碳工作至关重要，将碳排放责任在生产侧和消费侧进行合理分摊，明确各环节的减碳责任，从而促进各个环节协同发力，共同推动降碳工作。首先，将各个环节的碳排放责任与实际排放强度进行比较，可以为供热企业提供改进方向，推动低碳技术研发和应用，有效推动各个环节优化生产工艺、提高能源利用效率，促进供热领域的技术进步，为实现"双碳"目标提供技术支撑；其次，碳排放责任核算结果还可以帮助政府和相关部门了解不同环节的碳排放现状，制定更有针对性的政策。碳排放责任核算能够有效推动供热领域实现绿色低碳发展，对于实现"双碳"目标具有重要意义。

4.1 供热碳排放核算和碳责任分摊方法

根据中国城镇供热协会团体标准《供热碳排放核算和碳排

放责任分摊方法》T/CDHA 20—2024，采用基于基准值的供热碳排放核算和碳责任分摊方法对供热领域各责任主体应承担的碳排放责任进行分析，希望能够更准确地量化各环节的碳排放责任，并建立以基准值为标杆的责任体系，充分调动各方主动降碳的积极性，进而推动供热领域实现"双碳"目标，并为制定相关政策提供科学依据[①]。

供热领域的碳排放责任是指供热系统各环节（热源、热网、用热侧）的参与者应分别承担责任的二氧化碳排放量。本章基于热量制备过程、热量输送过程两个视角对供热领域各环节的碳排放责任核算方法进行介绍。

4.1.1　热量制备过程的碳排放核算

热量制备过程的碳排放核算包括热源直接制备热量、热电联产输出热量、回收工业余热热量、通过热泵同时制备冷量和热量及热泵对热量进行参数提升五类。其中热源直接制备热量是指燃烧燃料或直接利用热泵制备热量为消耗能源且产出产品仅为热量的热量制备方式，热电联产输出热量是指利用火力发电输出的热量或回收火力发电产生的热量作为热源的热量制备方式，回收工业余热热量是指投入电力或其他高品位热量、回收工业生产过程中产生的余热作为热源的方式，通过热泵同时

---

① 中国城镇供热协会. 供热碳排放核算和碳排放责任分摊方法：T/CDHA 20—2024［S］. 北京：中国建筑工业出版社，2024.

制备冷量和热量是指以电力或燃气、蒸汽、高温热水等作为驱
动热源且同时产出热量和冷量两种产品的供能方式，热泵对热
量进行参数提升是指利用热泵提高输出热量温度或制取蒸汽的
过程。其计算公式如下所示：

（1）热源直接制备热量

$$C_s = \frac{Q_F \times R + Q_d \times H_d + W \times D}{Q_0} \quad （4-1）$$

（2）热电联产输出热量

$$C_s = \frac{Q_F \times R}{Q_0 + \dfrac{3.6W_0}{\lambda}} \quad （4-2）$$

（3）回收工业余热热量

$$C_s = \frac{Q_d \times H_d + W \times D}{Q_0} \quad （4-3）$$

（4）通过热泵同时制备冷量和热量

$$C_s = \frac{Q_F \times R + Q_d \times H_d + W \times D}{Q_0 + Q_c} \quad （4-4）$$

（5）热泵对热量进行参数提升

$$C_s = \frac{Q_{in} \times H_{in} + Q_d \times H_d + Q_F \times R + W \times D}{Q_0} \quad （4-5）$$

式中　C_s——热源单位供热量的碳排放量，tCO_2/GJ；

　　　Q_F——输入燃料的消耗量，t 或万 Nm^3；

　　　R——输入燃料的碳排放因子，tCO_2/t 或 $tCO_2/$ 万 Nm^3；

　　　Q_d——输入驱动热源的热量，GJ；

H_d——输入驱动热源的单位供热量的碳排放量，tCO$_2$/GJ；

W——输入电量，MWh；

D——输入电力对应的电力碳排放因子，tCO$_2$/MWh；

Q_0——输出总热量，GJ；

λ——输出热量的能质系数；

W_0——输出电量，MWh；

Q_c——输出总冷量，GJ；

Q_{in}——输入的低温热量，GJ；

H_{in}——输入的低温热量的单位供热量的碳排放量，tCO$_2$/GJ。

其中输出热量的能质系数与热源输出热量的介质有关，需对热水和蒸汽分别进行分析。其具体计算方法如下：

（1）输出热量的介质为热水

$$\lambda_{\text{water}} = 1 - \frac{T_0}{T_g - T_h} \times \ln \frac{T_g}{T_h} \qquad (4-6)$$

（2）输出热量的介质为蒸汽

$$\lambda_{\text{steam}} = 1 - \frac{T_0(s - s_0)}{h - h_0} \qquad (4-7)$$

式中　λ_{water}——热水的能质系数；

T_0——标准状态点温度，K；

T_g——平均供水温度，K；

T_h——平均回水温度，K；

λ_{steam}——蒸汽的能质系数；

s——蒸汽对应输出温度和压力下的熵，kJ/(kg·K)；

s_0——标准状态点下水的熵，kJ/(kg·K)；

h——蒸汽对应输出温度和压力下的焓，kJ/kg；

h_0——标准状态点下水的焓，kJ/kg。

4.1.2　热量输送过程的碳排放核算

热量输送过程单位输热量的碳排放核算主要考虑输配电耗、热损失。其计算公式如下：

$$C_{tp} = \frac{\left(\sum_{i=1}^{n} Q_{in,i} - \sum_{j=1}^{m} Q_{out,j} \right) \times EB_s + W \times D}{\sum_{j=1}^{n} Q_{out,j}}　\text{（4-8）}$$

式中　C_{tp}——一次管网单位输热量的碳排放量，tCO_2/GJ；

$Q_{in,i}$——热源 i 输入到一次管网的热量，GJ；

$Q_{out,j}$——热网输出到热力站 j 的热量，GJ；

EB_s——热源制热的碳排放基准值，tCO_2/GJ；

W——输入电量，MWh；

D——输入电力对应的电力碳排放因子，tCO_2/MWh。

4.1.3　碳排放基准值计算与各环节碳排放责任分摊

碳排放基准值是指以全国为基准值的核算范围，基于行业平均水平给出统一的热源制热、热网输热、用户用热的碳排放基准值。热源制热、热网输热、用户用热的碳排放基准值计算方法分别如下：

（1）热源制热的碳排放基准值

$$EB_{\mathrm{s}} = \frac{\sum\limits_{i=1}^{n}(C_{\mathrm{s},i} \times Q_{\mathrm{s},i})}{\sum\limits_{i=1}^{n}Q_{\mathrm{s},i}} \qquad （4-9）$$

（2）热网输热的碳排放基准值

$$EB_{\mathrm{t}} = \frac{\sum\limits_{i=1}^{n}(C_{\mathrm{t},i} \times Q_{\mathrm{t},i})}{\sum\limits_{i=1}^{n}Q_{\mathrm{t},i}} \qquad （4-10）$$

（3）热网输热的碳排放基准值

$$EB_{\mathrm{u}} = EB_{\mathrm{s}} + EB_{\mathrm{t}} \qquad （4-11）$$

式中　EB_{s}——本年度热源制热的碳排放基准值，tCO_2/GJ；

$C_{\mathrm{s},i}$——参与统计的热源 i 在上一碳排放核算期的单位供热碳排放量，tCO_2/GJ；

$Q_{\mathrm{s},i}$——参与统计的热源 i 在上一碳排放核算期输出的总热量，GJ。

EB_{t}——本年度热网输热的碳排放基准值，tCO_2/GJ；

$C_{\mathrm{t},i}$——热网 i 的单位输热量碳排放量，tCO_2/GJ；

$Q_{\mathrm{t},i}$——热网 i 在上一碳排放核算期内的输热量，GJ，取热网连接的各热力站接收的总热量。

各环节碳排放责任分摊计算方法如下所示。生产侧与消费侧的碳排放责任之和等于全行业碳排放责任之和，是对碳排放责任的重新分配。

（1）热源应承担的碳排放责任

$$CR_{s,i} = (C_{s,i} - EB_s) \times Q_{s,i} \qquad (4-12)$$

（2）热网应承担的碳排放责任

$$CR_{t,i} = (C_{t,i} - EB_t) \times Q_{t,i} \qquad (4-13)$$

（3）热用户应承担的碳排放责任

$$CR_{u,i} = EB_u \times Q_{u,i} \qquad (4-14)$$

式中　$CR_{s,i}$——热源 i 应承担的碳排放责任，tCO_2；

　　　$C_{s,i}$——热源 i 的单位供热量碳排放量，tCO_2/GJ；

　　　EB_s——热源供热的碳排放基准值，tCO_2/GJ；

　　　$Q_{s,i}$——热源 i 输出的总热量，GJ。

　　　$CR_{t,i}$——热网 i 应承担的碳排放责任，tCO_2；

　　　$C_{t,i}$——热网 i 的单位输热量碳排放量，tCO_2/GJ；

　　　EB_t——热网输热的碳排放基准值，tCO_2/GJ；

　　　$Q_{t,i}$——热网 i 输出到热力站的热量，GJ。

　　　$CR_{u,i}$——热用户 i 应承担的碳排放责任，tCO_2；

　　　EB_u——热用户用热的碳排放基准值，tCO_2/GJ；

　　　$Q_{u,i}$——热用户 i 接收的总热量，GJ。

4.2 中国北方城镇集中供热核算结果

4.2.1 集中供热热源结构及碳排放

协会对 2022—2023 供暖期全国的供热热源结构进行了统计，并对主要供热省份进行了深入分析。供热热源包括燃煤热电联产、燃气热电联产、燃煤锅炉、燃气锅炉、工业余热、热泵、生物质及其他供热热源（如电锅炉、太阳能等）。

从供热热源装机容量来看，燃煤热电联产、燃煤锅炉、燃气锅炉、燃气热电联产、热泵、生物质、工业余热和其他占比分别为 51%、18%、16%、4%、3%、2%、1% 和 5%（图 4-1）。燃煤锅炉和燃气锅炉的使用显示出传统化石燃料在供热领域的持续影响力，然而也意味着我国在供热方面仍面临较大的环境压力和减排挑战。相比之下，燃气热电联产、热泵、工业余热和生物质等清洁能源和可再生能源的占比相对较低，其推广应用仍有待加强。总体而言，该热源结构反映了我国供热热源的多样性和复杂性，同时也凸显出优化能源结构和推动绿色转型的紧迫性。未来，应进一步加大清洁能源和可再生能源的开发利用力度，提升供热系统的整体能效和环境友好度。

从各类热源的供热面积占比来看，2022 年度全国各类热源供热面积占比从高到低依次为燃煤热电联产、燃煤锅炉、燃气锅炉、燃气热电联产、工业余热、热泵，其占比分别为 59%、21%、14%、4%、1%、1%（图 4-2）。

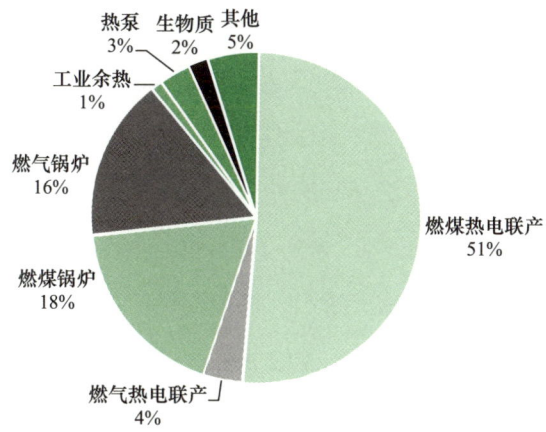

图 4-1　2022—2023 供暖期供热热源结构

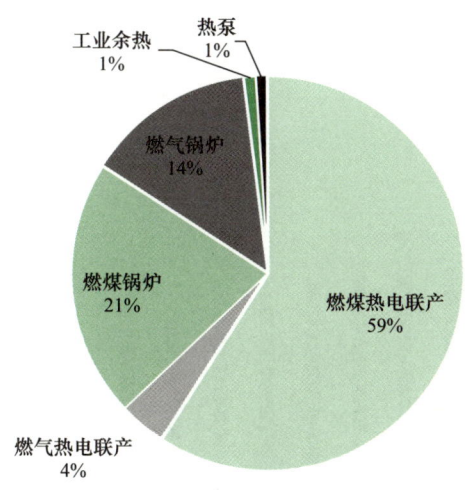

图 4-2　2022—2023 供暖期各类热源供热面积占比

进一步计算北方省份集中供热热源产生的碳排放，结果如图 4-3 所示。2022—2023 供暖期内，全国总碳排放量为 313045406 万 tCO_2，其中，北方各省份和地区的供热热源碳排放量存在显著差异。在 2022—2023 供暖期内，我国北方各省的供热热源碳排放强度平均值达到了 60.96 千克二氧化碳当量每吉焦（$kgCO_2/GJ$），其中位数是 55.34kgCO_2/GJ。从图 4-3 中可以看出，不同省份之间的差异较大。例如，黑龙江省的供热热源碳排放强度最高，达到了 78kgCO_2/GJ，分析其原因为该省供热结构中煤炭占比过高，燃煤锅炉仍是最主要的供热方式，供热占比高达 48.8%，碳排放强度较高；而宁夏及天津等省份的供热热源结构则以燃煤、燃气热电联产为主，因此其供热热源碳排放强度最低，仅为 45kgCO_2/GJ。这种巨大的差距反映了各地区在能源利用效率、清洁能源替代以及环保政策执行等方面的不同表现。

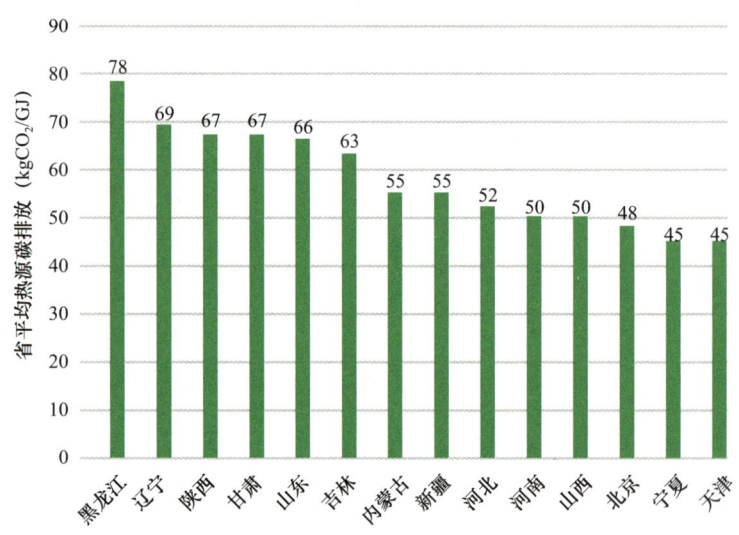

图 4-3　北方省份供热热源碳排放

　　这些数据为我们提供了关于各个省份在供热热源方面的碳减排潜力和挑战的重要信息。对于高排放地区而言，降低碳排放强度将是未来工作的重点之一；而对于低排放地区来说，保持现有成绩并继续探索更高效的节能减排措施同样至关重要。通过对比和分析这些数据，我们可以更好地制定针对性的政策和措施来推动整个行业的绿色转型和发展。

　　总的来说，我国集中供热热源导致的碳排放量整体较高，这主要源于当前以燃煤和燃气为主的能源结构。北方省份供热需求大，高度依赖燃煤和燃气作为主要热源，其燃烧过程释放大量二氧化碳，成为碳排放的主要来源。此外，我国工业余热回收利用不足，大量潜在清洁能源被浪费；可再生能源供热比例偏低，太阳能、地热能等清洁能源的应用尚处起步阶段，未能有效替代传统能源。

　　为降低集中供热热源的碳排放，我国需进一步推进能源结构转型。首先，应逐步减小燃煤和燃气在供热中的比重，转向更加清洁、低碳的能源结构，包括提高工业余热、生物质能等清洁能源的供热比例，因地制宜发展空气源、地源热泵和太阳能可再生能源供热。通过这些措施，可以逐步降低集中供热热源的碳排放量，推动供热行业绿色、低碳、可持续发展，为应对气候变化和实现碳中和目标作出积极贡献。

4.2.2　集中供热输配系统碳排放

　　输配系统碳排放包括电耗导致的间接碳排放和由于热损失

导致单位供热量的碳排放强度增加。输配系统碳排放是指供热系统中，热量从生产端输送至用户端过程中产生的二氧化碳排放总量，包括输配电耗导致的间接碳排放和输配热损导致的单位供热量的碳排放强度增加两个部分，具体计算方法见 4.1.2。

集中供热系统的输配电耗是指在热量从热源输送到用户的过程中，用于驱动水泵等设备所消耗的电能，这部分电能主要用于克服管网阻力、维持水流循环以及确保热量高效、稳定地输送到用户侧，包括一次管网输配电耗和二次管网输配电耗。在计算由输配系统电耗导致的间接碳排放时，电力二氧化碳碳排放因子采用中华人民共和国生态环境部和国家统计局联合发布的《关于发布 2022 年电力二氧化碳排放因子的公告》，如表 4-1 所示；各省份一次管网的长度采用中华人民共和国住房和城乡建设部发布的《2023 年城市建设统计年鉴》中的数据，包含城市一次管网的长度和县城一次管网的长度；一次管网输配电耗和二次管网输配电耗来自于统计数据，见 3.3.3 节，一次管网单位供热量的耗电量的平均值为 2.50kWh/GJ，二次管网单位供热量的耗电量的平均值为 3.64kWh/GJ。

2022 年省级电力平均二氧化碳排放因子　　表 4-1

省份	二氧化碳排放因子（$kgCO_2$/kWh）	省份	二氧化碳排放因子（$kgCO_2$/kWh）
北京	0.558	天津	0.7041

续表

省份	二氧化碳排放因子 （kgCO₂/kWh）	省份	二氧化碳排放因子 （kgCO₂/kWh）
河北	0.7252	山东	0.641
内蒙古	0.6849	河南	0.6058
山西	0.7096	陕西	0.6558
辽宁	0.5626	甘肃	0.4772
吉林	0.4932	宁夏	0.6423
黑龙江	0.5368	新疆	0.6231

输配热损失是指在供热系统中，热量从热源输送至用户端的过程中，由于传热、泄漏、水力失调等因素导致的热量损耗，包括一次管网热损失和二次管网热损失，用热损失率进行评价。在计算由于输配系统热损失导致单位供热量碳排放强度增加时，省级热源制热碳排放的数据采用根据统计数据计算的结果，见 4.2.1；一次管网热损失率采用统计数据，见 3.3.2；二次管网热损失率由于监测设备不足、热损失边界模糊以及管理层面的数据记录不完整和统计标准不统一等问题难以准确统计，因而将二次管网接收的热量视为热用户最终消耗的热量，不单独计算二次管网热损失。

表 4-2 为 2022—2023 供暖期省级供热输配系统碳排放强度的计算结果。2022—2023 供暖期内，北方省份的一次管网碳排放强度的平均值为 4.8kgCO₂/GJ，中位数为 4.7kgCO₂/GJ，最大值为陕西的 9.5kgCO₂/GJ，最小值为河南的 2.3kgCO₂/

GJ；二次管网碳排放强度的平均值为 2.2kgCO$_2$/GJ，中位数为 2.1kgCO$_2$/GJ，最大值为北京的 2.9kgCO$_2$/GJ，最小值为山东的 1.8kgCO$_2$/GJ。

2022—2023 供暖期省级供热输配系统碳排放强度

表 4-2

省份	平均一次管网碳排放（kgCO$_2$/GJ）	平均二次管网碳排放（kgCO$_2$/GJ）
北京	3.5	2.9
天津	3.7	2.8
河北	4.6	2.2
内蒙古	5.8	2.4
山西	4.9	2.6
辽宁	3.0	1.8
吉林	5.5	1.8
黑龙江	5.1	2.1
山东	7.6	1.8
河南	2.3	2.0
陕西	9.5	2.7
甘肃	4.8	1.9
宁夏	2.8	1.9
新疆	4.3	2.3

统计结果表明二次管网的电耗高于一次管网：从管网拓扑结构来看，一次管网采用大管径主干网络设计，具有较低的比摩阻和相对稳定的水力工况，而二次管网作为末端配送系统，其多分支、小管径的拓扑特性导致沿程阻力和局部阻力更高；

其次，在运行调节方面，老旧小区二次管道存在不合理阻力和普遍存在的水力失调问题，导致额外的无效循环能耗。但一次管网碳排放强度高于二次管网碳排放强度，主要原因是碳排放核算过程中未考虑二次管网热损失。以黑龙江为例，对供热输配系统碳排放进行拆分，一次管网热损失导致的单位供热量碳排放强度的增加占 62%，二次管网电耗导致的间接碳排放占 29%，一次管网电耗导致的间接碳排放仅占 9%。二次管网因上述运行调节特点，其单位热量输送的电耗通常比一次管网高，是供热系统节能降耗的重点环节。

4.2.3 集中供热碳排放核算结果

协会统计了主要供热省份的集中供暖面积，并基于《中国建筑节能年度发展研究报告 2023（城市能源系统专题）》中各地区的度日数及各省份平均热耗对各省份总耗热量进行了计算。其中度日数是指供暖度日数，用于衡量建筑供暖需求量的指标，可反映室外温度低于或高于基准温度 18℃时对能源消耗的影响。据调研得到的平均热耗计算各省份的总耗热量，结果如表 4-3 所示。

北方省份度日数及平均供热热耗参考值　　表 4-3

省份	度日数	平均热耗 （GJ/m²）	集中供暖面积 （亿 m²）	总耗热量 （亿 GJ）
北京	2224	0.27	9.5	2.59
天津	2194	0.34	6.3	2.16

续表

省份	度日数	平均热耗（GJ/m²）	集中供暖面积（亿 m²）	总耗热量（亿 GJ）
河北	2486	0.38	13.5	5.08
内蒙古	3248	0.44	11.6	5.08
山西	3910	0.37	10.2	3.73
辽宁	3122	0.37	17.9	6.60
吉林	4082	0.41	8.9	3.62
黑龙江	4909	0.54	11.2	5.99
山东	1893	0.35	23.7	8.22
河南	1615	0.32	7.5	2.38
陕西	1805	0.34	6.2	2.13
甘肃	2782	0.43	4.8	2.06
宁夏	3689	0.47	1.3	0.61
新疆	3842	0.51	2.2	1.12
总计	—	—	134.7	51.35

2022—2023 供暖期内，全国合计的集中供暖面积为 134.7 亿 m²，总耗热量为 51.35 亿 GJ，但北方各省份的供暖面积和耗热量存在显著差异。首先，山东的集中供暖面积最大，达到了 23.7 亿 m²，其总耗热量也最高，为 8.22 亿 GJ。其次是辽宁省，供暖面积为 17.9 亿 m²，总耗热量为 6.60 亿 GJ。河北的供暖面积也较大，为 13.5 亿 m²，总耗热量为 5.08 亿 GJ。相比之下，宁夏的集中供暖面积最小，仅为 1.3 亿 m²，总耗热量为 0.61 亿 GJ。新疆的供暖面积也较小，为 2.2 亿 m²，总耗热量为 1.12 亿 GJ。这些数据显示出各地区在供暖需求和资

源消耗上的不平衡，可基于该数据进一步计算各地区的供热系统碳排放。

（1）中国北方城镇碳排放基准值

2022—2023 供暖期中国北方城镇集中供热约排放 3.5 亿 tCO_2，根据碳排放强度和碳排放总量的核算结果，计算全国碳排放基准值，用于进行分省份的碳排放责任分摊。全国热源碳排放的基准值为 $60.9kgCO_2/GJ$，全国一次管网碳排放的基准值为 $4.2kgCO_2/GJ$，全国二次管网碳排放的基准值为 $2.2kgCO_2/GJ$，全国热用户碳排放的基准值为 $67.3kgCO_2/GJ$。全国热用户的碳排放基准值为全国热源、一次管网和二次管网基准值之和。

（2）省级碳排放强度与总量

省级碳排放强度是指集中供热系统为热用户供应单位热量所直接或间接产生的二氧化碳排放量，是评估一个省或地区碳排放水平的重要指标。基于热源碳排放、一次管网碳排放和二次管网碳排放计算得到北方省份碳排放强度及碳排放总量，计算结果如表 4-4 所示。

北方省份碳排放强度及碳排放总量　　表 4-4

省份	碳排放强度 （$kgCO_2/GJ$）	碳排放总量 （$\times 10^6\ tCO_2$）
北京	54.8	14.2
天津	51.0	11.0

续表

省份	碳排放强度 （kgCO$_2$/GJ）	碳排放总量 （×10^6 tCO$_2$）
河北	59.2	30.0
内蒙古	63.7	32.3
山西	57.2	21.3
辽宁	73.4	48.5
吉林	68.9	24.9
黑龙江	85.4	51.2
山东	75.1	61.7
河南	54.0	12.8
陕西	77.6	16.5
甘肃	73.4	15.1
宁夏	50.0	3.0
新疆	61.8	6.9

4.2.4 关于集中供热领域降低碳排放的探讨

为了有效降低集中供热领域的碳排放，需要从需求侧和供给侧两个维度采取综合措施。在需求侧，控制供热总量是降碳的核心策略之一。通过推进建筑节能改造，可以有效降低建筑的平均耗热量。图 4-4 展示了不同省份建筑平均耗热量的现状和节能建筑平均耗热量的指标，可以看到目前仅有北京、天津、内蒙古、辽宁、吉林和黑龙江的现状平均耗热量低于一步节能建筑的指标，但仍高于二步节能建筑的约束值。据测算，若各省份建筑平均耗热量达到二步、三步、四步节能等级，全国用户侧耗热量可分别降低 26%、43% 和 60%。此外，优化热源结构，充分利用本地零碳余热资源，如工业余热、垃圾焚烧电厂余热和核电厂余热，做好强度控制也是供热领域降低碳排放的关键。图 4-5 展示了不同省份零碳余热资源与集中供热需求对比，在河北、山东、河南等工业余热资源丰富的地区，供暖季的零碳余热潜力已能够满足集中供热需求。对于余

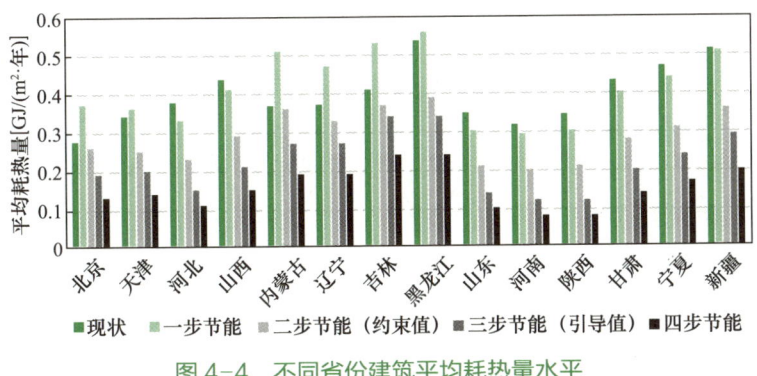

图 4-4　不同省份建筑平均耗热量水平

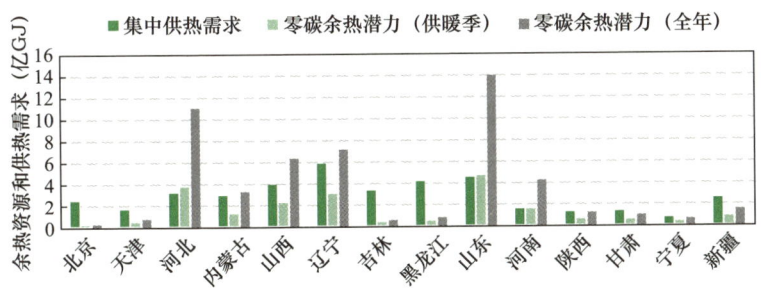

图 4-5　不同省份零碳余热资源与集中供热需求对比 ①

---

① 郑雯. 北方地区清洁供热路线研究［D］. 北京：清华大学，2021.

热资源不足的地区，跨区域、跨季节的余热利用模式，如热水长输和跨季节储热技术，将成为未来的发展方向。

在供给侧，降低碳排放强度的关键在于优化热源结构和提高能源转换效率。燃气供热相较于燃煤具有显著的碳减排优势，而热电联产和工业余热的利用则进一步提升了系统的整体能效。通过回收锅炉烟气余热和热电联产冷端余热，可以有效提高热源的能量转换效率。此外，热网的优化也是降碳的重要环节。减少热损失的措施包括加强管道保温、避免泄漏以及降低回水温度。同时，通过加大供回水温差、减少不必要的压降和提高水泵效率，可以显著降低水泵电耗，从而减少系统的整体碳排放。

综合来看，集中供热领域的降碳策略需要多管齐下，既要通过建筑节能改造和余热利用来减少供热需求，也要通过优化热源结构和提高热网效率降低碳排放强度。随着电力结构的低碳化，热泵等电力驱动技术的应用也将为集中供热领域的低碳转型提供新的机遇。未来的研究应进一步探索跨区域、跨季节的余热利用模式，并结合智能调控技术，实现供热系统的精细化管理和能效提升，从而为实现"双碳"目标提供有力支撑。

第 **5** 章

供热能效领跑指标排行榜

2019 年开始，协会对统计企业供暖期统计数据进行整理分析，从企业管理效率、供热系统能效等方面，采用专业、实用、科学的方法进行数据比对，以实现不同气候地域、不同气象参数、不同运营方式下的行业内对标。

协会通过发布人均供热面积、热源效率等单项指标及供热行业能效领跑者等综合指标的行业先进值企业排名，鼓励各供热企业间相互对标学习，促进行业节能、降耗工作，推动行业高质量、可持续发展，能效指标设置变化见表 5-1。

协会供热能效领跑指标设置变化表　　表 5-1

指标	2019 年	2020 年	2021 年	2022 年	2023 年	2024 年
供热面积	√	√	√			
人均供热面积	√	√	√	√	√	√
热源（燃煤锅炉）效率	√	√	√	√	√	√
热源（燃气锅炉）效率	√	√	√	√	√	√
工业余热供热能力		√	√	√	√	√
一次管网平均回水温度		√				

续表

指标	2019 年	2020 年	2021 年	2022 年	2023 年	2024 年
系统热量输送与换热效率			√	√	√	√
热源折算单位面积耗热量	√	√	√	√	√	√
热力站单位面积耗电量	√	√	√	√	√	√
热力站单位面积补水量	√	√	√	√	√	√
指标进步之星						√
标杆示范热力站				√	√	√
供热行业能效领跑者	√	√	√	√	√	√

2024 年，根据统计企业连续多年统计数据填报情况，新增指标进步之星排行榜，包括管理效率、燃煤锅炉效率、系统热量输送与换热效率、节热、节电、节水 6 项指标。

5.1 排名范围

参与排名的统计企业应满足以下条件：

（1）参加协会 2022—2023 供暖期统计工作，基础指标填报完整。

（2）除低能耗标杆热力站和指标进步之星外，其他指标均要求参与排名的企业的供热面积大于 1000 万 m^2。

最终，符合条件的统计企业共 98 家，其中寒冷地区 + 夏热冬冷地区 68 家，严寒地区 30 家。

5.2　运营指标设定

2024 年评选指标包括人均供热面积（万 m^2/ 人）、热源（燃煤锅炉）效率（kgce/GJ）、热源（燃气锅炉）效率（Nm^3/GJ）、工业余热供热能力（MW）、系统热量输送与换热效率（%）、热源折算单位面积耗热量（GJ/m^2）、热力站单位面积耗电量 [kWh/（m^2·月）]、热力站单位面积补水量 [kg/（m^2·月）]、指标进步之星、标杆示范热力站、供热行业能效领跑者，共 11 项。

5.3　2024 年度指标排名规则及结果

5.3.1　人均供热面积

1. 排名规则

（1）供热面积、直管到户面积、企业总人数统计数据完整；

（2）人均供热面积按直管到户供热面积和非直管到户供热面积（乘以系数 0.3）为基础数据计算；

（3）按企业数量多少，供热面积 5000 万 m^2 以上的，由高到低排名，取前 5 名（寒冷地区取前 4 名，严寒地区取第 1 名）；供热面积 5000 万 m^2 以下的取前 6 名（寒冷地区取前 4 名，严寒地区取前 2 名）。

2. 排名结果

共计 11 家企业入选。供热面积 5000 万 m^2 以上的企业中，寒冷地区和严寒地区人均供热面积最大值分别为 15.01 万 m²/人、9.06 万 m²/人；供热面积 5000 万 m² 以下的企业中，寒冷地区和严寒地区人均供热面积最大值分别为 18.82 万 m²/人、13.99 万 m²/人（图 5-1）。

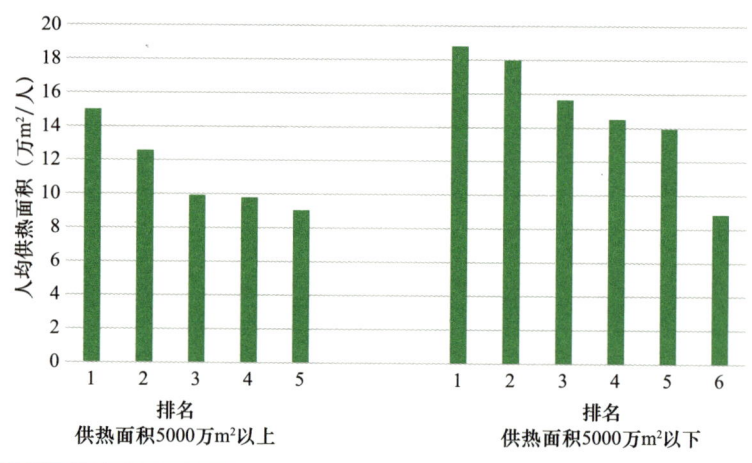

排名	供热面积 5000 万 m² 以上		排名	供热面积 5000 万 m² 以下	
1	寒冷地区	郑州热力集团有限公司	1	寒冷地区	临沂市新城热力集团有限公司
2		洛阳热力集团有限公司	2		沧州热力有限公司
3		天津能源投资集团有限公司	3		宁夏电投热力有限公司
4		济南热力集团有限公司	4		建投河北热力有限公司
5	严寒地区	宝石花同方能源科技有限公司	5	严寒地区	中环赛慧（酒泉）节能热力有限公司
					新疆天富能源股份有限公司供热分公司

图 5-1　2024 年人均供热面积优秀供热企业排名

5.3.2 热源（燃煤锅炉）效率

1. 排名规则

（1）热电联产调峰锅炉或区域供热燃煤锅炉单位供热量燃煤消耗量统计数据完整；

（2）对各企业统计数据由低到高排名，取前 5 名。

2. 排名结果

共计 5 家企业入选，最低值为 35.6kgce/GJ（图 5-2）。

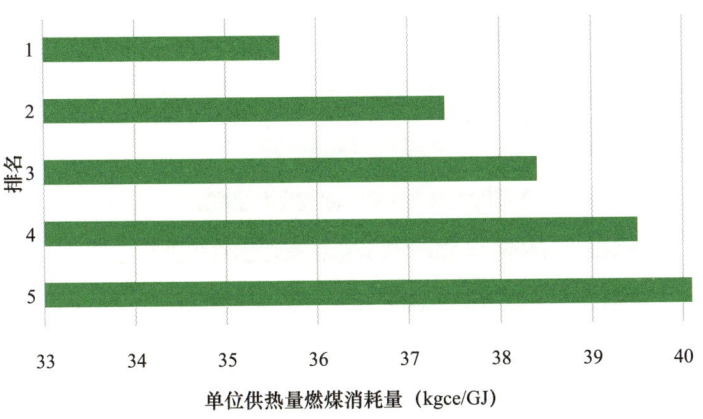

排名	企业名称
1	青岛顺安热电有限公司
2	天津能源投资集团有限公司
3	兰州热力集团有限公司
4	京热（乌兰察布）热力有限责任公司
5	太原市热力集团有限责任公司

图 5-2 2024 年单位供热量燃煤消耗量优秀企业排名

5.3.3 热源（燃气锅炉）效率

1. 排名规则

（1）热电联产调峰锅炉或区域供热燃气锅炉单位供热量燃气消耗量统计数据完整；

（2）对各企业统计数据由低到高排名，取前 5 名。

2. 排名结果

共计 6 家企业入选，最低值为 26.7Nm³/GJ（图 5-3）。

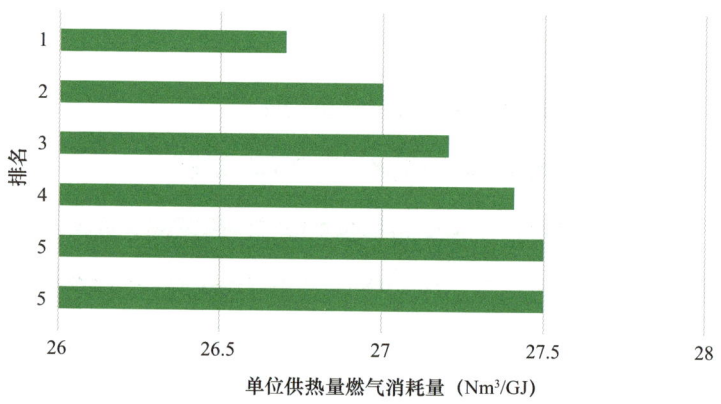

排名	企业名称
1	沧州热力有限公司
2	青岛能源热电集团有限公司
3	北京博大开拓热力有限公司
4	北京市热力集团有限责任公司
5	西安瑞行城市热力发展集团有限公司
	淄博市热力集团有限责任公司

图 5-3 2024 年单位供热量燃气消耗量优秀企业排名

5.3.4　工业余热供热能力

1. 排名规则

（1）工业余热供热能力统计数据完整；

（2）对各企业统计数据由高到低排名，取前 5 名。

2. 排名结果

共计 5 家企业入选，最大值为 467MW（图 5-4）。

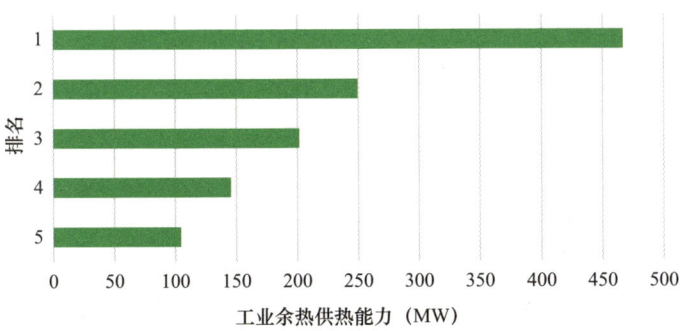

排名	企业名称
1	包头市热力（集团）有限责任公司
2	唐山市热力集团有限公司
3	大庆市热力集团有限公司
4	中电洲际环保科技发展有限公司
5	淄博市热力集团有限责任公司

图 5-4　2024 年工业余热供热能力优秀企业排名

5.3.5　系统热量输送与换热效率

1. 排名规则

（1）一次管网平均供水温度和一次管网平均回水温度统计数据完整；

（2）按式（5-1）计算系统热量输送与换热效率，其中室温取 20℃；

$$\eta = 1 - \frac{回水温度 - 20}{供水温度 - 20} \times 100\% \qquad （5-1）$$

（3）以供热面积 5000 万 m² 为界，分别对各企业系统热量输送与换热效率由高到低排名，取前 5 名。

2. 排名结果

共计 12 家企业入选，供热面积 5000 万 m² 以上的企业中，最大值为 77.7%；供热面积 5000 万 m² 以下的企业中，最大值为 74.7%（图 5-5）。

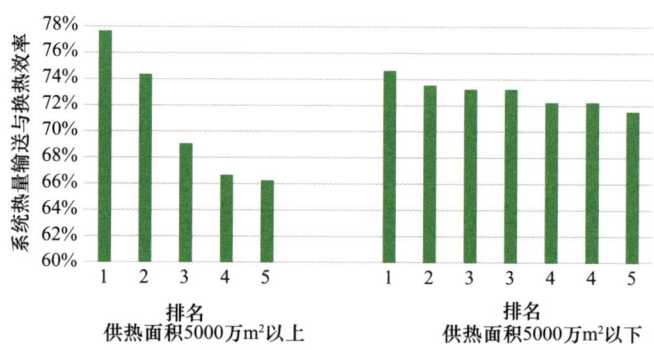

排名	供热面积 5000 万 m² 以上	供热面积 5000 万 m² 以下
1	太原市热力集团有限责任公司	新疆和融热力有限公司
2	承德热力集团有限责任公司	吉林市热力集团有限公司
3	长治市城镇热力有限公司	长春市供热（集团）有限公司
3		锦州热力（集团）有限公司
4	青岛能源热电集团有限公司	北京京能热力发展有限公司
4		青岛顺安热电有限公司
5	天津能源投资集团有限公司	齐齐哈尔阳光热力集团有限责任公司

图 5-5　2024 年系统热量输送与换热效率优秀企业排名

5.3.6　热源折算单位面积耗热量

1. 排名规则

（1）热源供热量和实际供热面积统计数据完整；

（2）根据供热量和实际供热面积获得热源单位面积耗热量；

（3）对热源单位面积耗热量按照供暖天数 121d 进行折算，获得热源折算单位面积耗热量；

（4）分寒冷地区和严寒地区，对各企业折算后的热源单位面积耗热量由低到高排名，分别取前 5 名。

2. 排名结果

共计 10 家企业入选，寒冷地区最低值为 $0.205GJ/m^2$，严寒地区最低值为 $0.211GJ/m^2$（图 5-6）。

5.3.7　热力站单位面积耗电量

1. 排名规则

（1）热力站单位面积耗电量统计数据完整；

（2）通过面积加权计算各企业热电联产供热和区域供热热力站单位面积耗电量平均值，获得各企业热力站单位面积耗电量；

（3）对各企业热力站单位面积耗电量由低到高排名，取前 10 名。

2. 排名结果

共 10 家企业入选，最低值为 $0.044kWh/(m^2 \cdot 月)$（图 5-7）。

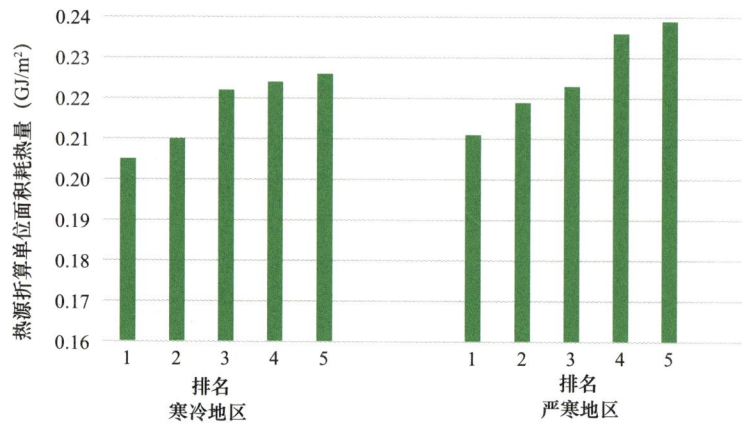

排名	寒冷地区	严寒地区
1	国家电投集团东北电力有限公司大连开热分公司	长春市供热（集团）有限公司
2	北京北燃供热有限公司	哈尔滨哈投投资股份有限公司供热公司
3	天津泰达津联热电有限公司	包头市热力（集团）有限责任公司
4	北京纵横三北热力科技有限公司	捷能热力电站有限公司
5	北京博大开拓热力有限公司	包头市华融热力有限责任公司

图 5-6　2024 年热源折算单位面积耗热量优秀企业排名

5.3.8　热力站单位面积补水量

1. 排名规则

（1）热力站单位面积补水量统计数据完整；

（2）通过面积加权计算各企业热电联产供热和区域供热热力站单位面积补水量平均值，获得各企业热力站单位面积补水量；

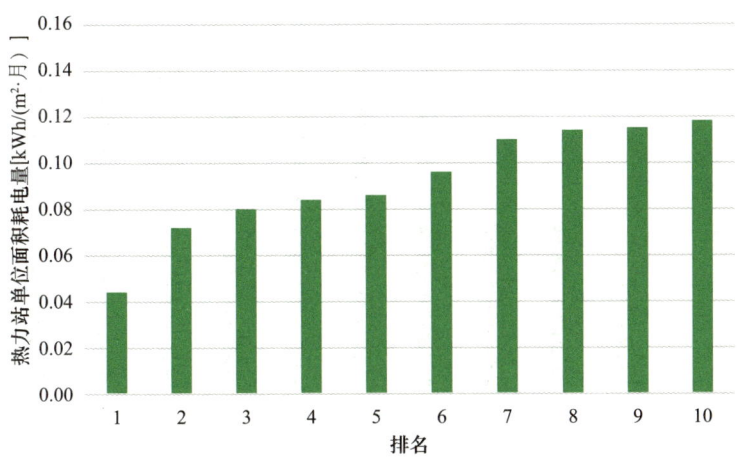

排名	企业名称
1	牡丹江热电有限公司
2	国家电投集团东北电力有限公司大连开热分公司
3	泰安市泰山城区热力有限公司
4	国家电投集团东北电力有限公司抚顺抚电能源分公司
5	哈尔滨哈投投资股份有限公司供热公司
6	承德热力集团有限责任公司
7	赤峰富龙热力有限责任公司
8	淄博市热力集团有限责任公司
9	乌鲁木齐华源热力股份有限公司
10	阳城县蓝煜热力有限公司

图 5-7 2024 年热力站单位面积耗电量优秀企业排名

（3）对各企业热力站单位面积补水量由低到高排名，取前 10 名。

2. 排名结果

共 10 家企业入选，最低值为 0.41kg/（m² · 月）（图 5-8）。

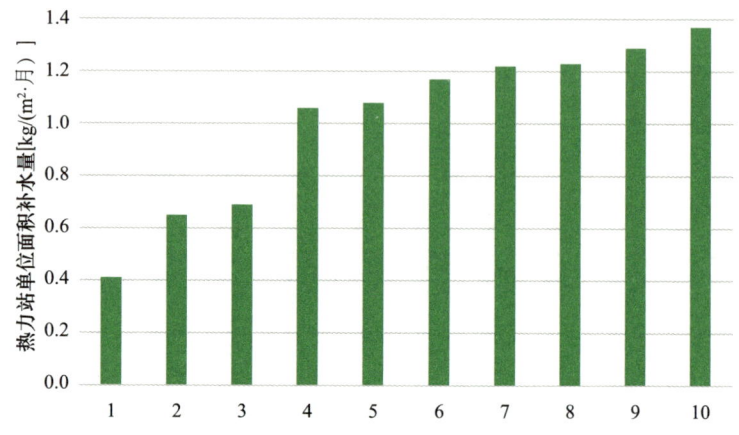

图 5-8　2024 年热力站单位面积补水量优秀企业排名

排名	企业名称
1	乌鲁木齐华源热力股份有限公司
2	国家电投集团东北电力有限公司大连开热分公司
3	牡丹江热电有限公司
4	北京京能热力股份有限公司
5	泰安市泰山城区热力有限公司
6	阳城县蓝煜热力有限公司
7	青岛顺安热电有限公司
8	北京纵横三北热力科技有限公司
9	长治市城镇热力有限公司
10	运城市热力有限公司

5.3.9　指标进步之星

1. 排名规则

（1）近 4 个供暖期所参与指标统计数据完整；

（2）近 4 个供暖期所参与指标逐年提升或降低；

（3）按增长率或下降率取前 2 名作为该项指标进步之星；

（4）入选能效领跑企业不再参与指标进步之星排名。

2. 排名结果

分为 6 项指标，共 12 家企业入选，如表 5-2 所示。

2024 年度指标进步之星企业名单　　表 5-2

排名类型	指标名称	企业名称	提升 / 下降比例
管理效率进步之星	人均供热面积（万 m²/ 人）	枣庄市中区热力有限公司	81.7%
		河北昊天热力发展有限公司	73.0%
燃煤锅炉效率提升之星	单位供热量燃煤消耗量（kgce/GJ）	辽源市热力集团有限公司	17.5%
		鸡西市热力有限公司	14.7%
系统热量输送与换热效率进步之星	系统热量输送与换热效率（%）	宁夏电投热力有限公司	39.3%
		天水市供热有限公司	27.0%
耗热量降低之星	热源单位面积耗热量（GJ/m²）	大庆市热力集团有限公司	58.0%
		乌鲁木齐热力（集团）有限公司	42.0%
节电之星	热力站单位面积耗电量[kWh/(m²·月)]	锦州热力（集团）有限公司	37.2%
		鸡西市热力有限公司	25.4%
节水之星	热力站单位面积补水量[kg/(m²·月)]	河北邢襄热力集团有限公司	51.2%
		天水市供热有限公司	41.3%

5.3.10　标杆示范热力站

1. 排名规则

（1）供热企业选送水、电、热单耗较低的热力站参与排

第 5 章

名，热力站实际供热面积、供热量、耗电量、补水量统计数量完整；

（2）以热力站法定供暖期供热量和实际供热面积计算出单位面积耗热量，再将其按北京市法定供暖天数 121d 折算，得出折算单位面积耗热量；以耗电量、补水量、实际供热面积和法定供暖天数计算得出每月单位面积耗电量、每月单位面积补水量；

（3）热力站单位面积耗热量、每月单位面积耗电量、每月单位面积补水量指标均满足国家标准要求；

（4）按统一热价（50 元/GJ）、电价（1 元/kWh）和水价（10 元/m³）计算热力站经济指标；

（5）对各热力站经济指标由低到高排名，取前 25% 的热力站为标杆示范热力站。

2. 排名结果

共 25 个热力站入选，如表 5-3 所示。

2024 年度供热行业标杆示范热力站名单　　表 5-3

排名	企业名称	热力站名称
1	北京市热力集团有限责任公司	五里雅苑热力站
2	青岛西海岸公用事业集团能源供热有限公司	金凤凰铭品热力站
3	兰州热力集团有限公司	兰石豪布斯卡沁园热力站
4	太原市热力集团有限责任公司	万科四期热力站
5	沧州热力有限公司	御景狮城小区 2 号站
6	包头市热力（集团）有限责任公司	青山热源厂师南热力站

续表

排名	企业名称	热力站名称
7	运城市热力有限公司	东郡热力站
8	乌鲁木齐热力（集团）有限公司	公务员 8 号站
9	国家电投集团东北电力有限公司大连开热分公司	融创二期换热站
10	烟台东昌供热有限责任公司	祥隆都会里热力站
11	淄博市热力集团有限责任公司	绿城百合花园小区热力站
12	秦皇岛市热力有限责任公司	雅绅鸿居热力站
13	承德热力集团有限责任公司	双桥区福地二期 2 号站
14	牡丹江热电有限公司	外滩首府小区北站
15	西安市热力集团有限责任公司	华陆功德小区热力站
16	安阳益和热力集团有限公司	军分区家属院热力站
17	阳城县蓝煜热力有限公司	玉龙湾小区热力站
18	新疆和融热力有限公司	碧桂园小区热力站
19	甘肃红太阳热力有限公司	三里塬小学热力站
20	齐齐哈尔阳光热力集团有限责任公司	建华区曼哈顿热力站
21	长治市城镇热力有限公司	职教园幼师北热力站
22	大连裕丰供热集团有限责任公司	瓦房店华太热力站
23	郑州热力集团有限公司	方圆创世热力站
24	河北邢襄热力集团有限公司	悦荣府小区热力站
25	乌鲁木齐华源热力股份有限公司	中海云鼎大观 2 号站

5.3.11　供热行业能效领跑者

1. 排名规则

（1）企业供热量、实际供热面积、热源折算单位面积耗热量、热力站单位面积补水量、热力站单位面积耗电量、一次管网平均供水温度、一次管网平均回水温度统计数据完整；

（2）热力站单位面积耗热量、每月单位面积补水量、每月单位面积耗电量指标均满足国家标准要求；

（3）将热源折算单位面积耗热量、热力站每月单位面积补水量、热力站每月单位面积耗电量、系统热量输送与换热效率分别和该项指标的行业第一名对比后得出百分制分值，为企业该项指标得分；

（4）将热源折算单位面积耗热量、热力站每月单位面积补水量、热力站每月单位面积耗电量和系统热量输送与换热效率的单项得分按照 0.4、0.25、0.15 和 0.2 的权重计算企业总得分；

（5）对各企业总得分由高到低排名，取前 25% 的企业为行业能效领跑者。

2. 排名结果

共 30 家企业入选，企业名单如表 5-4 和表 5-5 所示。

2024 年度供热行业能效领跑排行榜

（供热面积 5000 万 m² 以上）　　表 5-4

排名	企业名称	热源折算单位面积耗热量（GJ/m²）		系统热量输送与换热效率	热力站每月单位面积耗电量 [kWh/(m²·月)]	热力站每月单位面积补水量 [kg/(m²·月)]
		法定供暖期	121d折算值			
1	承德热力集团有限责任公司	0.311	0.249	74.4%	0.096	1.99
2	青岛能源热电集团有限公司	0.279	0.240	66.7%	0.176	2.21

续表

| 排名 | 企业名称 | 热源折算单位面积耗热量（GJ/m²） | | 系统热量输送与换热效率 | 热力站每月单位面积耗电量［kWh/（m²·月）］ | 热力站每月单位面积补水量［kg/（m²·月）］ |
		法定供暖期	121d折算值			
3	济南热力集团有限公司	0.254	0.254	58.9%	0.154	1.43
4	天津能源投资集团有限公司	0.271	0.271	66.2%	0.257	1.51
5	长治市城镇热力有限公司	0.280	0.280	69.1%	0.400	1.29
6	太原市热力集团有限责任公司	0.340	0.273	77.7%	0.186	3.90
7	北京市热力集团有限责任公司	0.247	0.247	59.9%	0.256	2.26
8	吉林省春城热力股份有限公司	0.371	0.265	65.3%	0.180	5.85
9	安阳益和热力集团有限公司	0.280	0.280	62.4%	0.190	2.72
10	郑州热力集团有限公司	0.289	0.289	64.7%	0.250	2.90

2024 年度供热行业能效领跑排行榜

（供热面积 5000 万 m² 以下）　表 5-5

| 排名 | 企业名称 | 热源折算单位面积耗热量（GJ/m²） | | 系统热量输送与换热效率 | 热力站每月单位面积耗电量［kWh/（m²·月）］ | 热力站每月单位面积补水量［kg/（m²·月）］ |
		法定供暖期	121d折算值			
1	乌鲁木齐华源热力股份有限公司	0.363	0.240	67.5%	0.115	0.41

第 5 章

续表

排名	企业名称	热源折算单位面积耗热量（GJ/m²）		系统热量输送与换热效率	热力站每月单位面积耗电量[kWh/（m²·月）]	热力站每月单位面积补水量[kg/（m²·月）]
		法定供暖期	121d折算值			
2	国家电投集团东北电力有限公司大连开热分公司	0.258	0.205	67.6%	0.072	0.65
3	牡丹江热电有限公司	0.385	0.254	70.5%	0.044	0.69
4	哈尔滨哈投投资股份有限公司供热公司	0.331	0.219	68.4%	0.086	2.41
5	北京新城热力有限公司	0.241	0.241	74.0%	0.178	1.24
6	长春市供热（集团）有限公司	0.294	0.211	73.3%	0.172	5.65
7	青岛顺安热电有限公司	0.299	0.257	72.3%	0.180	1.22
8	包头市华融热力有限责任公司	0.361	0.239	64.2%	0.150	2.14
9	泰安市泰山城区热力有限公司	0.351	0.324	67.0%	0.080	1.08
10	中环寰慧（焦作）节能热力有限公司	0.230	0.230	60.0%	0.146	2.40
11	捷能热力电站有限公司	0.356	0.236	62.0%	0.290	2.07
12	北京北燃供热有限公司	0.210	0.210	54.5%	0.330	2.68
13	新疆和融热力有限公司	0.421	0.278	74.4%	0.204	1.82
14	新疆天富能源股份有限公司供热分公司	0.477	0.316	74.2%	0.164	1.22
15	齐齐哈尔阳光热力集团有限责任公司	0.369	0.244	71.6%	0.196	5.46
16	天津泰达津联热电有限公司	0.277	0.222	53.3%	0.158	2.85

续表

排名	企业名称	热源折算单位面积耗热量（GJ/m²）		系统热量输送与换热效率	热力站每月单位面积耗电量 [kWh/（m²·月）]	热力站每月单位面积补水量 [kg/（m²·月）]
		法定供暖期	121d 折算值			
17	包头市热力（集团）有限责任公司	0.340	0.225	56.0%	0.210	4.54
18	北京北燃热力有限公司	0.229	0.229	59.4%	0.280	2.73
19	烟台经济技术开发区热力有限公司	0.280	0.249	65.0%	0.169	2.95
20	淄博市热力集团有限责任公司	0.256	0.256	63.6%	0.114	4.4

第5章

第**6**章

统计指标变化分析

6.1 行业发展增速放缓

6.1.1 统计企业发展增速放缓

协会对近 6 年连续参加统计工作的 49 家企业（以下简称 49 家统计企业）统计数据进行了分析（表 6-1），2018 年统计供热面积 19.4 亿 m^2，2022 年增加到 25.5 亿 m^2，增长率约 31.4%，年均增长率为 7.1%；2023 年增加到 27.0 亿 m^2，比上年增长 5.9%，为近 3 年来年增长率最低值。反观全国城市集中供热面积由 2018 年的 87.8 亿 m^2 增长到 2022 年的 111.25 亿 m^2，增长率 26.7%，年均增长率为 6.1%；2023 年增长到 115.5 亿 m^2，比上年增长 3.8%，为近 6 年来年增长率最低值（图 6-1）。不难看出，49 家统计企业基本分布于北方 15 省（市、区），绝大多数企业均为当地供热龙头企业，其管理水平、发展水平在行业内处于领先地位，因而其发展速度高于全行业平均水平。

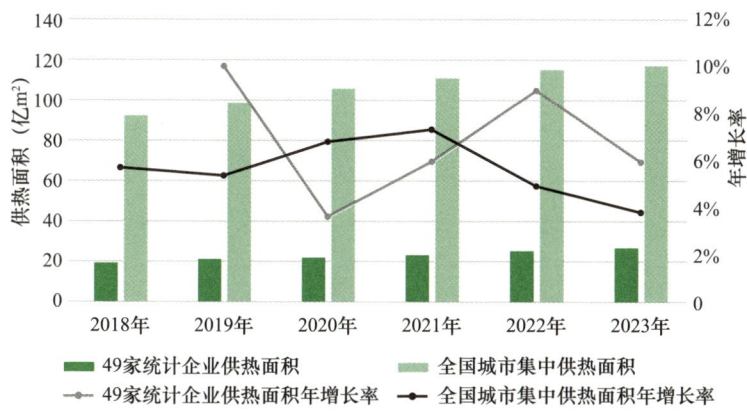

图 6-1　49 家统计企业与全国城市集中供热面积及年增长率

连续参加协会统计工作的 49 家供热企业名单　表 6-1

序号	企业名称
1	沧州热力有限公司
2	法电（三门峡）城市供热有限公司
3	郑州热力集团有限公司
4	洛阳热力有限公司
5	天津能源投资集团有限公司
6	河北昊天热力发展有限公司
7	泰安市泰山城区热力有限公司
8	三河新源供热有限公司
9	安阳益和热力有限责任公司
10	北京北燃供热有限公司
11	河北邢襄热力集团有限公司
12	济南热力集团有限公司
13	西安市热力集团有限责任公司
14	承德热力集团有限责任公司

续表

序号	企业名称
15	太原市热力集团有限责任公司
16	廊坊市广达供热有限公司
17	淄博市热力集团有限责任公司
18	北京新城热力有限公司
19	青岛能源热电集团有限公司
20	兰州热力集团有限公司
21	北京实创能源管理有限公司
22	北京华远意通热力科技股份有限公司
23	秦皇岛市热力有限责任公司
24	北京博大开拓热力有限公司
25	北京科利源热电有限公司
26	天水市供热有限公司
27	秦皇岛市富阳热力有限责任公司
28	北京市热力集团有限责任公司
29	唐山市热力集团有限公司
30	合肥热电集团有限公司
31	锦州热力（集团）有限公司
32	沈阳惠天热电股份有限公司
33	新疆天富能源股份有限公司供热分公司
34	乌鲁木齐热力（集团）有限公司
35	吉林省春城热力股份有限公司
36	哈尔滨哈投投资股份有限公司供热公司
37	赤峰富龙热力有限责任公司
38	长春市供热（集团）有限公司
39	牡丹江热电有限公司

续表

序号	企业名称
40	包头市热力（集团）有限责任公司
41	呼和浩特市城市燃气热力集团有限公司
42	辽源市热力集团有限公司
43	阜新市热力有限公司
44	齐齐哈尔阳光热力集团有限责任公司
45	吉林市热力集团有限公司
46	鹤岗市热力公司
47	大庆市热力集团有限公司
48	抚顺市热力有限公司
49	鸡西市热力有限公司

6.1.2　分区域集中供热规模增长速度存在差异

分区域看（图 6-2），东北和华中地区供热面积年增长率于 2021 年达到最大值后连续两年持续下降，至 2023 年达到最低，仅分别为 1.2% 和 3.8%；华北地区（不含京津冀）、华东地区、京津冀供热面积年增长率均在 2022 年达到最大值后下降，2023 年的年增长率分别为 2.2%、13.9% 和 4.3%。从以上数据可以看出，华东地区仍是供热面积增长速度相对较快的地区；其次是京津冀。通过图 6-2 和图 1-2 对比可得，无论是全国还是 49 家统计企业，华东和华中地区均为 2019—2023 年增长率相对最快的地区，京津冀和东北地区则是增长率相对较慢的地区。

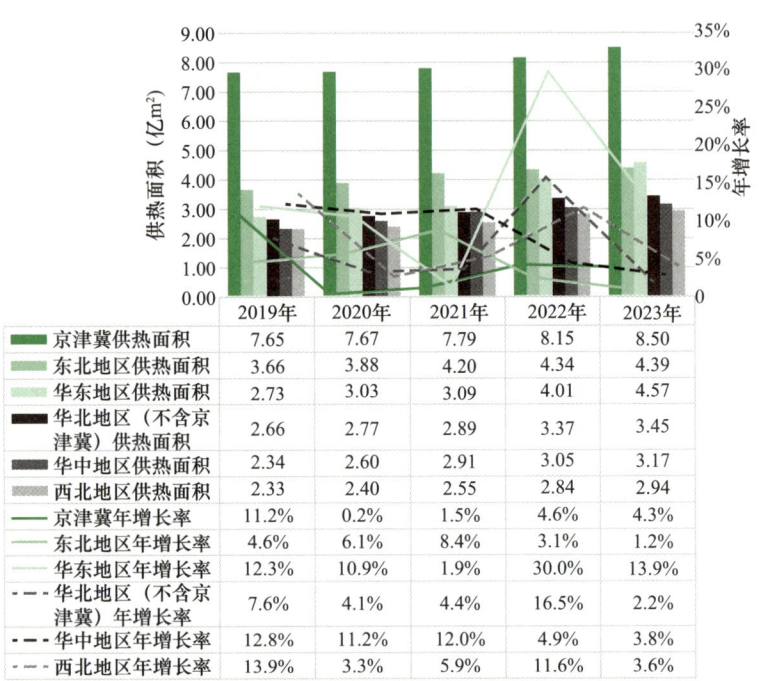

	2019年	2020年	2021年	2022年	2023年
京津冀供热面积	7.65	7.67	7.79	8.15	8.50
东北地区供热面积	3.66	3.88	4.20	4.34	4.39
华东地区供热面积	2.73	3.03	3.09	4.01	4.57
华北地区（不含京津冀）供热面积	2.66	2.77	2.89	3.37	3.45
华中地区供热面积	2.34	2.60	2.91	3.05	3.17
西北地区供热面积	2.33	2.40	2.55	2.84	2.94
京津冀年增长率	11.2%	0.2%	1.5%	4.6%	4.3%
东北地区年增长率	4.6%	6.1%	8.4%	3.1%	1.2%
华东地区年增长率	12.3%	10.9%	1.9%	30.0%	13.9%
华北地区（不含京津冀）年增长率	7.6%	4.1%	4.4%	16.5%	2.2%
华中地区年增长率	12.8%	11.2%	12.0%	4.9%	3.8%
西北地区年增长率	13.9%	3.3%	5.9%	11.6%	3.6%

图 6-2　49 家统计企业分区域供热面积及年增长率

6.2　企业降本增效明显

6.2.1　人均供热面积继续增加

根据统计数据，受行业技术进步、人员能力提升、企业降本增效等叠加作用，统计企业人均供热面积持续提升，由 2017—2018 年的 3.74 万 m^2/ 人增加到 2022—2023 年的 7.74 万 m^2/ 人，增长了一倍多。其中，49 家统计企业人均供热面积由 4.1 万 m^2/ 人增长至 7.3 万 m^2/ 人，增长率为 78.0%。分地区看，49 家统计企业中，寒冷地区的 32 家企业人均供热面积由 4.6 万 m²/ 人增加至 8.4 万 m²/ 人，增长率为 82.6%；严寒地区的 17 家企业人均供热面积由 2.6 万 m²/ 人增长至 3.9 万 m²/ 人，增长率为 50.0%，即寒冷地区人均供热面积增长幅度明显高于严寒地区（图 6-3）。

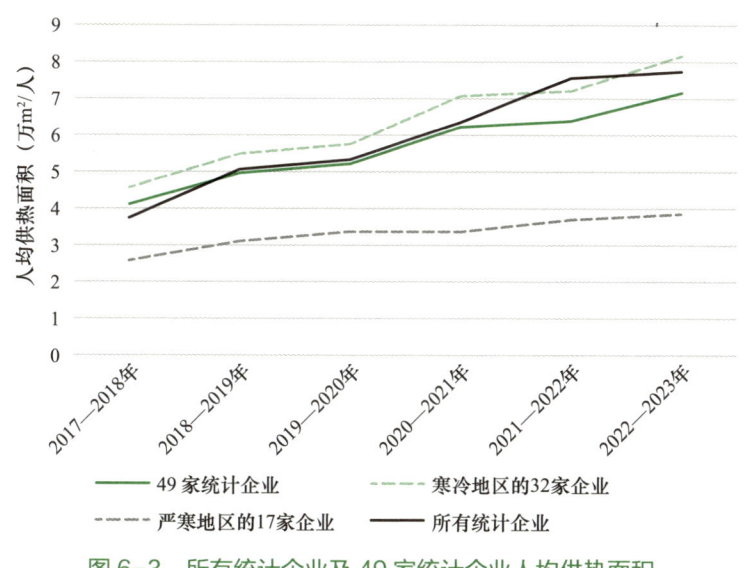

图 6-3　所有统计企业及 49 家统计企业人均供热面积

6.2.2　平均供暖成本缓慢下降

前几年，受燃料成本、人工成本上涨因素影响，全行业平均供暖成本由 2018—2019 供暖期的 28.75 元 /m² 一直上涨至 2021—2022 供暖期的 31.66 元 /m²，上涨了 10.1%。2022—2023 供暖期由于部分能源价格下降，加上供热企业加大了降本增效的管理力度，使得供热成本上涨趋势得到遏制，比上个供暖期下降 1.18 元 /m²，下降了 3.7%。

由表 6-2 可知，2022—2023 供暖期能源价格与上个供暖期相比，燃煤热电联产下降了 6.4%（降低 2.41 元 /GJ），燃气热电联产下降了 20.5%（降低 15.61 元 /GJ），标准煤下降 42元 /tce，天然气、综合电价、自来水价格略有上涨。

近 5 个供暖期统计企业供热成本变化　　表 6-2

名称	单位	2018—2019供暖期	2019—2020供暖期	2020—2021供暖期	2021—2022供暖期	2022—2023供暖期	近5个供暖期变化量	近5个供暖期变化率
燃煤热电联产	元 /GJ	34.0	33.9	33.76	37.62	35.21	1.21	↑4%
燃气热电联产	元 /GJ	46.6	66.5	56.65	76.13	60.52	13.92	↑30%
标准煤	元 /tce	814	768	825	1351	1309	495	↑61%
综合电价	元 /kWh	0.76	0.67	0.68	0.69	0.7	−0.06	↓8%
天然气	元 /Nm³	2.73	2.97	2.64	3.6	3.67	0.94	↑34%
自来水	元 /m³	5.60	5.45	5.8	5.52	5.63	0.03	↑1%
供热成本	元 /m²	28.75	28.13	28.58	31.66	30.48	1.73	↑6%

对 49 家统计企业平均供暖成本进行分析，寒冷地区由 2017—2018 供暖期的 30.0 元 /m² 增加到 2021—2022 供暖期的 34.7 元 /m²，增长了 15.7%，但 2022—2023 供暖期与上个供暖期相比下降了 4.4%（降低 1.4 元 /m²）；严寒地区由 2017—2018 供暖期的 26.0 元 /m² 增加到 2021—2022 供暖期的 28.8元 /m²，增长了 10.8%，但 2022—2023 供暖期较上个供暖期下

降了 2.1%（降低 0.6 元 /m²）（图 6-4）。由此可见，寒冷地区的供暖成本波动较大，而严寒地区波动相对较小。

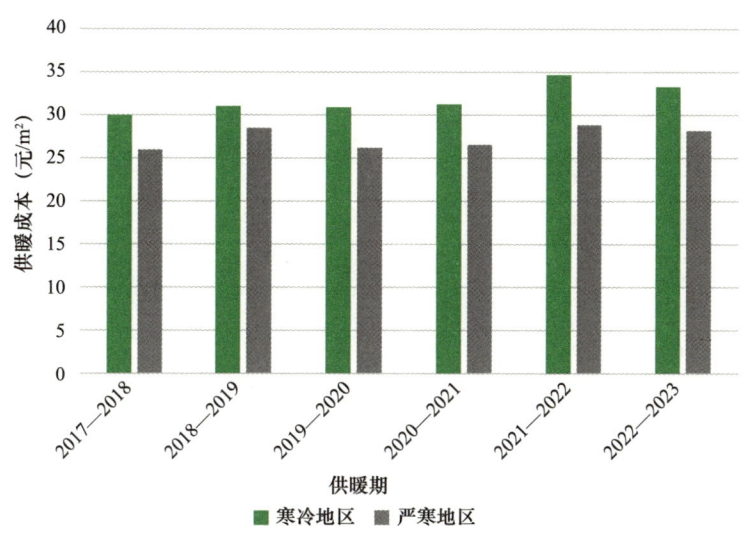

图 6-4　49 家统计企业平均供暖成本

6.2.3　人均热费收入大幅提升

近 6 个供暖期，所有统计企业人均热费收入实现了显著增长，从 2017—2018 供暖期的 68.6 万元增加至 2022—2023 供暖期的 126.19 万元，增长了 84.0%，反映了全行业在发展供热面积、提升供热服务质量以及优化收费体系等方面取得了显著成效。49 家统计企业人均热费收入从 2017—2018 供暖期的 68.9 万元增加到 2022—2023 供暖期的 115.4 万元，增长了 67.5%，与所有统计企业相比增长幅度略低。49 家统计企业中，寒冷地区的 32 家企业人均热费收入从 2017—2018 供暖期的 74.4 万元增加到 2022—2023 供暖期的 126.9 万元，增长了 70.6%；严寒地区的 17 家企业人均热费收入从 2017—2018 供暖期的 54.3 万元增加到 2022—2023 供暖期的 76.6 万元，增长幅度为 41.1%。受经济发展水平、供暖基础设施先进性、政策支持等多种因素影响，寒冷地区与严寒地区人均热费收入及发展速度存在较大差异（图 6-5）。

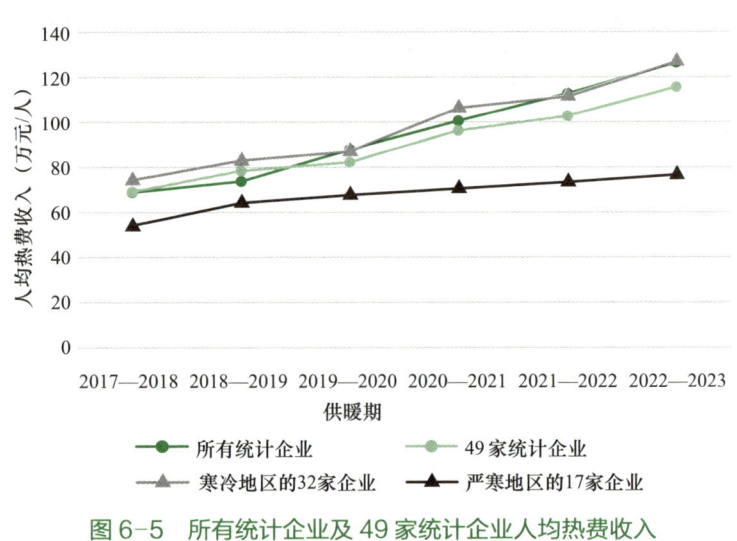

图 6-5 所有统计企业及 49 家统计企业人均热费收入

6.3 主要供热企业仍然面临亏损

6.3.1 企业平均利润率持续下降

根据前 3 年统计结果，全行业经营亏损一直在加剧。2023 年行业主要供热企业依然没有摆脱经营困境，平均利润率

为 -1.0%。值得欣慰的是，严寒地区在连续 3 年下降的基础上，平均利润率已经由负值转为正值。寒冷地区供热企业利润仍然呈下滑的趋势（图 6-6）。

图 6-6 近 4 年统计企业平均净利润率

6.3.2 各地供热补贴缺口较大

2023 年有 76 家企业填报供热补贴，补贴前后企业净利润率为正的企业占比分别为 45% 和 77%。

享受补贴的企业合计供热面积 29.9 亿 m²，补贴 99.9 亿元，单位面积补贴金额平均为 3.34 元 /m²（上年统计结果为 2.25 元 /m²）。具体到各地区，北方 15 省份均有企业享受补贴，但是各地补贴力度差距较大（表 6-3）。补贴力度最大的为北京，单位面积补贴金额为 10.12 元 /m²，其次是华中地区（5.07 元 /m²）、华东地区（4.40 元 /m²），补贴最少的为东北地区（0.46 元 /m²）。补贴后，京津冀绝大部分企业利润率可由负转正；西北、华北和东北地区由于补贴力度较小，只有少数企业可以实现利润率由负转正。

2023 年统计企业享受补贴情况与净利润率变化 表 6-3

省份及地区	填报补贴企业数量（家）	补贴前利润率		补贴后利润率		单位面积补贴金额（元/m²）
		正（家）	负（家）	正（家）	负（家）	
北京	11	4	7	10	1	10.12
华中	12	3	9	7	5	5.07
华东	2	2	0	2	0	4.40
天津和河北	17	8	9	16	1	3.85
西北	9	6	3	7	2	2.57
华北（不含京津冀）	12	7	5	7	5	1.17
东北	13	7	6	9	4	0.46

按 2023 年底北方城镇集中供热面积为 143.24 亿 m² 并根据统计企业净利润率为 −1.0% 为基准测算，若实现净利润率为 3%，全行业需再补贴约 175 亿元。

近 3 年共有 50 家供热企业连续填报供热补贴统计数据，合计享受补贴的供热面积由 2021 年的 21.1 亿 m² 增加到 2023 年的 24.6 亿 m²，补贴金额由 18.84 亿元增加到 78.09 亿元，单位面积补贴金额由 0.89 元/m² 增加到 3.17 元/m²，补贴增幅超过 200%。分地区看，寒冷地区 38 家供热企业单位面积补贴金额由 0.95 元/m² 增加到 3.74 元/m²，严寒地区 12 家供热企业单位面积补贴金额由 0.67 元/m² 增加到 1.02 元/m²。由此可见近 3 年寒冷地区供热企业享受供热补贴力度加大，严寒地区 2021—2022 年补贴金额有少量起伏，2023 年较上年增加 0.32 元 /m²（表 6-4）。

近 3 年供热企业补贴变化　　　　　　表 6-4

地区	2021 年			2022 年			2023 年		
	供热面积（亿 m²）	补贴金额（亿元）	单位面积补贴金额（元 /m²）	供热面积（亿 m²）	补贴金额（亿元）	单位面积补贴金额（元 /m²）	供热面积（亿 m²）	补贴金额（亿元）	单位面积补贴金额（元 /m²）
寒冷地区	16.6	15.82	0.95	18.6	60.93	3.28	19.4	72.82	3.75
严寒地区	4.5	3.02	0.67	5.0	3.53	0.71	5.2	5.27	1.01
合计	21.1	18.84	0.89	23.6	64.46	2.73	24.6	78.09	3.17

6.4　行业能耗仍保持下降趋势

6.4.1　热源综合单位面积耗热量实现四连降

协会统计了近 5 个供暖期统计企业全网热源综合单位面积耗热量（表 6-5）。2022—2023 供暖期，热源综合单位面积耗热量由上个供暖期的 0.359GJ/m² 降低到 0.343GJ/m²，降低了 4.46%；较 2018—2019 供暖期降低了 0.015GJ/m²。寒冷地区热源综合单位面积耗热量由上个供暖期的 0.336GJ/m² 降低到 0.317GJ/m²，降低了 5.66%，与 2018—2019 供暖期基本持平；严寒地区热源综合单位面积耗热量由 0.409GJ/m² 降低到 0.404GJ/m², 降低了 1.2%, 较 2018—2019 供暖期降低了 8.2%。

近 5 个供暖期统计企业分省份全网热源综合单位面积耗热量

表 6-5

省份	热源单位面积耗热量（GJ/m²）					变化率	
	2018—2019 供暖期	2019—2020 供暖期	2020—2021 供暖期	2021—2022 供暖期	2022—2023 供暖期	近 2 个供暖期	近 5 个供暖期
北京	0.262	0.273	0.274	0.264	0.253	−4.2%	−3.4%
天津	0.331	0.340	0.350	0.328	0.306	−6.7%	−7.6%
河北	0.371	0.375	0.390	0.372	0.334	−10.2%	−10.0%
山西	—	0.367	0.361	0.365	0.380	4.1%	—
河南	0.333	0.316	0.294	0.298	0.293	−1.7%	−12.0%
山东	0.348	0.347	0.320	0.361	0.306	−15.2%	−12.1%
陕西	0.331	0.343	0.317	0.314	0.324	3.2%	−2.1%
寒冷地区加权平均值	0.316	0.338	0.333	0.336	0.317	−5.7%	0.3%
内蒙古	0.458	0.437	0.453	0.463	0.418	−9.7%	−8.7%
辽宁	0.378	0.366	0.371	0.320	0.357	11.6%	−5.6%
吉林	0.416	0.408	0.394	0.403	0.370	−8.2%	−11.1%
甘肃	0.450	0.433	0.435	0.427	0.383	−10.3%	−14.9%
黑龙江	0.449	0.537	0.483	0.474	0.443	−6.5%	−1.3%
新疆	0.533	0.514	0.495	0.470	0.440	−6.4%	−17.4%
严寒地区加权平均值	0.440	0.447	0.434	0.409	0.404	−1.2%	−8.2%

续表

省份	热源单位面积耗热量（GJ/m²)					变化率	
	2018—2019 供暖期	2019—2020 供暖期	2020—2021 供暖期	2021—2022 供暖期	2022—2023 供暖期	近 2 个供暖期	近 5 个供暖期
全行业加权平均值	0.358	0.376	0.367	0.359	0.343	−4.5%	−4.2%

注：全网热源综合单位面积耗热量是统计范围内全部热源总耗热量除以其实际供热面积，热源耗热量含外购热量和自有热源产热量，数据统计后没有经过处理，直接采用。

一次管网热损失率按照 2023 年剔除异常数据后的统计值、二次管网热损失率按照 5% 对管网热损失进行估算，剔除热损失后可计算得出各地供热建筑单位面积耗热量，将其值与现行国家标准《民用建筑能耗标准》GB/T 51161（以下简称 GB/T 51161）的约束值、引导值进行对比（表 6-6）。可见寒冷地区仅北京连续 5 个供暖期单位面积耗热量低于国家标准规定的当地约束值；严寒地区辽宁和吉林连续 5 个供暖期、黑龙江 2022—2023 供暖期单位面积耗热量低于当地约束值，吉林 2022—2023 供暖期单位面积耗热量低于当地引导值。

近 5 个供暖期各地供热建筑单位面积耗热量与 GB/T 51161 对比　　　　　　　表 6-6

省（区、市）	GB/T 51161		供暖期				
	约束值	引导值	2018—2019	2019—2020	2020—2021	2021—2022	2022—2023
北京	0.26	0.19	0.230	0.240	0.241	0.232	0.222

第 6 章

续表

省（区、市）	GB/T 51161		供暖期				
	约束值	引导值	2018—2019	2019—2020	2020—2021	2021—2022	2022—2023
天津	0.25	0.20	0.298	0.306	0.315	0.295	0.275
河北	0.23	0.15	0.315	0.319	0.332	0.316	0.284
山西	0.29	0.21	0.235	0.323	0.318	0.321	0.335
河南	0.2	0.12	0.290	0.275	0.256	0.259	0.255
山东	0.21	0.14	0.303	0.302	0.279	0.314	0.266
陕西	0.21	0.12	0.284	0.295	0.273	0.270	0.279
内蒙古	0.36	0.27	0.398	0.381	0.394	0.403	0.363
辽宁	0.33	0.27	0.321	0.311	0.315	0.310	0.303
吉林	0.37	0.34	0.362	0.355	0.343	0.351	0.322
甘肃	0.28	0.2	0.396	0.381	0.383	0.376	0.337
黑龙江	0.39	0.34	0.391	0.467	0.420	0.413	0.386
新疆	0.36	0.29	0.453	0.437	0.421	0.292	0.374

6.4.2 热源单位供热量燃料消耗量有所下降

全行业燃煤锅炉单位供热量燃煤消耗量有所下降，平均值由 2018—2019 供暖期的 47.0kgce/GJ 下降至 2022—2023 供暖期的 46.0kgce/GJ，相应燃煤锅炉效率由 73% 增加至 74%（图 6-7）。

49 家统计企业近 5 个供暖期燃煤锅炉单位供热量燃煤消耗量明显下降，其平均值由 2018—2019 供暖期的 48.4kgce/GJ 下降至 2022—2023 供暖期的 46.6kgce/GJ（均高于全行业平均值），总体下降了 3.7%，满足现行国家标准《供热系统节能改造技术规范》GB/T 50893（以下简称 GB/T 50893）对该指标不大于 48.7kgce/GJ 的要求（图 6-8）。相应锅炉效率平均值由 70% 增加至 73%，最高达 94%（图 6-9）。

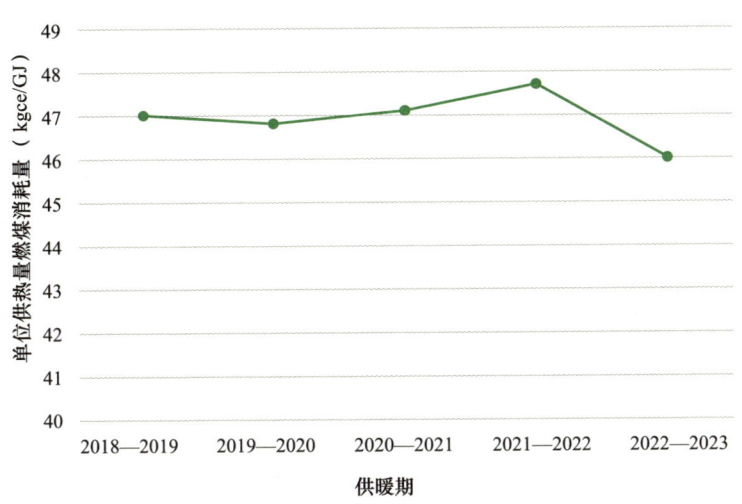

图 6-7　全行业近 5 个供暖期燃煤锅炉单位供热量燃煤消耗量

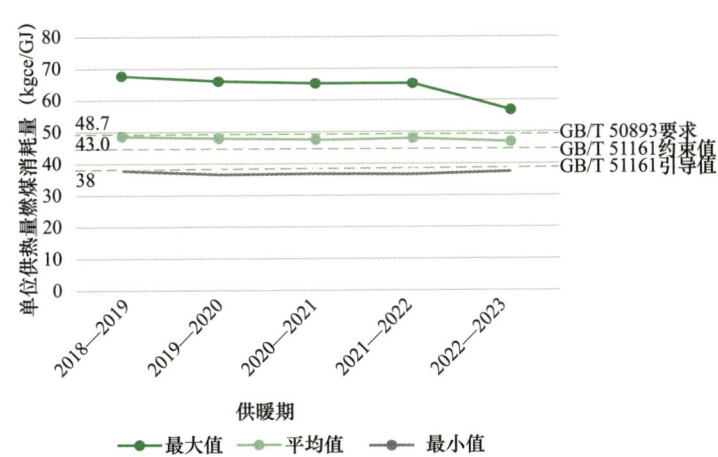

图 6-8　49 家统计企业近 5 个供暖期燃煤锅炉单位供热量燃煤消耗量

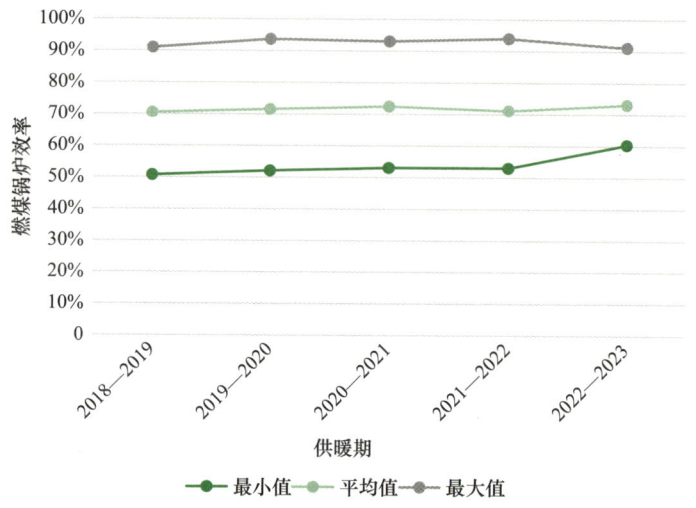

图 6-9 49 家统计企业近 5 个供暖期燃煤锅炉效率

全行业统计的燃气锅炉单位供热量燃气消耗量由 2018—2019 供暖期的 30.5Nm³/GJ 下降至 2022—2023 供暖期的 28.7Nm³/GJ，相应燃气锅炉效率由 92% 增加至 98%（图 6-10）。

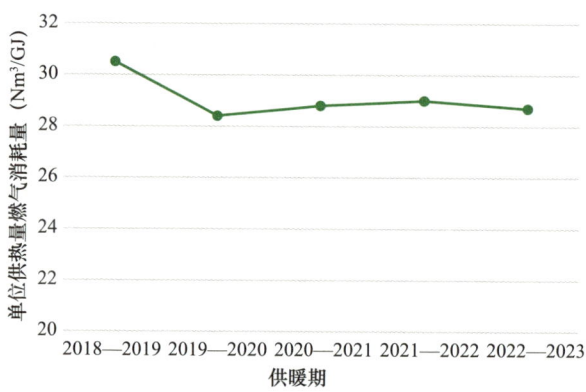

图 6-10 统计企业近 5 个供暖期燃气锅炉单位供热量燃气消耗量

49 家统计企业近 5 个供暖期燃气锅炉单位供热量燃气消耗量平均值由 2018—2019 供暖期的 30.9Nm³/GJ 下降至 2022—2023 供暖期的 28.5Nm³/GJ（从高于全行业平均值发展到低于全行业平均值），总体下降 7.8%，满足 GB/T 50893 对该指标不大于 31.2Nm³/GJ 和 GB/T 51161 约束值（32Nm³/GJ）的要求，且低于 GB/T 51161 提出的引导值（29Nm³/GJ）（图 6-11）。相应锅炉效率平均值由 91% 增加至 98%，最高可达 105%（图 6-12）。

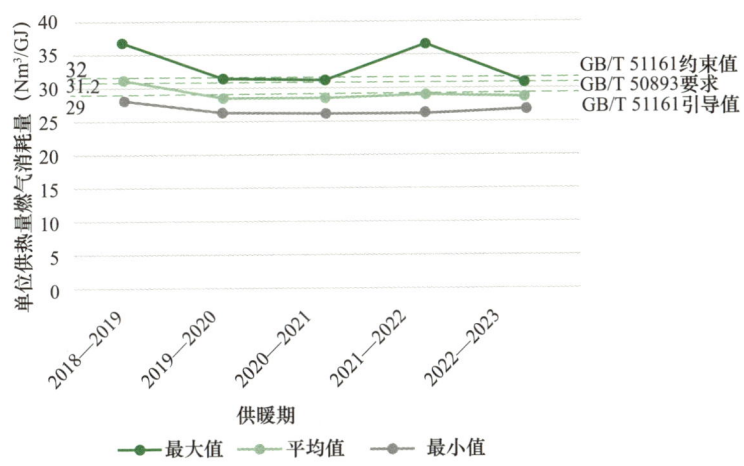

图 6-11　49 家统计企业近 5 个供暖期燃气锅炉单位供热量燃气消耗量

6.4.3　一次管网单位面积补水量持续显著下降

全行业一次管网单位面积补水量下降明显，由 2018—2019 供暖期的 4.0kg/（m²·月）下降至 2022—2023 供暖期的

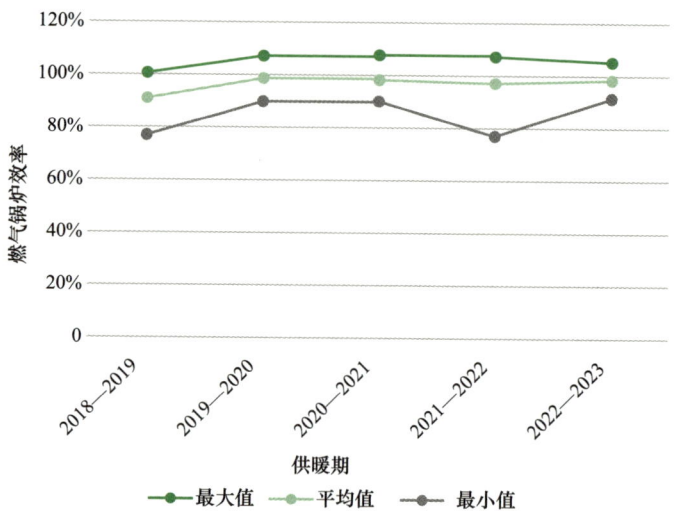

图6-12　49家统计企业近5个供暖期燃气锅炉效率

3.2kg/（m²·月），下降率达20.0%，但仍未达到现行国家标准《供热工程项目规范》GB 55010（以下简称GB 55010）对该指标不大于3kg/（m²·月）的强制要求。分地区看，2022—2023供暖期黑龙江、河南、吉林、天津、辽宁和山东等地一次管网单位面积补水量超过3kg/（m²·月），其他地区该指标均满足GB 55010提出的不大于3kg/（m²·月）的强制要求（图6-13）。

49家统计企业该指标明显低于行业水平，由2018—2019供暖期的3.6kg/（m²·月）下降至2022—2023供暖期的2.6kg/（m²·月），满足GB 55010对该指标的强制要求，且最大值下降了49%（图6-14）。

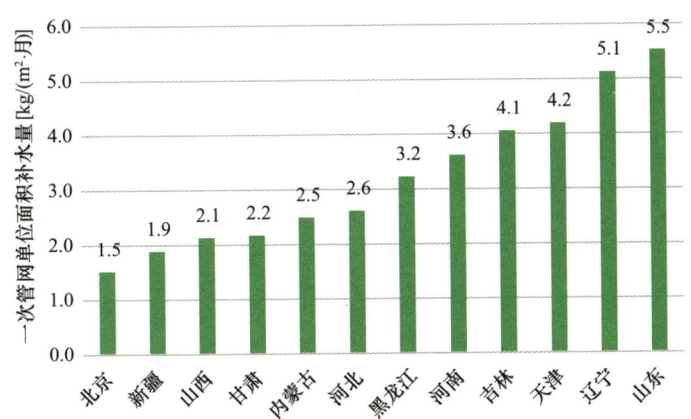

图 6-13　2022—2023 供暖期不同省份一次管网单位面积
补水量统计结果

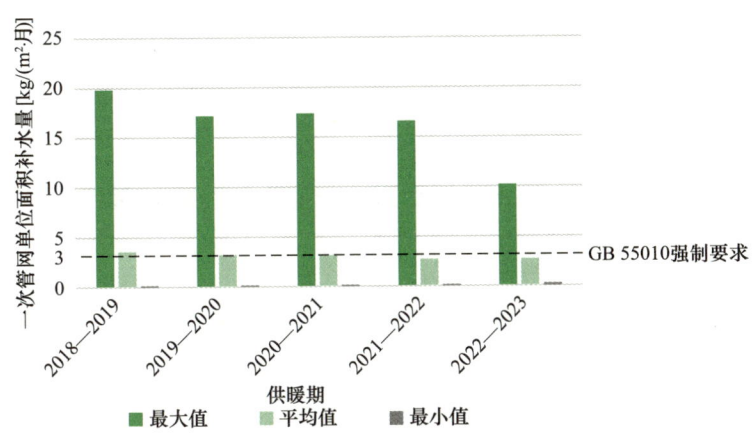

图 6-14　49 家统计企业近 5 个供暖期一次管网单位面积补水量

6.4.4　一次管网平均回水温度持续降低

全行业一次管网平均回水温度呈下降趋势。由 2019—
2020 供暖期的 46.0℃下降至 2022—2023 供暖期的 43.8℃，下

降了2.2℃（图6-15）。其中热电联产供热一次管网平均回水温度由45.9℃下降到43.9℃，下降了2℃；区域锅炉房供热一次管网平均回水温度由45.1℃下降到43.2℃，下降了1.9℃。热电联产供热一次管网回水温度较区域锅炉房供热高0.7℃。

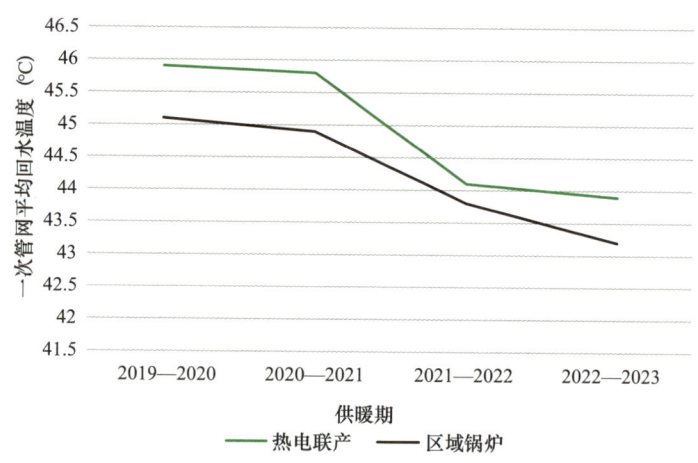

图6-15　全行业近4个供暖期一次管网平均回水温度

49家统计企业的数据显示，寒冷地区一次管网平均回水温度由2019—2020供暖期的46.1℃下降至2022—2023供暖期的42.4℃，下降了3.7℃，下降率为8.0%；严寒地区由44.4℃下降至43.1℃，下降了1.3℃，下降率为2.9%；寒冷地区下降幅度显著大于严寒地区，且严寒地区部分企业一次管网回水温度略有提升（图6-16、图6-17）。

6.4.5　热力站单位面积耗电量继续下降

全行业热力站单位面积耗电量由2018—2019供暖期的

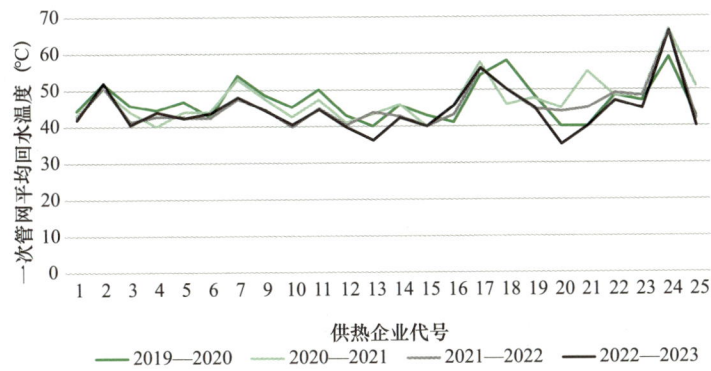

图 6-16　49 家统计企业中寒冷地区供热企业一次管网平均回水温度

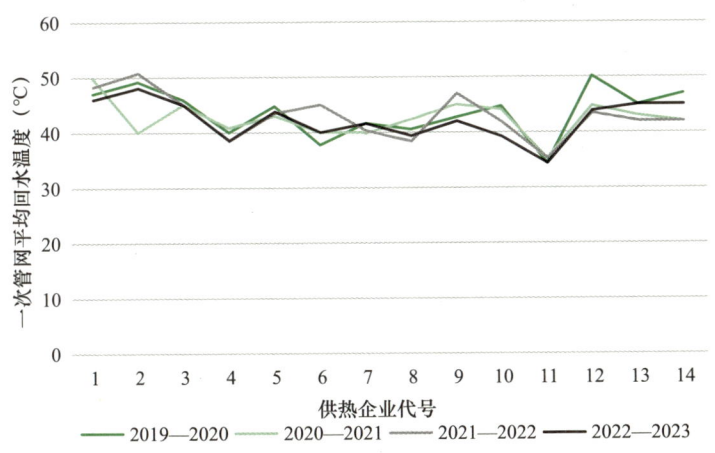

图 6-17　49 家统计企业中严寒地区供热企业一次管网平均回水温度

0.27kWh/（m² · 月）下降至 2022—2023 供暖期的 0.25kWh/（m² · 月），下降率为 7.4%。

近 5 个供暖期，49 家统计企业热力站单位面积耗电量平均值继续降低，由 2018—2019 供暖期的 0.26kWh/（m² · 月）

降低至 2022—2023 供暖期的 0.22kWh/（m² · 月 ），降低了 15.4%，达到 GB/T 51161 引导值；最小值仅为 0.04kWh/（m² · 月）（图 6-18 ）。

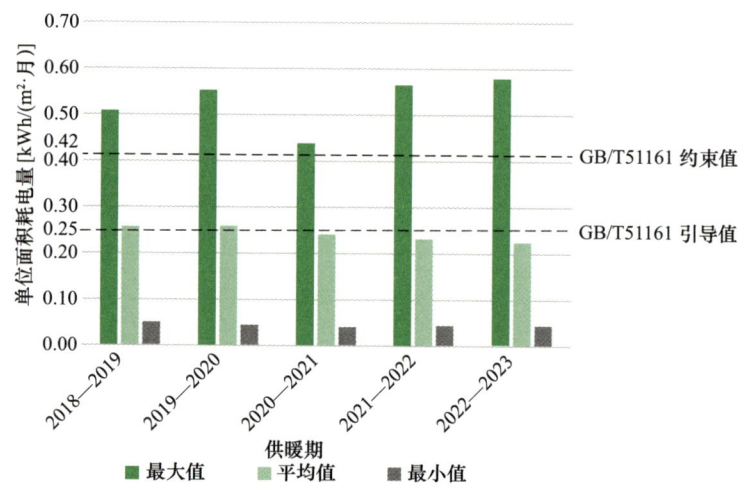

图 6-18　49 家统计企业近 5 个供暖期热力站单位面积耗电量

6.4.6　热力站单位面积补水量显著下降

全行业热力站平均单位面积补水量下降显著，由 2018—2019 供暖期的 7.2kg/（m² · 月 ）下降至 2022—2023 供暖期的 4.8kg/（m² · 月 ），下降 2.4kg/（m² · 月 ），下降率达 33.3%，满足 GB 55010 提出的二次管网单位面积补水量不应大于 6kg/（m² · 月 ）的强制要求（图 6-19 ）。分地区看，北京二次管网单位面积补水量统计值最低，为 2.3kg/（m² · 月 ），除甘肃、黑龙江、辽宁等地二次管网单位面积补水量超出 6kg/（m² · 月 ）

的强制要求外，其他地区该指标均满足 GB 55010 的强制要求
（图 6-20）。

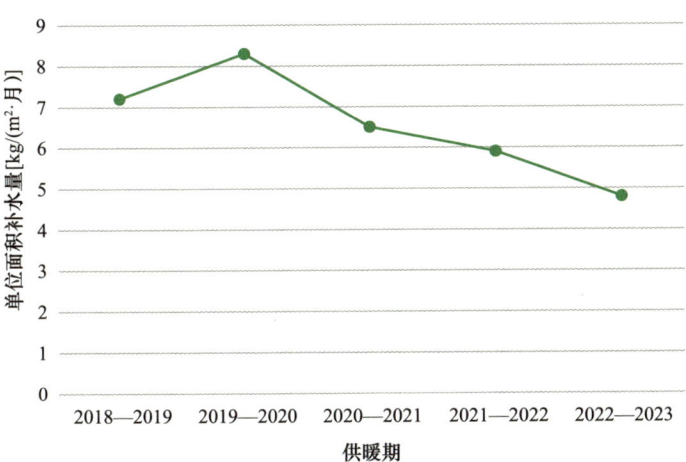

图 6-19　全行业近 5 个供暖期热力站单位面积补水量

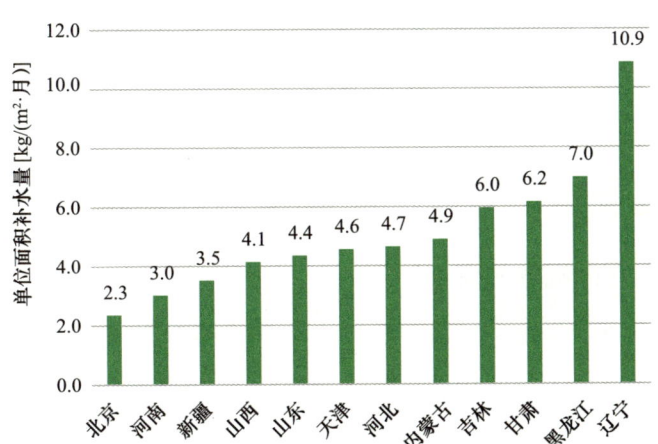

图 6-20　2022—2023 供暖期不同省份热力站单位面积
补水量统计结果

第 6 章

49 家统计企业热力站单位面积补水量平均值由 2018—2019 供暖期的 6.2kg/（m² · 月 ）下降至 2022—2023 供暖期的 4.1kg/（m² · 月），下降率为 33.9%；最大值达 30.2kg/（m² · 月），最小值仅为 0.7kg/（m² · 月），出现两极分化现象（图 6-21 ）。

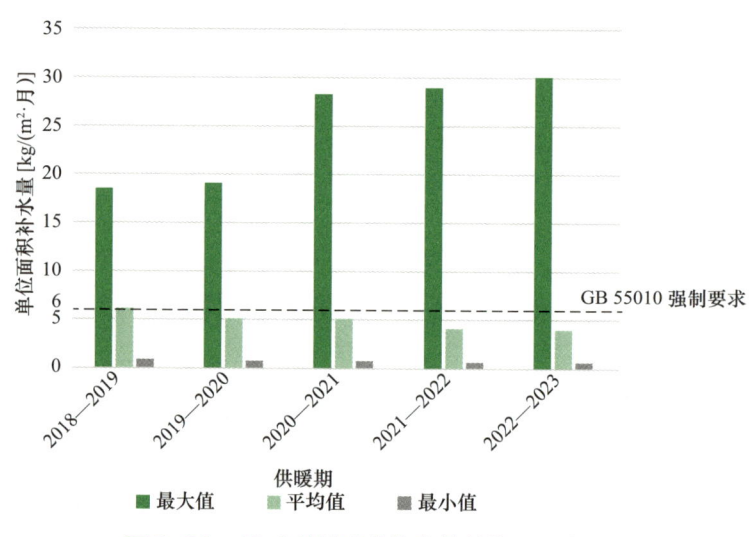

图 6-21　49 家统计企业热力站单位面积补水量

6.5　全网综合能耗达到新低

6.5.1　输配电耗

全行业输配电耗由供暖单位面积耗电量和供热面积计算获得。供暖单位面积耗电量分热源耗电量和热力站耗电量两部分，热源耗电量包括热电联产耗电量和区域锅炉房耗电量，其中热电联产耗电量需确定首站耗电量和调峰锅炉房耗电量，调峰锅炉房及区域锅炉房主要分燃煤锅炉房和燃气锅炉房。

根据 2022—2023 供暖期统计结果，通过热电联产供热首站、调峰锅炉房、区域锅炉房加权确定全网源单位供热量耗电量为 2.50kWh/GJ；结合全网综合单位面积耗热量 0.343GJ/m²，得出北方采暖地区热源单位面积耗电量为 0.86kWh/m²；根据前述计算，热力站单位面积平均耗电量为 1.14kWh/m²，可得全网综合电耗为 2.0kWh/m²，较上个供暖期下降 0.49kWh/m²。可以看出，两年数值差距较大，这里需要说明两点：一是因为供热企业管理边界不同，对于热电联产多热源联网运行的供热企业，其提供的热源耗电量大多数不含电厂首站循环泵的耗电量，故统计的热源单位面积耗电量比实际值偏低，因而若按照上述统计数据估算行业电耗，不尽合理；二是由于前后两年统计企业的数量有变化，因而带来电耗数据的较大差异，也不尽合理。

所不同的是，区域锅炉房的电耗统计口径相对一致，统计数据相对合理，故根据区域锅炉房的单位面积耗电量进行全行业节电量计算比较，符合实际情况。2022—2023 供暖期区域锅炉房单位面积耗电量为 1.67kWh/m²，较上个供暖期下降 0.03kWh/m²，按照 2023 年北方城镇集中供热面积 143.24 亿 m²（其中区域锅炉房供热占比约 30%）估算，区域锅炉房供热年节电量为 1.29 亿 kWh，若每度电成本按 0.7 元计算，可节约成本 0.9 亿元。

6.5.2 水耗

全行业水耗由单位面积补水量和供热面积计算获得。单位面积补水量包括一次管网补水量和热力站补水量两部分。根据 2022—2023 供暖期统计结果，北方采暖地区一次管网单位面积补水量和热力站单位面积补水量分别为 15.12kg/m² 和 23.55kg/m²，因此全网综合水耗为 38.67kg/m²，较上个供暖期下降 2.43kg/m²。按照 2023 年北方城镇集中供热面积 143.24 亿 m² 估算，年节水量为 0.35 亿 m³，如补水成本按照 15 元 /m³ 计算，则节约成本 5.25 亿元。

6.5.3 综合能耗

北方采暖地区全网综合能耗包括全网综合热耗、综合电耗和综合水耗三部分。全网综合热耗由单位面积耗热量、热量综合折标准煤系数（即单位供热量燃料消耗量）共同决定。根据统计结果，2022—2023 供暖期热源单位面积耗热量为 0.343GJ/m²。而单位供热量燃料消耗量由热电联产、调峰锅炉和区域锅炉三类热源单位供热量标准煤消耗量与供热量加权确定；其中热电联产单位供热量燃料消耗量由燃煤热电联产和燃气热电联产供热量及其单位供热量燃料消耗量加权确定；同理，调峰锅炉、区域锅炉单位供热量燃料消耗量分别由燃煤锅炉和燃气锅炉供热量及其单位供热量燃料消耗量加权确定，详见图 6-22。综上计算北方采暖地区热量综合折标准煤系数，即热源单位供热量燃料消耗量为 31.63kgce/GJ，较上个供暖期

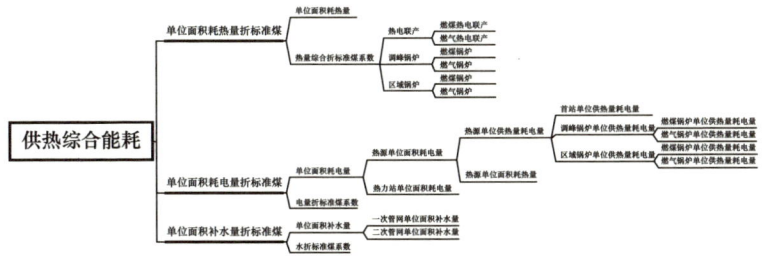

图 6-22　全网综合能耗计算思路示意图

减少 0.16kgce/GJ。

计算 2022—2023 供暖期行业全网综合热耗、综合电耗和综合水耗可以得出北方城镇集中供暖全网综合能耗为 11.47kgce/m²；较上个供暖期降低 0.92kgce/m²，下降率为 7.4%；较 2019 年下降 1.6kgce/m²，下降率为 12.0%（图 6-23）。按照 2023 年北方城镇集中供热面积 143.24 亿 m² 估算，总的

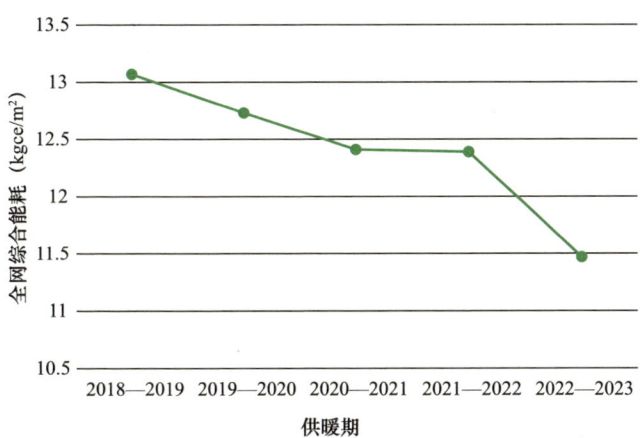

图 6-23　全行业近 5 个供暖期全网综合能耗

热源耗热量为 49.13 亿 GJ，折合标准煤为 1.64 亿 tce，年节约热量 2.29 亿 GJ。供热企业供热成本平均值为 30.48 元 /m^2，燃料成本占 57.3%，可知仅燃料成本就节约 116 亿元。汇总上述成本节约总量，得出 2023 年北方城镇集中供热系统总节约能源成本 122.15 亿元，平均每平方米节约能源成本 0.85 元。

6.6　供暖室温提升对热耗的影响分析

6.6.1　居民室内供暖平均温度统计情况

自 2019—2020 供暖期始，协会在统计工作中新增了室内供暖温度的统计。图 6-24 显示了近 4 个供暖期分区域居民室内平均温度变化，总体上呈上升趋势，从有统计数据的 2019—2020 供暖期的 20.76℃增加到 2022—2023 供暖期的

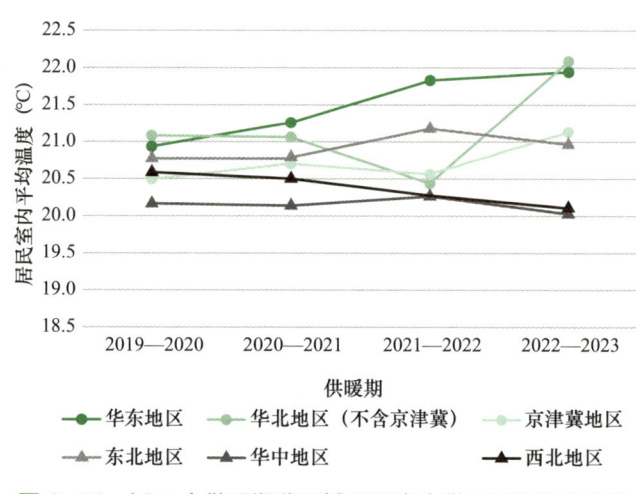

图 6-24　近 4 个供暖期分区域居民室内供暖平均温度变化

21.17℃，增长了 0.41℃。分地区看，华东地区和华北地区
（不含京津冀）室温增长幅度最大，达 1℃，其次是京津冀地
区增长了 0.6℃。这与这些地区政府加大对供热企业的考核力
度、要求确保居民温暖过冬有一定的关系；同时也反映出不少
供热企业为了减少投诉，普遍有意识提升供暖室温。我国从南
到北，居民对室内温度的诉求有越来越高的趋势，但从人体对
室温感知的舒适度要求来看，室温并非越高越好。这方面的资
料读者可查阅清华大学、哈尔滨工业大学相关学者的研究论
述，在此不做赘述。

需要说明的是，室内供暖温度是一个变动的数值，按照目
前的统计方法，在一个供暖期内对涉及千家万户的数据统计取
加权平均值不合理。因此现有的室内供暖温度统计结果仅供参
考。从下一个供暖期开始，协会拟着手统计室内供暖温度变动
情况，尝试为行业从业人员和专家学者提供更接近真实情况的
数据。

2022—2023 供暖期室内供暖平均温度超过 22℃的企业共
有 24 家，主要分布在山东（6 家）、河北（6 家）、黑龙江（4
家）、内蒙古（3 家）、新疆（2 家）等地。

6.6.2　供暖室温提升对热耗的影响分析

表 6-7 是按照我国北方地区典型城市度日数估算的室内
供暖平均温度分别在 18℃的基础上升高 1℃、2℃、3℃对供暖
期设计计算耗热量的影响。可以看出，室外计算平均温度越高

第
6
章

的地方影响越大。按照《中国城乡建设统计年鉴 2023》中各地的居住建筑供热面积分别加权后计算，可以得出室温每升高 1℃、2℃、3℃，北方地区供暖整体热耗的理论计算值将分别增加 5.3%、10.5% 和 15.8%（表 6-7）。实际取值时，应考虑建筑物自身得热量的影响，因而需要对上述理论计算结果进行修正以更接近真实的数据。本书中，考虑计算室内外温差减少 3℃ 作为供暖热耗增加的修正条件，重新进行计算后得出表6-7 中括号内的修正值。

居民室内供暖平均温度增加对供暖热耗的影响计算表

表 6-7

省份	城市	室外计算平均温度（℃）	居民室内供暖平均温度（℃）	当地居民室温达标要求（℃）	室内供暖平均温度增加后热耗增幅（%）		
					增加 1℃	增加 2℃	增加 3℃
山东	济南	1.8	18	18	6.2（7.6）	12.3（15.2）	18.5（22.7）
河南	郑州	2.5	18	18	6.5（8.0）	12.9（16.0）	19.4（24.0）
陕西	西安	2.1	18	18	6.3（7.8）	12.6（15.5）	18.9（23.2）
河北	石家庄	0.9	18	18	5.8（7.1）	11.7（14.2）	17.5（21.3）
北京	北京	0.1	18	18	5.6（6.7）	11.2（13.4）	16.8（20.1）
天津	天津	-0.2	18	18	5.5（6.6）	11.0（13.2）	16.5（19.7）
甘肃	兰州	-0.6	18	18	5.4（6.4）	10.8（12.8）	16.1（19.2）
山西	太原	-1.1	18	18	5.2（6.2）	10.5（12.4）	15.7（18.6）
宁夏	银川	-2.1	18	20	5.0（5.8）	10.0（11.7）	14.9（17.5）
青海	西宁	-3	18	16	4.8（5.6）	9.5（11.1）	14.3（16.7）

续表

省份	城市	室外计算平均温度（℃）	居民室内供暖平均温度（℃）	当地居民室温达标要求（℃）	室内供暖平均温度增加后热耗增幅（%）		
					增加 1℃	增加 2℃	增加 3℃
内蒙古	呼和浩特	−4.4	18	18	4.5（5.2）	8.9（10.3）	13.4（15.5）
辽宁	沈阳	−4.5	18	18	4.4（5.1）	8.9（10.3）	13.3（15.4）
新疆	乌鲁木齐	−6.5	18	20	4.1（4.7）	8.2（9.3）	12.2（14.0）
吉林	长春	−6.7	18	18	4.0（4.6）	8.1（9.2）	12.1（13.8）
黑龙江	哈尔滨	−8.5	18	20	3.8（4.3）	7.5（8.5）	11.3（12.8）
全国按居民供热面积加权			18		5.3（6.3）	10.5（12.6）	15.8（19.0）

注：括号内为修正值。

如按照全行业供暖综合单位面积能耗为 12.9kgce/m² 计算，2023 年全行业集中供热面积 143.24 亿 m²，总能耗为 1.85 亿 tce。在此基础上，以 18℃供暖室温为基准，每升高 1℃、2℃、3℃，将带来全行业供暖总能耗分别增加 1169.7 万 tce、2339.3 万 tce 和 3809.0 万 tce；以此类推，如以 20℃室温为基准，每升高 1℃、2℃、3℃，则带来全行业供暖总能耗分别增加 1034.3 万 tce、2068.7 万 tce 和 3103.0 万 tce。根据本书第四章的内容，读者也可对由此带来的碳排放增加量进行相应估算。

诚然，满足居民对舒适供热的需求是全体供热从业人员的奋斗目标。当前和今后很长的一段时间，供热行业仍然存在这一需求和绿色健康发展之间的矛盾。一方面，在整个行业的共同努力下，供热行业的节能降耗水平得到了大幅的提升；另一方面，在"双碳"目标下，还需要关注由于室内供暖温度提升对整个行业的能耗和碳排放的影响。

第**7**章

供热行业能效领跑企业优秀案例

7.1 企业提升管理水平、促进节能增效的经验分享

7.1.1 天津能源投资集团有限公司有效提高供热管理效率的经验分享

天津能源投资集团有限公司（以下简称天津能源）成立于2013年5月30日。作为天津市能源项目投资建设与运行管理主体，天津能源以"四源"，即电源、气源、热源、新能源为主营业务，承担着保障天津市能源安全稳定供应和推动能源结构调整优化的重任。

天津能源拥有天津市规模最大的集中供热企业，形成了集规划设计、工程建设、管网运营、设备制造于一体的供热产业链。近年来，天津能源大力推进清洁供热发展，建成杨柳青、军粮城等7座热电厂的配套供热管网，分别实现中心城区和滨海新区核心区供热"一张网"联网运行，形成了热电联产、煤炭清洁利用、燃气锅炉、地热等多种热源一体化的联网调峰

智能供热系统。截至 2023 年底，天津能源供热面积达 1.7 亿 m²，承担了天津市 121 万户居民和企事业单位的供热任务。

多年来，天津能源始终致力于提高供热管理效率，通过完善管理体系、强化科技创新、打造高素质服务团队等一系列举措，不仅实现了供热业务的稳步增长，更在提升人均管理面积方面取得了显著成效。天津能源从 2020 年开始，一直稳居中国城镇供热协会"中国供热行业能效领跑企业排行榜"前列。

1. 优化完善管理体系，奠定高效运营基础

（1）精简管理层级，提高决策执行效率

面对竞争日益激烈的市场环境，天津能源深刻认识到转变管理模式对企业发展的重要作用。为进一步优化资源配置，提升决策执行效率，天津能源积极推进企业改革，通过资源整合与组织架构优化，对部分规模较小的企业实施了清算注销或吸收合并，减少了中间管理环节，实现了供热企业的"瘦身健体、轻装上阵"，形成了更加扁平化的管理结构。目前，天津能源所属 7 家供热企业全部为二级管理企业，直接接受集团统一管理，有效节省了因多层级管理而增加的人力成本，使更多人员能够直接投入一线服务和运营管理中，为供热服务保障的高效运行奠定了坚实基础。

（2）强化服务保障体系建设，打造调度和客服中心

为提升供热服务保障的整体协作联动效率，提高系统运行的安全性和稳定性，为用户提供更舒适便捷的用热体验，天津

能源强化顶层设计，组建了集团级供热调度及客服中心。其中，供热调度中心是以热电联产集中供热为主体、以调峰锅炉房和其他供热方式为补充的大型区域智能供热系统的运行调度指挥中枢，打造了由三级调度管理体系和专业化信息系统组成的多热源联网运行调度指挥平台，实现了"一张网"供热系统各电厂、调峰锅炉房和管网的协调联动和互补保障。天津能源供热客服中心 96677 热线平台为 121 万用热户提供 24h 不间断的热线服务，所属 7 家供热企业的客服工作均由客服中心统一管理，形成了客服中心一级平台、所属企业二级客服平台、服务厅维修服务站三级平台的三级供热服务体系，实现供热板块服务体系一体化、标准化。供热调度客服中心的建立，实现了供热调度及客服工作的集约化管理和人力资源的优化配置，构建了集团与基层企业高效联动、协同发力的高效运转体系。

（3）规范机构设置，提升管控效率

为进一步优化资源配置，提升管理效率，天津能源制定了所属供热企业组织机构设置指引，依据人数、规模、服务范围等情况，对各供热企业组织机构数量、名称、人员配置等进行了规范调整。方案实施后，内设机构名称和组织架构设置实现了规范统一，各供热企业在日常运营中有了更加清晰、统一的指导框架，有效减少了因机构设置差异带来的沟通成本和管理难度，为供热业务的标准化、精细化管控提供了坚实保障，各企业间的协同配合更加顺畅，人员结构得到进一步优化和精简，整体运营效率得到大幅提升。

2. 坚持数智技术应用，优化运行管理

天津能源始终将科技创新作为高质量发展的核心驱动力，积极推进供热业务的数字化转型工作，不断加大新技术、新设备研发应用，致力于全面提升管理效率。

（1）开发全网平衡精准供热系统，提升生产运行效率

为进一步提升智慧供热水平，提高供热管网平衡调控效率和供热精准度，天津能源大力推动"源－网－站－户"协调联动自主调控、基于人工智能技术的精准供热项目实施，有效构建了全网平衡精准供热系统，生产运行管控效率和能耗管控水平持续提升。系统投运后，实现了全链路联调联控，以往需要人工监控和干预的环节，均由系统进行自主优化协调平衡，大幅提高了响应效率和精度，进一步减少人工操作。在降低人员投入的同时，系统可为管理人员提供科学、准确的决策依据，使相关人员能够将更多精力投入到科技创新、供热保障等业务中，提升了供热生产运行的整体管控效率。

（2）搭建数字化管控体系，提升安全巡检效率

为确保生产运行、工程建设等管理人员能够及时发现并有效处理安全隐患，天津能源大力推广数字化、智能化巡检技术应用。通过搭建数字安全管控体系并应用铁塔监控、无人机巡飞、光纤测振等一系列高科技设备与信息化系统，实现了对供热管线的全面监测与实时管控，大幅提高巡检精度与效率，减

少了常规巡检对人员数量的过度依赖，并有效降低了巡检人员的安全风险。同时，天津能源数字安全管控体系还具备强大的数据分析能力，可通过对巡检数据的深入挖掘与分析，及时发现并预警潜在的安全隐患，为供热系统的稳定运行提供坚实有力的数字化保障。

（3）打造智慧服务平台，提升服务协作效率

为进一步提升供热服务的便捷性、高效性与智能化水平，天津能源积极打造供热智慧服务平台。2020 年，天津能源开发上线了智能客服系统，通过引入 AI 智能坐席功能，持续提高热线接待能力，优化用户服务体验，实现人工替代率约 30%，有效减少人工座席的投入和管理成本。大力推广无人自助服务厅建设，目前已有 16 个供热服务厅实现 24h 自助服务功能，进一步精简了服务人员数量，用户可以随时通过自助设备办理业务，服务满意度和业务办理效率得到大幅提升。在服务改革方面，天津能源供热报装、报修、停热复热等全部 23 项供热服务事项均可通过门户网站、"天津能源供热"微信公众号等渠道办理，实现"一次不用跑"；通过组建多方联动协同的"空中客服"团队，热线、窗口、维修等服务人员可通过视频系统，高效远程指导用户进行业务办理、处理简单户内维修等事宜，有效减少了现场服务人员配置，实现了高效、集约化管理，为用户提供了更加高效、便捷的服务体验。

3. 强化人员素质培训，全面提升管理效能

（1）系统化课程设计，确保技能知识全覆盖

为全面提升员工的专业素养与综合能力，确保培训效果达到最佳状态，天津能源立足各层级供热生产运行、服务保障人员的具体岗位职责与日常工作中的实际情况，精心构建了系统化的培训课程，涵盖服务规范、沟通技巧、专业技能、政策法规及应急处理等多个方面，确保员工能全面掌握供热业务所需的知识与技能。同时，注重培训内容的实用性与针对性，通过开展模拟演练、案例分析等形式的培训，进一步强化员工在突发事件中的快速响应与有效处理能力，为实现高效、安全、稳定的供热保障提供了有力支撑。

（2）多元化培训方式，提升培训体验与效果

天津能源始终坚持线上线下资源相融合的培训方式，充分利用线上平台的便捷性与线下培训的互动性，灵活组合培训方式，通过"聚能匠心学苑"平台，定期开展专业知识分享、培训等活动，适应员工多样化的学习需求。天津能源积极对标行业内先进企业，邀请行业相关专家进行知识讲授，提升培训的权威性与专业性。此外，多次组织开展供热板块技能比武活动，涵盖所属7家供热企业的热线、窗口、管家、维修等服务人员，为员工提供展现自我、挑战自我的平台，不断激发员工的竞争意识与拼搏进取精神，营造积极向上的企业文化。

（3）强化人员协同共济，多岗锻炼提升综合能力

目前，天津能源 7 家供热企业本科及以上人员占比 74%，整体业务素质水平较高。为全面加强业务协同性，进一步提高员工的综合能力，在遇到重大技术难题或重点工程项目时，天津能源充分发挥统筹协调机制作用，通过组建跨部门、跨企业的专项攻关团队，集中优势资源，共同攻克难关。这种高效协同合作模式不仅促进了技术交流，更显著提升了供热企业的整体凝聚力，在历次重大攻坚任务中，均发挥了重要作用。为持续拓宽员工视野，增强业务锤炼，天津能源实施了轮岗交流制度，有计划地安排员工在不同岗位、不同企业进行轮岗，特别是让管理岗和技术岗的员工进行交叉轮岗，使员工能够全面了解供热企业运营管理的各个环节，进一步增强工作的全局观念和协作能力。

7.1.2　长春市供热（集团）有限公司以"智能化数字化应用"构建供热企业降本增效的新模式介绍

长春市供热（集团）有限公司（以下简称长春供热集团）是市属国有独资企业，成立于 1992 年，是长春市较早的热电联产集中供热企业之一。历经 30 多年的发展与改革，逐步发展成为以热电联产和区域锅炉两种供热方式并举，集供热生产、经营、服务、新材料研发制造、工程设计、开发建设为一体的国有公益类企业。

多年来长春供热集团一直致力于供暖领域服务提升、降本

增效工作的探索，同时加强对碳中和、智慧供热等知识的研讨学习，在全力做好供热保障工作的同时，精准解读国家供热相关政策，细致研究中国城镇供热协会发布的能耗、成本等统计数据，积极对标行业一流企业。通过改造老旧管网、精选节能设备、应用先进技术、加大考核力度、强化运行管理、提升员工素质等一系列行之有效的举措，在舒适供热的同时，实现节能降耗，多项能耗指标均在国内供热企业中保持较好的水平。

2023 年，中国城镇供热协会供热能效领跑指标排行榜中，长春供热集团荣获系统热量输送及换热效率领跑企业第四名及热源单位面积耗热量领跑企业第五名的佳绩。长春供热集团利用智能化数字化手段降本增效的经验分享，如下所述。

1. "智能化数字化应用"发展历程

（1）第一阶段：基础设备数字化改造

自 2017 年开始，长春供热集团对供热系统中的关键设备安装传感器，通过收集温度、压力、流量、能耗等基础数据，将供热设备的运行状态转变为数字信号，为后续的智能化应用提供了数据基础。同时，在热力站、热网、建筑物末端各供热环节安装远程调控设备，初步实现全部热力站的"无人值守"。

在第一阶段，数据根据生产运行过程中运行人员需要了解的运行问题进行采集，其背后所代表的是设备的状态、供热系统的运行情况，因而需要采集的数据并不固定。这其中最重要的是涉及运行安全、设备安全的相关数据，例如能反映管网超压、地面积水、水箱溢流或低液位等情况的数据。此外，需要在全面仔细统计分析企业供热生产过程中的综合能源成本后，根据企业降本增效的重点方向，有针对性地选择能耗数据的采集。对于远程调控设备的选择也要归结到数据，数据本身不重要，主要关注的是数据所反映的问题。在整个供热系统中，可调可控设备、设施在运行期的操作频率、操作紧迫性等不尽相同。调控的目的是能够快速、准确地解决问题，其最直观的做法就是通过调控使数据满足运行人员的需要。远程调控设备的选择一定要与数据采集设备相配套，并随企业需求的变化而不断进行升级改造。长春供热集团优先管控的是热量，经过 8 个供暖期的不懈努力，热耗已由 $0.34GJ/m^2$ 降至 $0.26GJ/m^2$（不含热网损失），下降均 23.5%，根据中国城镇供热协会的统计数据进行对比分析，基本达到严寒地区有统计数据的供热企业单位面积热耗最低标准。现阶段正在准备加装其他能耗数据采集设备，为进一步降低生产侧综合能源成本提供基础资料（图 7-1）。

图 7-1　长春供热集团智慧供热平台

第
7
章

（2）第二阶段：数据整合与管理

长春供热集团采用某智能微模块系统数据中心解决方案，一体化集成配电、UPS、制冷、监控、机柜和灭火模块等部件，建设绿色、智能、安全的数据中心。数据中心将各个设备和供热生产环节收集到的数据进行集中存储，同时利用数据处理技术对海量的、杂乱的数据进行清洗和分类，去除错误和无效的数据。

系统进行数据清洗的初级阶段需要依靠供热企业各专业技术人员制定数据筛选标准。数据筛选大类可分两种，第一类是错误数据的异常筛选和识别，例如供热初期管网内存在汽水混合的情况，可能导致测量结果出现偏差，需要对后续错误数据进行识别，需要估算数据异常期间的流量、热量等。第二类是正确数据的异常筛选，例如抢修后升温状态下的二次管网温度、用户开窗透气时的室温采集器温度等，这类数据虽然是准确的，但对后续使用分析都没有意义，是应该剔除的数据。

（3）第三阶段：智能化应用与开发

智能化应用与开发是在前两阶段的基础上，利用数据分析软件和人工智能算法对整合后的数据进行深度挖掘。

1）热负荷预测模型的发展阶段

例如通过对历史数据和实时数据的分析，建立热负荷预测模型。长春供热集团热负荷预测模型的发展主要经历了以下几个阶段：

① 经验公式阶段

依托于各类建筑节能设计标准和供热领域相关文献的公式和规则进行预测。例如，根据建筑物的面积、建筑类型、保温情况等基本特征，结合一些经验系数来估算热负荷。这种方法简单直观，易于理解和应用，但预测精度相对较低，且无法兼顾复杂的企业需求。

② 统计模型阶段

基于统计理论的多元回归型热负荷预测模型，将历史热负荷数据以及相关的影响因素（如气温、湿度、风速、建筑物特征等）作为自变量，通过建立回归方程预测未来的热负荷。这种方法在一定程度上提高了预测精度，能够考虑多个因素的综合影响。

③ 智能化阶段

经过多年的智能化应用，长春供热集团供热生产运行数据体量、样本数据量得到有效地扩充。现阶段生产调节过程中可利用历史数据修正供热曲线，运行调节的再平衡已成为负荷预测核心。通过系统自动选取近三个供暖期历史数据作为主学习数据，以生产侧运行参数作为清理参考项进行数据清洗，逐步减少异常数据决策参与率，以运算数据自动化更新为基础，提升系统自诊断、自学习、自分析能力（图 7-2）。

2）下一步发展方向：智慧化阶段

下一步，长春供热集团将在参考现有负荷预测模型指导生

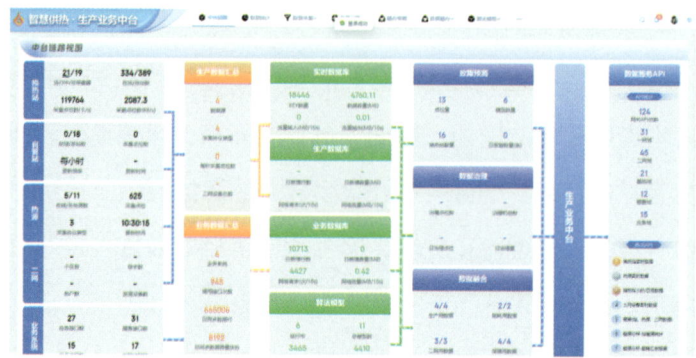

图 7-2　长春供热集团生产中台

产运行的基础上，关联热力站用户投诉历史数据，建立智慧化运行仿真系统，在精细化调节降本增效的同时，一定程度上实现用户投诉量可预测化。

除上述负荷预测数据智能计算外，多数据的协同应用也是智能分析与应用的核心，未来应基于基础数据进行多数据协同应用，并进行二级数据乃至多级数据的协同应用。

2. 智能化、数字化应用的系统集成与拓展

（1）系统集成与优化

经历了前述阶段的开发与完善，长春供热集团与国内高科技企业与高校研究机构合作，将智能热网监控系统、应急保障系统、智能服务系统等子系统集成在一起，打造出一个完整的智能供热系统。各个子系统之间相互协作，使得企业运营更加高效。

简单地说就是通过接口将智能热网监控系统的温度、压

力、流量等实时数据传输给应急保障系统。当监控数据出现异常时，如某区域温度骤降，应急保障系统能迅速识别并提出预警，生产运行人员得以快速响应，部署抢修或启动备用热源。同时，智能服务系统能够与 12345 等政务平台对接，与其他子系统共享数据。用户的报修信息能与智能热网监控系统的数据结合分析，以更准确地判断故障。而应急保障系统的现场抢修画面也可实时回传，实现远程调度指挥，其处理进度也可在智能服务系统中反馈给用户，让用户及时了解供热恢复情况，提升用户满意度。通过这种系统集成，可以有效地监管夏季检修、运行前准备等工作，提升生产运行能耗与用户满意度的平衡性。未来车间经费管理等一系列涉及检修、维修、技改投入的经费控制系统也将与能耗、客服数据进行集成化应用，可有效提升生产相关投入的边际效用。

（2）用户互动与拓展服务

供热企业降本增效的基础是社会满意度，社会满意度的核心是用户满意度，用户互动与拓展服务是提升用户满意度和企业竞争力的关键。因此，应通过多种渠道实现智能化、数字化应用在用户互动方面的服务。首先，长春供热集团建立了智慧客服热线，方便用户咨询、报修和反馈问题；其次，保证热线畅通、客服人员专业；最后，通过智能语音回访系统对用户诉求进行全流程闭环管理（图 7-3）。此外，建立了用户诉求数据库，通过数字化应用对用户诉求进行全面统计分析，对重点

图 7-3　长春供热集团用户服务平台

区域、重点时段、共性问题进行归类建档，对重点用户做到服务前置，进一步提升用户满意度。

　　长春供热集团还将智能化、数字化应用与微信公众号、微博等主流社交媒体平台相关联，定期发布供热相关知识，包括室内供热设施选择、供热设施保养方法等内容，并及时回复用户留言和评论。在拓展服务上，一是开展多元化的缴费方式，除了传统的窗口缴费，还提供网上缴费、银行代扣、移动支付等便捷手段，方便用户缴费；二是提供增值服务，例如在手机APP上为用户提供室内供热系统的清洗、维护预约服务，帮助用户提高用热感受。

　　3. 总结

　　在国家"双碳"目标的驱动下，供热行业正处于快速发展阶段，不少供热企业正在尝试从自动化运行到智能化运行的转变，但要实现真正的智慧化供热仍任重道远。近些年，长春供热集团按照"两大功能区、一张屏、九大数据、六个业务系统"的体系架构，紧密结合企业现状，经过不断的"去人工化"，积极构建"智慧供热"生产客服调度中心，集"互联网＋"、物联网、大数据、人工智能等信息技术为一体的智能化、数字化应用已初具规模，智慧化供热生产方式正在逐步实现。

展望未来，长春供热集团将以智能化、数字化应用为基础，以智慧化数字应用为方向，找齐智能化数字应用快速发展过程中的不均衡点，深挖智慧化数字应用中的不充分点，奠定智慧化数字应用新基础，构建供热生产降本增效新模式，努力争做我国供热行业从传统供热方式向智慧供热迈进的排头兵！

7.1.3　中环寰慧（焦作）节能热力有限公司扎实推进供热系统节能降耗工作的举措

随着城市化进程的加速，城市集中供热作为城市基础设施的重要组成部分，在保障居民生活质量、推动城市发展方面发挥着不可或缺的作用，城市集中供热作为能源消耗的大户，其能源消耗在城市总能耗中占据相当大的比例，其节能降耗问题一直备受关注。热网运行效率、单位面积能耗和单位面积补水量是衡量集中供热系统性能的关键指标，近年来，中环寰慧（焦作）节能热力有限公司（以下简称寰慧焦作公司）致力于推进集中供热领域节能降耗工作，并取得了明显的成效，进入了城镇供热领域能效领跑者行列。

第 7 章

1. 提高热网运行效率的措施

（1）优化热网布局

由于历史原因，焦作市的供热管网布局不尽合理，城市热网建设缺乏整体规划。寰慧焦作公司自 2004 年开始进行焦作市集中供热管网的建设，建设初期因城区多家供热公司分别负责各区域供暖，且供暖方式各有不同，有水—水交换、汽—水交换、锅炉直供等。各公司为了节约成本、便于控制，供热管网均秉持枝状管网的敷设理念。

城市发展过程中不断增加新的供热区域，但热网未能及时进行科学的拓展和优化。枝状管网错综复杂、线路迂回曲折，不仅增加了供热管道的长度，还使热量在传输过程中的损耗增大，且"水力不平衡、故障影响大、热损失高、调节性能差"等缺点日益突出。改造前的管网布局如图 7-4 所示。

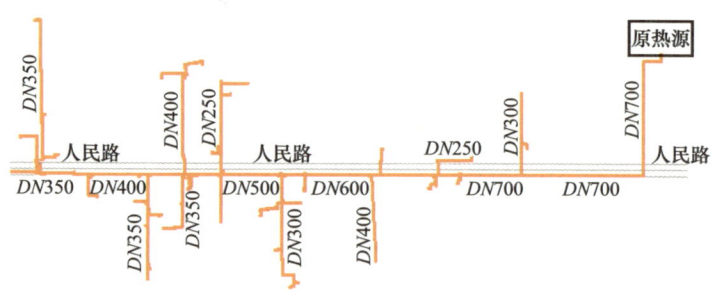

图 7-4　改造前的管网布局图（部分）

为解决上述问题，2014 年焦作市区开始规划全市集中供热，寰慧焦作公司充分考虑城市发展、热负荷分布以及能源供应等因素，系统规划，全面优化城区热网布局，确保热网能够满足城市未来的供热需求。

以南水北调河为界分别优化供热管网布局，两个供热区域均采用环状管网形成多线输送互联互通，热源可以互为备用，相对于枝状管网具有保障性好、安全性高、水力平衡调节能力更好的优点，同时更能节省运行成本，管网输送效率也有所提高。

改造后，在管网运行时，即使某处出现管网泄漏也仅仅部分停止供暖，其他大部分管网不受影响，避免枝状管网一旦发生事故就出现"卡脖子"的现象；管网运行压力下降，管网安全系数提高，也降低了老旧管网泄漏的风险；管网运行调节便捷，水力工况更加合理，热损降低。改造后的管网布局如图 7-5 所示。

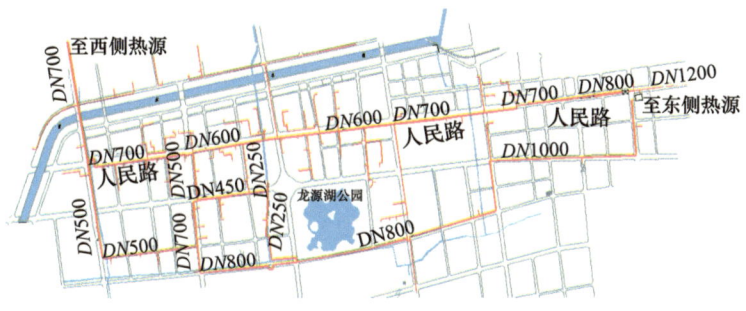

图 7-5 改造后的管网布局图（部分）

（2）提高管网保温性能

管网保温在供热系统中扮演着至关重要的角色，在减少热损失、延长管道寿命、节约能源和成本等方面影响巨大。下文从保温材料性能、保温层的施工质量监控等几个重要方面进行介绍。

1）选用高性能保温材料

选择优质的保温材料是提高管网保温性能的关键，目前市场上有多种高性能的保温材料可供选择，如聚氨酯泡沫、酚醛泡沫等，聚氨酯泡沫具有导热系数低、保温性能好、防水性能强等优点，其导热系数为 0.02~0.03W/（m·K），是一种理想的供热管网保温材料。寰慧焦作公司供热管网改造项目中，采用优质聚氨酯泡沫作为保温材料，改造后管网的热损失较改造前下降 20% 以上，节能效果显著。

2）保温层的施工质量监控

在保温层施工过程中，需严格按照施工规范进行操作，确保保温层的敷设质量，一般非外力破坏的保温层出现渗水大多是因为补口保温出现问题，尤其是在三通、弯头等位置。补口保温一旦出现问题将会造成热量损失增加，降低管道系统的整体保温效果；且保温层的破损可能使管道暴露在腐蚀性环境中，加速管道的老化，进而造成管网安全隐患。

寰慧焦作公司在施工过程中特别关注补口保温的施工质量，在补口施工前，必须彻底清理补口区域的旧保温层、锈蚀、油污等，确保表面干燥、干净，并对管道保温补口处按操作规程严格施工，有效减少了因补口破损引起的热量损失。

3）定期检查

加强对管网保温层的日常维护工作也至关重要。寰慧焦作公司定期对管网进行巡检，及时发现保温层的破损、老化等问题，并进行修复和更换。建立健全保温层维护管理制度，明确维护责任和维护周期，确保维护工作的常态化和规范化，定期对管网进行检查，发现破损的保温及时修复，尤其是管道井内阀门、补偿器等的保温，确保管网热损失降到最低。

2. 降低能耗的措施

（1）优化热源配置

焦作市集中供热热源包括万方、华润和金冠三个电厂，寰慧焦作公司通过区域热源整合，根据热负荷实际情况以及每个热源的供热能力，将整个供热区域进行划分，使得供热区域内的用热需求合理配置，降低输送距离、减小管网损失，既充分发挥各个热源的供热能力，又提高了热源利用效率。

（2）调整热网调节方式

在热源负荷充足、循环量充足、管径选择合理的前提下，应用小温差大流量的方式进行管网运行调节可有效降低一次管网供回水平均温度，减少一次侧热损失。在满足用户用热需求的前提下，尽量采用小温差大流量的方式运行，同时还缩短了热量调配响应时间，提高了热量使用效率。

（3）热力站实施节能技术改造

1）供热系统调控系统改造

寰慧焦作公司 2015 年以前采用纯人工调节方式，不仅费时费力还无法及时发现热力站问题，故障停暖时间过长。2015年后，对热力站逐年进行调控系统改造，系统功能包括水、电、热表计量数据上传、温度压力上传、水泵运行参数上传、智能补水、异常报警、根据室外温度自动调节供水温度等。

通过改造，调控系统能够根据实际需求调节供热量，避免过量供热或供热不足，从而显著提高整个供热系统的能源利用效率；通过优化供热参数和运行策略，能够减少能源消耗，降低运行成本，实现节能减排；通过集成远程通信技术，操作人员可以在中心控制室远程监控热力站的运行状态，进行远程控制和故障诊断，提高管理效率；具备自动监测和预警功能，系统能及时发现潜在的安全隐患并发生警报，便于及时处理，减少故障停机时间，防止事故发生。

2）水泵节能改造

目前设计人员在供热系统设计时一般是按照建筑面积进行设计，水泵多按照全面积选型。但实际运行时，小区不会是100% 入住，也不会是 100% 用暖，导致水泵选型过大，需要进行大泵换小泵的技术改造。寰慧焦作公司自 2018 年开始根据小区实际入住率进行专项技术改造，对水泵加装变频装置，可以根据小区负荷以及室外气温的变化随时调节二次管网的流量和补水量，根据用热需求调整水泵运行频率，改造后尤其是在供暖的初末期，降低能耗效果尤为明显。某热力站循环泵改造前后的电耗对比见表 7-1。

某热力站循环泵改造前后电耗对比 表 7-1

供暖期	实供面积（m²）	电耗（kWh）					
		11 月	12 月	1 月	2 月	3 月	合计
2021—2022	34081	10163	13704	19292	14647	5244	63050
2022—2023	34040	5817	12890	13230	14358	4234	50529
2023—2024	34040	2621	9448	9162	10258	2909	34398

从表 7-1 可以看出，对循环泵节能改造后，在面积无明显变化的情况下，两个供暖期热力站电耗分别下降 20%、32%，改造效果显著。

（4）庭院管网的节能举措

1）优化管网的设计

庭院管网作为城市集中供热系统的末端环节，直接连接用户。其运行状况对供热质量和能源消耗有着重要影响，应合理优化设计庭院管网，减少过长或过大的管道，尽可能降低热量在输送过程中的损失；同时避免不必要的弯曲和分支，以减少阻力损失。

2）做好水力平衡调节

水力平衡调节是确保供热系统高效、稳定运行的关键环节，涉及系统中各部分流量的精确控制，可保证每个区域或建

第 7 章

筑物都能获得所需的热量。

寰慧焦作公司供热区域内存在多种计费方式，经过多年摸索，在按面积收费的小区采用定流量系统，主要通过调节阀门开度来控制各个分支的水流量以达到平衡。调节过程需要判断管网最不利环路，最不利环路单元流量达到计算值后逐步调整其他单元的流量，使小区整体流量分配均衡。这个过程需借助流量计进行测算，需提前做好数据收集，更换失效阀门。寰慧焦作公司借助平衡调节手段，减少人工计算过程，使调节工作效率提升。水力平衡调节流程如图 7-6 所示。

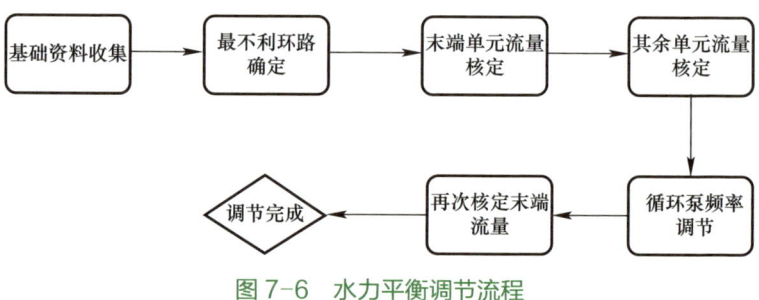

图 7-6　水力平衡调节流程

（5）提高管网水质

良好的供热水质是确保供热设备长期稳定运行的基础，供热水质不佳将会影响供热质量，加快管道、设备的腐蚀和老化。寰慧焦作公司在每个供热服务中心都设置水质检测中心，配备相关水质化验设备，对人员进行培训，定期进行庭院管网水质化验，同时制定考核办法，对水质管理工作进行考核。

寰慧焦作公司定期对管网水质进行监测，确保水质符合国家标准；定期检查和维护管网水质，防止管道内壁结垢；对供热补水均进行水质处理，保持水质清洁；同时对供热设备进行定期检测和维护，定期检测水质和管道状态，及时维护和更换受损部件。

通过上述措施，可以有效减少氯离子腐蚀等对管网的影响，延长管道使用寿命，并减少水量损失。

3. 减少补水量的措施

（1）管网泄漏的影响

管网泄漏的严重程度和泄漏介质的性质对供热系统运行安全和效率均会造成不同程度的影响。因此，及时检测和修复管网泄漏是确保供热系统正常运行的重要环节。

（2）降低管网失水的措施

1）及时查漏

在运行过程中，需要定期分析热力站补水量，根据补水曲线分析泄漏量、泄漏时长、泄漏时间段，判断是管网泄漏还是热用户私自放水。如确定是管网泄漏，需及时查漏，及时修复。

2）热用户私自放水治理

热用户从供热系统中放水的行为不仅会导致系统内的水流失，还会引起系统压力下降，影响系统的正常运行。尤其是在密闭系统中，因为放出的水通常含有阻垢剂和防腐剂，失水会导致系统水质恶化，可能会加速管道内壁水垢的形成和造成管道腐蚀。寰慧焦作公司采取以下措施减少热用户私自放水：

① 增强热用户意识。通过教育和宣传活动解释放水对供热系统的影响及如何正确使用供热系统，提高热用户对放水问题的认识。主要手段包括公众号发布相关小视频、进小区进行放水危害宣传等。

② 配合执法机关，对无故放水行为进行查处。

（3）实施老旧管网改造

对运行年限较长、腐蚀严重的老旧管网及时进行更换，降低管网泄漏率。对因各种原因导致的无法改造的老旧管网，更换其关断阀门、单元控制阀，以便失水时迅速关断，减少影响范围及失水量。某小区管网改造前因无关断阀门及现有阀门失效，一产生漏点小区就不得不全部停暖，造成很大的负面影响及经济损失。改造后，对泄漏点能进行有效隔断，减少了停暖影响范围及经济损失，效果明显。表 7-2 为该小区阀门改造前后补水量对比。

某小区阀门改造前后补水量对比　　　表 7-2

供暖期	补水量（m³）					
	11 月份	12 月份	1 月份	2 月份	3 月份	合计
2021—2022	3544	3704	1354	1399	2600	12601
2022—2023	1462	1631	1307	1206	378	5984
2023—2024	119	1994	1430	1256	620	5419

（4）非供暖期湿保养

湿保养是指供暖期结束后管网仍保持满水状态，是一种保持管网内部湿润、防止空气进入系统、减少管道内部金属表面因干燥而腐蚀的方法，适用于封闭式供热系统。

寰慧焦作公司对状况良好的管网采取湿保养措施，同时定期检查管网压力和水质，根据需要补充水分，以补偿因泄漏或蒸发造成的水分损失；定期清理管网中的底部沉积物和杂质；安排人员进行压力监控且与物业联动，防止因居民装修等不当操作造成水淹事故。

4. 结论

寰慧焦作公司通过实施"优化热网布局、增强管道保温性能、加强水力平衡调节"等一系列举措，显著提升了热网的运行效率。与此同时，借助提高热源效率、推进节能技术改造、强化能源管理等手段，大幅降低能耗水平。此外，通过改善管网水质、降低管网泄漏率、实施管网改造等行动，有效减少补水量。通过上述一系列综合措施，在充分保障城市居民供热满意度的前提下，实现了供热能耗的显著降低，既是积极应对能源与环境挑战的必然抉择，也是实现城市可持续发展的重要举措，同时也为集中供热领域提供了具有参考价值的实践范例。

如图 7-7～图 7-9 所示，寰慧焦作公司在节能降耗方面取得了显著成效。通过实施一系列的节能措施，成功实现了能耗的大幅降低。具体来看，热耗总体下降了 17%，平均每年下降

4.3%，水耗则下降了 20%，平均每年下降 5.0%，而电耗也实现了 7.0% 的降幅，平均每年下降 1.8%。这些显著的节能效果也带来了可观的经济效益。寰慧焦作公司累计节约热量 53.6 万 GJ、水资源 4.5 万 m³、电量 81.5 万 kWh，这些数据充分说明寰慧焦作公司在节能降耗方面的各项举措是可行的、是有巨大成效的。

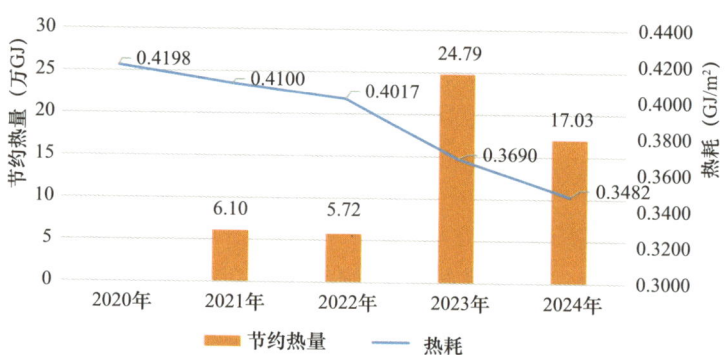

图 7-7　寰慧焦作公司 2020—2024 年热耗及节约热量示意图

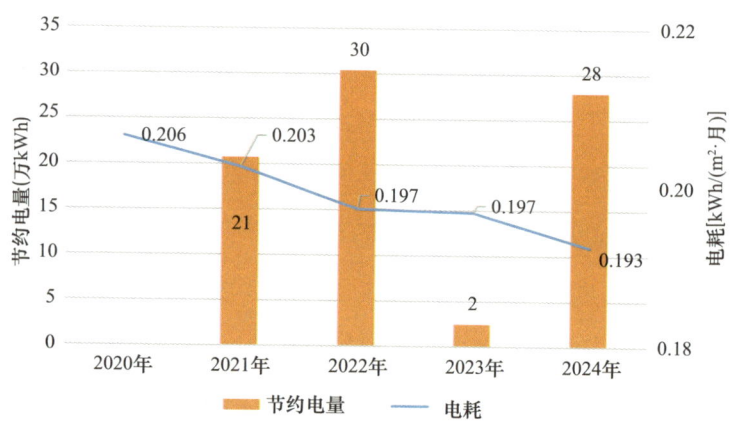

图 7-8　寰慧焦作公司 2020—2024 年电耗及节约电量示意图

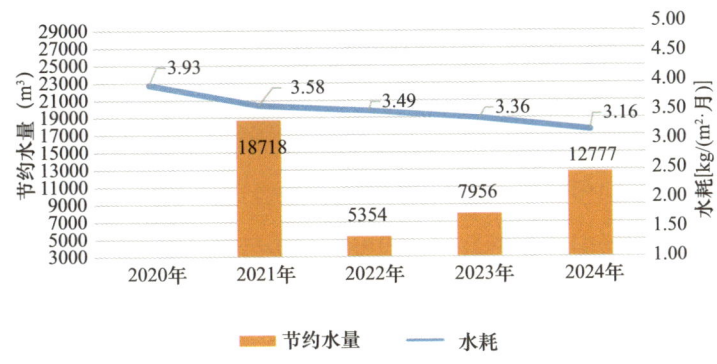

图 7-9　寰慧焦作公司 2020—2024 年水耗及节约水量示意图

7.1.4　包头市华融热力有限责任公司通过户端调控等精细化管理手段促进企业节能降耗的经验

包头市华融热力有限责任公司（以下简称包头华融）成立于 2000 年，隶属内蒙古华鹿能源发展（集团）有限公司，是包头市首家投资城市集中供热建设的民营企业。截至目前，包头华融供热面积 1300 万 m²，热力站 139 座，敷设一次管网 385km。

2015 年，包头华融为响应城市综合管廊建设工作，供热一次管网入廊运行，管径 DN600、长度 2.8km，是内蒙古自治区首家供热管网进入综合管廊运行的供热企业，现在累计入廊及运行的供热管网共 9.2km。2020 年，包头华融开始迈向供热精细化管理，供热调控、服务管理逐步向供热最小单位"户"延伸。近几年主要以户端调控管理为目标，探索调节措施和管理办法，取得了明显成效。在中国城镇供热协会公布的

第
7
章

2023 年度能效领跑 5000 万 m² 以下企业获得第 7 名的好成绩，较上一年度进步了 3 个名次。

供热的主要能耗是热耗、电耗、水耗，目前行业节能降耗意识普遍都在提高，但实际效果差异比较大，原因或许是最初的设计选型和工艺不合理，也或许是运行管理过于粗放等。众所周知，节能增效并非一朝一夕就能做好的，实现指标下降相对容易，但做到精细、极致的管理并非易事。实践证明，简单地照搬照抄并不可行，需要根据企业自身情况，排查分析每一个耗能单元的问题，找出不正常能耗的原因并加以解决。供热节能增效，只有从细微之处，在每一处细节上下功夫，才能真正做到持续能效领跑。

1. 从供热设施各个环节入手降低热损

从热源到热用户，热量要经过一次管网、热力站、二次管网、楼道立管等设施最终到达用户室内，输送过程中每一个环节的热损都会造成热耗增加。尤其是二次管网保温破坏和维护缺失问题最突出。2020 年开始，包头华融按照工艺流程逐项进行保温问题排查，主要采取以下措施：

（1）热力站内除循环水泵电机外，裸露的热水管道和换热器、阀门阀体、水泵泵体、除污器等设备均采取保温措施。近几年，包头华融在停暖期对原有小区二次管网 1200 多座检查室和 14000 多米裸管进行了保温处理。

（2）把各支线截断阀及单元入户阀等主要功能是关断的阀

门全部更换成焊接球阀，不仅极大地减少了阀门泄漏损失，也降低了阀门的维护工作量。

（3）对楼道立管进行保温。排查原有小区立管保温破损和缺失情况，对需要维护的全部进行了保温更换。近年来共完成600 多个单元、38000 多米楼道立管的保温更换改造。且新建项目验收时严格按国家标准的要求验收立管保温的完整度。

2. 做好设备匹配选型，保证供热精准调节

供热平衡调节的关键是选择与实际工况相匹配的设备，并不一定要选最好、最贵的设备。

（1）优化热力站电动调节阀选型

调查发现，包头华融热力站热量调节的主要设备是一次管网电动调节阀，其选型不合理会影响供热精准调节，出现调节滞后或调节不到位的问题，进而引起供热过量或不足；且热力站电动调节阀选型普遍偏大，调节开度大多数在 20% 左右，有的甚至在 5% 左右，尤其初末寒期入住率低的热力站调节阀开度更小，在调节时很容易发生偏差。

在解决该问题的过程中尝试了不同质量、不同品牌的阀门，并尝试安装自力式差压阀等，但效果均不是很理想。后经技术分析，认为热力站设计时，电动调节阀按全部供热面积负荷及适当富余量选型，而实际运行时存在停供、不同时期热量需求差值较大等因素，有的热力站最大和最小负荷流量相差十几倍，多数阀门很难满足这种流量差异较大的工况需求，现有

电动调节阀选型与实际工况难以匹配。

经过多次试验，采用多阀并联方式，调节阀口径选型宁小勿大、适中即可，开度控制在 50%～70%。小流量运行时，使用一台电动阀调节；大流量运行时，开启旁通阀并联运行。该方案不仅增加了调节阀组的流量适应范围，而且在各个流量段阀门的调节精度均能满足使用要求，热量的控制也更精细、及时，从而避免过量供热的问题，达到了降耗的目的。由于采用阀组调节，降低了对单个调节阀的性能要求，可根据热力站实际负荷灵活搭配并联阀的数量和口径，通常 2 台阀并联即可满足需求，可以是同口径并联，也可一大一小或一台电动阀一台手动阀并联。

（2）安装热力站分支热量表，细化能耗

供热能效提升后，进一步降低能耗指标的空间和难度越来越大，需要分析供热系统中各个环节的能耗情况，找出用能损失原因，以评估系统效率、提出改进方案。因此，供热运行数据收集和分析尤为重要。

包头华融在全部热力站都安装了远传热表、远传水表、远传电表，对主要能耗指标进行实时监控。尤其在热耗监测方面，不仅热力站一次管网安装热表，部分有条件的二次管网分支上也安装热表。分支热表为运行和管理人员提供了更为细化的实时数据，方便了运行热耗的统计、对比，缩小了热损异常问题的排查范围，提高了工作效率。

　　为降低成本，二次管网分支热表可适当降低要求，仅满足热表直管段安装长度要求、满足内部统计需求即可，可选用性价比高的产品。

　　（3）二次管网平衡采用户端调控模式

　　二次管网平衡调节有很多方式，通常通过调节二次管网支路阀或热力入口单元阀来解决楼栋和单元间的水力失调，但对于楼内户间垂直失调，只有做到户端调节才能实现。目前，包头华融所辖用户具备户阀调节功能的占比达到 40%。

　　二次管网调节模式转变为以户端调节为主后，面临阀门数量多、阀门类型杂、可调性差、调节工作量大等问题，包头华融根据不同类型用户状况有针对性地采取措施。新建用户在设计时考虑户端物联阀的安装；原有用户因地制宜、兼顾投入成本安装入户阀，并制定适宜的调节和改造方案。入户阀完好的一般通过手动调节来解决户间不平衡问题，使用手持红外测温成像仪、小型便携式流量计等辅助工具提高工作效率；供热问题突出且无法手动调节的小区，改造时安装自力式平衡阀。

　　在实际运行工程中，供热初期调节工作量大，供热平衡建立后只需进行个别微调，工作量逐渐降低。

3. 优化热力站工艺系统设计

　　热力站是热源与热用户之间供热参数转换、输送、分配的重要环节，热力站设计的合理性直接影响后期运行效果与能耗。结合多年运行经验的总结积累，包头华融通过以下几方面优化热力站设计：

（1）根据实际工况优化换热器选型

结合实际运行数据对设计理论与实际偏差较大的换热器选型进行调整。包头华融热电联产热源一次供／回水设计温度为130℃／70℃，而实际运行中热源最高供水温度低于100℃，按原设计参数选取的换热器存在一次回水温度高和端差大的问题。经过多次试验，将设计工况按照一次供／回水设计温度95℃／45℃进行修正，重新选型后的换热器运行效果良好。

（2）优化循环泵选型，降低热力站阻力

循环泵作为热力站的水力输送设备，是供热系统中的主要耗电设备。优化前，包头华融循环泵选型主要存在的问题是实际运行与设计工况严重偏离，流量和扬程偏大，普遍存在"大马拉小车"的现象，这也是造成热力站电耗高的主要原因。统计热力站实际运行数据，水泵需求扬程一般在8～15m（水柱，以下同），而实际扬程大多在25m左右，甚至在30m以上。因此，要结合实际运行情况及近远期负荷发展情况优化循环水泵选型，避免富余量过大。

同时，排查和降低循环系统各种不必要的阻力损失。根据运行分析，用户侧消耗的压降只占水泵总压降的9%～25%，绝大多数都消耗在热力站内部。站内降阻措施主要有：管道扩径、取消水泵出口止回阀、阀门采用焊接球阀、换热器加旁通阀等，同时需要采取及时清洗换热器、定期清洗除污器等措施。

通过以上手段，大多数热力站的循环泵扬程从 2019 年的 30m 左右降到了 2023 年的 10m 左右（图 7-10）。

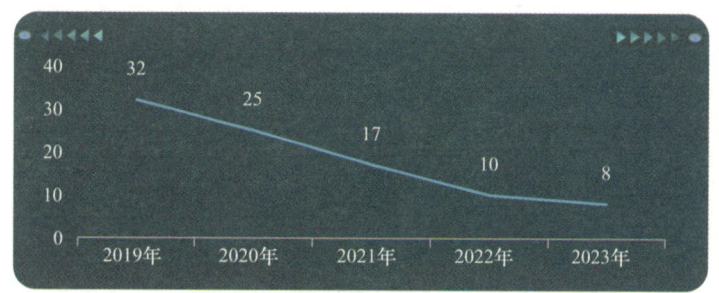

图 7-10　热力站循环泵扬程变化图

（3）对部分热力站进行二次侧分布式供热系统改造

热力站分布式供热系统二次侧循环系统分为内循环和外循环两个系统，内循环系统只负责换热器二次侧与一次侧的换热循环，外循环系统负责所在环路用户侧的散热循环，两个循环通过平衡管（耦合罐）进行热量交换。该系统的优点是内、外循环系统和各环路间水力工况相对独立、互不干扰，根据需求调整相应的循环泵频率即可实现各自流量的精准控制以及参数的差异化调节；每台循环泵的扬程仅满足各自回路系统阻力即可，一般都在 10m 以内。分布式供热系统尤其适用于环路较多、环路间负荷及阻力差异较大、各环路供热参数需求不同的情况，其灵活的调节性不仅能解决各环路供热参数调节难、分配难的问题，还能起到节约电耗的效果（图 7-11）。

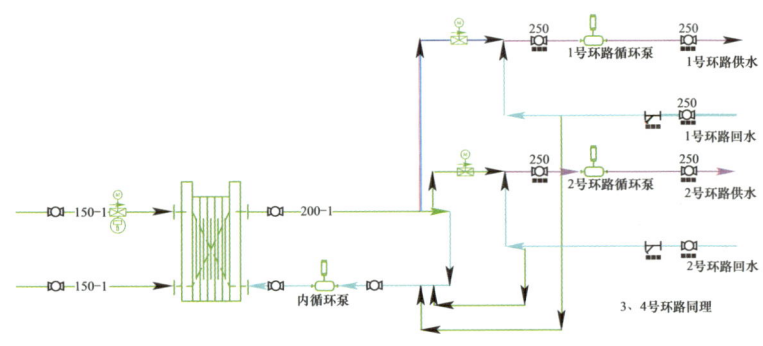

图 7-11　热力站分布式供热系统原理图

2023 年停暖期，包头华融对 8 座热力站进行了分布式改造。改造前二次循环系统流量较大，供热不平衡问题突出，尤其是末端不热用户较多，且循环泵扬程都大于 30m。改造时根据环路负荷及运行历史数据，重新对所有循环泵流量与扬程进行了校核选型。每个环路均设一台环路外循环泵，按各自环路负荷对流量选型，按实际运行阻力参数选择扬程。内循环泵流量按各环路总流量的 60% 选型，扬程基本为 8m。改造后热力站各环路的流量和供水温度通过循环泵频率配合电动调节阀都能实现精准调节，末端不热用户明显减少。循环流量不变的情况下，循环泵总功率大幅下降，电耗同比平均下降 49%，总计供暖期节约电费 39 万元。由于消除了环路间的供热失调问题，热耗也有不同程度下降（表 7-3）。

热力站分布式改造前后电耗对比

表 7-3

序号	换热站名称		2022—2023供暖期改造前循环泵参数及供暖期耗电量				2023—2024供暖期改造后循环泵参数及供暖期耗电量					对比结果		
			功率(kW)	扬程(m)	流量(t/h)	耗电量(kWh)		功率(kW)	流量(t/h)	扬程(m)	耗电量(kWh)	节电量(kWh)	金额(元)	节电率
1	东大站	1号	37	32	300	334033	内循环泵	11	376	8	215871	118162	70897	35%
		2号	37	32	300		1号环路泵	22	490	13				
							2号环路泵	11	150	15				
2	汽车站	1号	37	28.6	354	93932	内循环泵	5.5	224	7	25301	68631	41179	73%
		2号	37	28.6	354		1号环路泵	11	190	12				
							2号环路泵	5.5	90	16				
3	应急局站	1号	55	38	346	186309	内循环泵	7.5	269	8	79008	107301	64381	58%
							1号环路泵	11	169	17				
							2号环路泵	15	246	17				
4	廉租房站	1号	30	37	300	130517	内循环泵	7.5	263	8	59032	71485	42891	55%
		2号	30	37	300		1号环路泵	11	140	15				
		3号	22	32	160		2号环路泵	11	288	11				
							3号环路泵	5.5	100	14				
							4号环路泵	2.2	50	11				

序号	换热站名称	2022—2023供暖期改造前循环泵参数及供暖期耗电量					2023—2024供暖期改造后循环泵参数及供暖期耗电量					对比结果		
			功率(kW)	流量(t/h)	扬程(m)	耗电量(kWh)		功率(kW)	流量(t/h)	扬程(m)	耗电量(kWh)	节电量(kWh)	金额(元)	节电率
5	武装部站	1号	22	160	32	92742	内循环泵	5.5	224	7	54079	38663	23198	42%
		2号	15	100	32		1号环路泵	5.5	50	23				
							2号环路泵	15	191	21				
6	林业局站	1号	30	120	32	188421	内循环泵	11	376	8	83823	104598	62759	56%
		2号	30	120	32		1号环路泵	15	322	12				
							2号环路泵	7.5	186	12				
7	黄河路小学站	1号	37	300	33	97737	内循环泵	5.5	224	7	47273	50464	30278	52%
							1号环路泵	7.5	95	20				
							2号环路泵	7.5	149	14				
8	移民村西站	1号	30	174	38	221460	内循环泵	7.5	269	8	118560	102900	61740	46%
		2号	30	174	38		1号环路泵	11	180	13				
							2号环路泵	11	145	16				
							3号环路泵	5.5	90	18				
合计						1345151					682947	662204	397322	49%

4. 多措并举查失水

供热系统失水主要分为机械失水和人为放水，尤其是二次管网失水占比较大。管网失水不仅损耗水费，还对热耗和电耗造成影响。且管网失水涉及供热系统安全运行，随着失水量增大，产生的次生问题也会越来越严重，不仅影响供热质量，造成水力失衡，还可能引发建筑物下沉、路面塌陷等安全隐患，所以失水控制也是供热工作的重心之一。

多年来，包头华融通过不断实践，培养、锻炼一支经验丰富的查漏队伍，同时配备查漏设备提高工作效率。一般漏点通过使用听音杆听阀门、管道的水流声，通过测温探杆沿管网测量土壤温湿度，通过红外热成像仪探测管网周边温度场变化，基本可以找出漏点位置。再就是建立查漏奖励制度，查漏工作很容易量化考核，一套合理的激励机制可以激发出运行人员很多的查漏方法，从而有效降低运行失水。

5. 采用服务站一站式管理模式

过去包头华融供热管理采用分公司模式，分公司下设维修队及服务稽查等人员，公司按照生产、服务、营业等职能部门划分安排相关工作。这种管理模式的弊端是各部门为完成指标，工作上存在推诿扯皮现象，服务不懂生产、生产不管服务等情况时有发生，热用户办理业务和反映供热问题不畅、满意度较差。

为解决上述问题，2020 年开始包头华融在基层供热管理上采用服务站一站式管理模式。根据方便管理的原则，按照区域划分了 10 个服务站，每个服务站负责周边几个小区的供热管理，管理供热面积平均约 100 万 m^2，用户约 8000 户，人员配置约 10 人，将生产、服务、收费、安全等指标统一下发至各服务站。服务站全面负责辖区内供热生产、管理、维修、服务、收费等全流程工作，公司其他职能部门和分公司为服务站提供相关技术、业务支持和保障工作；在各自区域的合适位置均设置一处工作站，热用户供热问题基本可通过工作站一站式解决。

让流程在公司内部流转，让用户少跑腿，拉近了公司与热用户的距离，提高了服务效率和满意度，公司整体管理效率也有了很大提高。

6. 总结

从 2020 年开始包头华融多措并举，供热管理效率和能耗指标都有很大提升。由表 7-4 可知，近 5 个供暖期，包头华融单位面积耗热量累计下降 8.9%，单位面积电耗累计下降 41.5%，单位面积水耗也稳中有降。同时，从数据对比中也能发现，能耗指标控制达到一定程度后，常规的措施已很难产生明显效果，需要更精细和科学的管理（表 7-4）。

包头华融近 5 个供暖期单位面积能耗指标对比　表 7-4

指标	供暖期				
	2019—2020	2020—2021	2021—2022	2022—2023	2023—2024
耗热量（GJ/m^2）	0.386	0.376	0.355	0.353	0.352

指标	供暖期				
	2019—2020	2020—2021	2021—2022	2022—2023	2023—2024
电耗（kWh/m²）	1.25	1.10	0.81	0.81	0.73
水耗 [kg/(m²·月)]	2.59	3.10	2.95	2.81	2.66

为了进一步提升服务水平，包头华融将进一步优化管理模式，推行温暖管家供热服务。作为一个从事公用事业的民营企业，包头华融始终牢记社会责任，把提高供热质量、服务质量放在首位，努力实现两个质量双提高。今后，包头华融还将继续对标供热行业能效领跑优秀企业，通过新工艺、新技术、新设备与智能化系统的结合，不断提升供热保障服务水平，推动企业节能、降耗和增效工作再上新台阶，为内蒙古的供热事业可持续发展贡献一份绵薄之力。

7.1.5　包头市热力（集团）有限责任公司应用精细化调节手段提高供热系统运行效率的做法

1. 概况

截至 2023—2024 供暖期，包头市热力（集团）有限责任公司（以下简称包头热力）供热面积 3780 万 m²，共有 6 座主力热源，2 座调峰备用热源，运行热力站 391 座，基本实现全网自动化平衡软件参与生产运行。

我国提出"双碳"目标后，供热行业面临重大挑战，仅北方城镇建筑供热能耗就占全国建筑运行总能耗约 1/4，占全社会总能耗约 5%，所导致的碳排放也占到全国碳排放总量约 6%。供热企业进一步节能减碳是摆在我们面前需刻不容缓的任务。

近几年，包头热力推行热耗精细化调节管理，有效结合全网自动化平衡系统与生产运行，协调热源、热网、热力站及用户端的热量平衡关系，对生产运行指标进行精细化管理，既满足了用户供热需求，又有效提高了运行效率，实现了进一步的节能减碳。

2. 精细化管理

（1）室外温度预测

供热负荷预测是供热系统能够实现按需供热的前提和依据，但是对一个供热系统而言，热负荷影响因素非常多，包括室外天气情况（温度、日照、风速等）、建筑物自身围护结构情况、建筑物热惰性、管网输配效率等。由于上述因素影响，供水温度、流量等参数的变化对用户室温的影响并不是立刻发生，而是滞后一段时间。因此，为满足用户室温的设计要求，当天的供热量，不仅与当天的影响因素有关，还与几天前的上述参数有关[1]。

经过了多年的探索，目前包头热力室外温度预测使用的计算方法充分考虑前天及昨天室外天气对热负荷的影响，并结合当日天气预测值进行综合考量。该方法将建筑物热惰性及管网传输效率进行定性考虑，最大限度地降低了供热系统大热惰

---

① 孟范英. 关于降低供暖设计热负荷的概述［J］. 区域供热，2015（2）：45-49.

性、大时滞性的影响，有利于满足用户室内温度需求。室外温度计算公式如下：

$$室外温度 = (w_1 + w_2 + w_3)/3 \qquad (7-1)$$

式中　w_1——前天 24h 室外温度平均值；

　　　w_2——昨天 24h 室外温度平均值；

　　　w_3——当日室外平均温度预测值，$w_3 = (t_g + t_d)/2$；

　　　t_g——当日预测室外温度最高值；

　　　t_d——当日预测室外温度最低值。

其中，室外 24h 平均温度根据中国天气网的小时记录数据进行下载存档，取用当日 7:00 至次日 7:00 的 24h 实际数据进行平均计算，而当日室外平均温度预测值则按照每日天气预报温度采用最高值与最低值进行平均计算。

经过连续三个供暖期的室外温度监测，得到供暖期内室外温度平均值（图 7-12）。

预测室外温度平均值后，根据相对供暖热负荷比 $\overline{Q}$ 进一步预测供热热源、热网及用户端的热负荷情况[1]。

$$\overline{Q} = \frac{t_n - t_w}{t_n - t_w'} \qquad (7-2)$$

式中　$\overline{Q}$——相对热负荷比，即相应 t_w 下的供暖热负荷与供暖设计热负荷之比；

———

[1]　石兆玉，杨同球. 供热系统运行调节与控制 [M]. 北京：中国建筑工业出版社，2018.

t_n——供暖室内设计温度，℃；

t_w——计算出的每日室外平均温度预测值，℃；

t'_w——冬季供暖室外计算温度，℃。

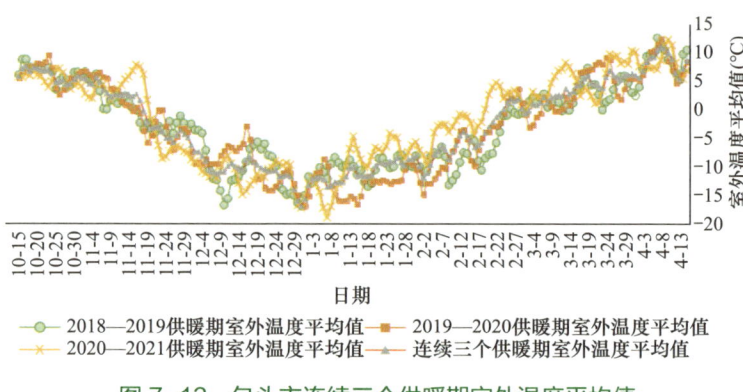

图 7-12 包头市连续三个供暖期室外温度平均值

（2）用户热负荷预测

每套热力站供热系统中都有不同性质的热用户，所需供热负荷并不相同，例如公共建筑用户与居民用户、保温建筑与非保温建筑、超高层建筑与普通建筑均有所不同。如何区分热用户，如何在不超供的同时满足不同性质的用户需求，均对精细化生产运行提出了要求。

包头热力对每套热力站供热系统的所辖用户进行了分类，分为公共保温建筑、公共非保温建筑、居住保温建筑、居住非保温建筑四类；每一类又分别考虑了建筑年代、二次管网维护情况、失水情况等因素，在每套系统上均加装了热量表。

结合历年运行经验，分别对每个热力站供热系统的热负荷进行估算。

$$Q_n = \left(\begin{array}{c} F_1 q_{f1} \times A_1\% + F_2 q_{f2} \times A_2\% + F_3 q_{f3} \times A_3\% + \cdots\cdots \\ + F_n q_{fn} \times A_n\% \end{array} \right) \times 10^{-3}$$

（7-3）

式中 Q_n——各类建筑物的供暖设计总的热负荷，kW；

F_n——各类建筑物的建筑面积，m^2；

q_{fn}——各类建筑物的供暖面积热指标，W/m^2；

$A_n\%$——各类建筑物所占面积比例，%。

表 7-5 为部分热力站供热系统热负荷估算结果。

热力站供热系统热负荷估算结果　　表 7-5

序号	热力站名称	系统名称	供热面积（m²）	建筑类型	建筑类型面积（m²）	建筑属性	建筑属性面积（m²）	计划热指标（W/m²）	平均计划热指标（W/m²）
1	新村站	新村系统	80495.55	节能	80495.55	居住建筑	77424.93	24.3	24.3
						公共建筑	3070.62	24.3	
2	自九站	旧楼系统	32618.21	节能	32563.55	居住建筑	32563.55	22.7	22.7
				非节能	54.60	公共建筑	54.60	27.0	
		地暖系统	106863.44	节能	100379.44	居住建筑	100379.44	23.8	23.96
				非节能	6426.32	公共建筑	6426.32	27.0	

续表

序号	热力站名称	系统名称	供热面积（m²）	建筑类型	建筑类型面积（m²）	建筑属性	建筑属性面积（m²）	计划热指标（W/m²）	平均计划热指标（W/m²）
3	晨鹿站	晨鹿系统	132226.52	节能	125100.97	居住建筑	125100.97	22.7	22.9
				非节能	7125.55	公共建筑	7125.55	27.0	
4	民五站	民五系统	81197.06	节能	79564.12	居住建筑	75893.95	24.3	24.4
						公共建筑	3670.17	24.3	
				非节能	1632.94	公共建筑	1632.94	27.0	
5	绿海印象站	高区系统	15900	节能	15900.00	居住建筑	15900.00	22.7	22.7
		低区系统	21400	节能	21400.00	居住建筑	16832.62	22.7	22.7
						公共建筑	4567.38	22.7	
6	青东站	厂区系统	35959.87	节能	5467.01	公共建筑	5467.01	22.7	24.1
				非节能	30492.86	公共建筑	30492.86	24.3	
		住宅系统	16663.98	节能	15273.26	居住建筑	15273.26	22.7	23.1
				非节能	1390.72	公共建筑	1390.72	27.0	

续表

序号	热力站名称	系统名称	供热面积（m²）	建筑类型	建筑类型面积（m²）	建筑属性	建筑属性面积（m²）	计划热指标（W/m²）	平均计划热指标（W/m²）
7	师院北站	师院北系统	89143.87	节能	62585.17	居住建筑	59230.21	22.7	24.0
						公共建筑	3354.96	22.7	
				非节能	26558.70	公共建筑	26558.70	27.0	

注：计划热指标指室外温度为 −2℃时的热指标。

（3）热源处的调节模式

包头热力目前共有 8 座热源，除两座调峰热源外，其余 6 座为主力热源，为保证热源及一次管网运行稳定，并提高供热安全和保障能力，6 座热源分为 4 个热源区域联网运行，每个联网运行区域内的热源流量、供回水温度、供回水压力等参数不完全一致。

热源分区域运行，不同区域运行参数不完全一致，但主要调节模式均为分阶段质调节，以达到在满足供热需求的条件下节能运行的目的。即在初末寒期采用小流量运行模式，以降低管网热损失，且降低热源处及加压泵循环水量，可有效降低电耗；在严寒期采用大流量运行模式，在满足热负荷需求的前提下保证一次管网安全运行。

以华电北控热源区域为例，初末寒期单位面积循环流量为 $7m^3/(万\ m^2 \cdot h)$，严寒期为 $8.5m^3/(万\ m^2 \cdot h)$；一电新厂区域在初末寒期单位面积循环流量为 $6m^3/(万\ m^2 \cdot h)$，严寒期为 $9m^3/(万\ m^2 \cdot h)$。

确定总循环流量后，需要根据天气变化及时调整热源供水温度，参照标准是质调节曲线。质调节曲线的计算是热水管网在稳定状态下运行，且不考虑管网沿途热损失的情况下，热源的供热量等于供暖用户系统散热设备的散热量，同时也等于供暖用户的热负荷。以此为基础进行计算，有如下热平衡方程式：

$$Q_1' = Q_2' = Q_3' \tag{7-4}$$

$$Q_1' = q'V(t_n - t_w') \tag{7-5}$$

$$Q_2' = K'F(t_{p.j} - t_n) \tag{7-6}$$

$$Q_3' = G'C(t_g' - t_h')/3600 \tag{7-7}$$

式中　Q_1'——建筑物的供暖设计热负荷，W；

Q_2'——在供暖室外计算温度 t_w' 下，散热器放出的热量，W；

Q_3'——在供暖室外计算温度 t_w' 下，热水管网输送给供暖用户的热量，W；

q'——建筑物的体积供暖热指标，$W/(m^3 \cdot ℃)$；

V——建筑物的外部体积，m^3；

t_w'——供暖室外计算温度，℃；

t_n——供暖室内设计温度，取 18℃；

t'_g——供暖用户的供水温度，℃；

t'_h——供暖用户的回水温度，℃；

$t_{p.j}$——散热器内的热媒平均温度，℃；

G'——供暖用户的循环水量，kg/h；

C——热水比热容，取 4187（J/kg·℃）；

K'——散热器在设计工况下的传热系数，W/(m²·℃)；

F——散热器的散热面积，m²。

根据上述平衡关系、散热器传热系数、板式换热器传热特征等，可以计算出在不同室外温度下的质调节曲线，如图 7-13 所示。

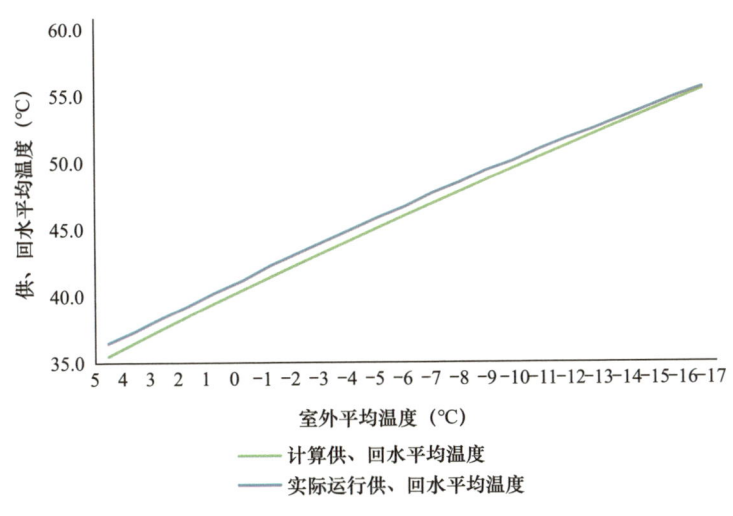

图 7-13　不同室外温度条件下的质调节曲线

不同的热源区域及不同阶段的流量不同，质调节曲线也不相同，使热源的调节更加有针对性、更细致。

同时，在修正热源的调节曲线时，在统计的各热力站供热系统热负荷的基础上增加输送热损失。根据统计，一般热力管道输送效率为 92%～94%，即热损失率不超过 6%～8%，根据包头热力统计数据，管道热损失约为 6%，因此热力站供热系统热指标为 $45W/m^2$，考虑一次管网热损失后，热源供热量指标调整为 $45 \times 1.06 = 49W/m^2$。

（4）热力站的一次管网流量调节

待热源处循环流量、供水温度确定后，每个热力站以二次管网供回水平均温度为基准参数，通过站内一次侧电调阀开度对一次管网流量进行调节。

这种调节方式可以直接将用户的实际供热效果与一次侧流量调节结合起来，调节直接有效，且通过自控系统的自动计算，可以让一次管网快速建立平衡状态，有利于热网安全高效运行。

最后根据用户室温情况及运行经验，对各系统的调节曲线进行单独修正，以达到精准控制的目的。

（5）热力站的循环泵变频调节

对于热力站，可以通过变频泵的精细调节来降低电耗。利用式（7-8）可以计算出供热系统的循环水量，又根据相似规律得知，变频泵的频率与流量近似成正比。因此，通过热负荷的大小可以计算确定站内循环泵频率设定值[1]。

$$G'_n = 0.086 \frac{Q'_n}{t'_g - t'_h}$$ （7-8）

式中　G'_n——供暖用户的流量，t/h；

　　　Q'_n——供暖用户的热负荷，kW；

　　　t'_g、t'_h——供、回水温度，℃。

例如某供热系统在设计时采用的概算指标，站内设备均按照 $60W/m^2$ 选取，而在实际运行过程中经式（7-2）计算得出热负荷为 $45W/m^2$，循环泵最大频率为 50Hz，计算得出循环泵频率应为 45/60×50＝38Hz。

按照供热负荷分布情况，结合站内循环泵，将变频调节划分为几个时段来进行分别调控（表 7-6），以实现更加精细化的节电管理。

包头热力热力站循环泵变频调节时间表（单位：Hz）

表 7-6

热力站名称	调整时间					
	06:00	07:00	11:00	14:30	17:00	19:00
钢 33	37	35	35	37	36	35
钢 31	35	35	34	35	36	35
钢 32	37	35	35	37	36	35

---

[1]　全国勘察设计注册工程师公用设备专业管理委员会秘书处. 全国勘察设计注册公用设备工程师暖通空调专业考试复习教材（2023 年版）[M]. 北京：中国建筑工业出版社，2023.

续表

热力站名称	调整时间					
	06:00	07:00	11:00	14:30	17:00	19:00
钢34	37	35	35	37	36	36
青20	36	35	35	36	36	36
青22思景苑	36	34	35	38	36	36
青22低区	36	34	35	37	36	36
青22高区	35	32	34	35	36	36
付钢37兰板	35	25	30	35	30	25
付钢37芬兰	44	40	40	44	40	42
滨江北站高区	43	32	40	43	35	36
滨江北站低区	43	34	40	43	35	36
滨江南站三期	40	34	38	41	35	36
滨江南站低区	43	34	40	43	35	36
滨江南站高区	43	32	40	43	35	36
昆河一期南环	43	34	40	43	35	36
昆河一期高区	43	32	40	43	32	34
昆河一期低区	43	34	40	43	35	36
昆河二期低区	43	34	40	43	35	36
昆河二期高区	43	32	40	43	32	45
钢37兰板	42	34	40	42	35	36
钢37芬兰	45	34	42	45	35	36
青18东区	44	35	40	44	35	36
青18西区	36	34	35	36	35	36

（6）二次管网调节

1）简易快速粗调节

在二次管网运行调节的实践中，包头热力摸索出一种简易的初始状态粗调节方法，简单说来有以下步骤：

① 测量二次管网总流量，改变循环泵运行台数或调节系

统供、回水总阀门，使系统总过渡流量控制在总理想流量的 120% 左右。

②以热源为中心，由近及远，逐个调节各支线、用户。最近的支线、用户，将其过渡流量调到该工况下设计流量的 80%～85%；较近的支线、用户，过渡流量应为计算流量的 85%～90%；较远的支线、用户，过渡流量是计算流量的 90%～95%；最远支线、用户，过渡流量按计算流量的 95%～100% 调节。

③当供热系统支线较多时，在支线母管上安装调节阀。仍按由近及远的原则先调支线再调各支线的用户，过渡流量的确定方法同上。

④在调节过程中，如遇某支线或用户在调节阀全开时仍未达到要求的过渡流量，此时跳过该支线或用户，按既定顺序继续调节。等调节完毕后再复查该支线或用户的运行流量。若与计算流量偏差超过 20%，应检查、排除有关故障。

2）加装平衡阀并采用回水温度一致法进行调节

当系统精细调节难以实现时，可适当安装二次管网平衡阀并配合采用回水温度一致法实现二次管网的水力平衡与调节。

由于二次管网管路较短，供水温降可以忽略，因此只采用回水温度一致法来进行调节也可以满足二次管网的平衡要求，即通过支线或单元、入户阀门的实时平均回水温度作为调控依据。若测点处回水温度高于目标值，则将阀门开度适当减小；

若测点处回水温度低于目标值，则将阀门开度适当增大，最终使各类用户回水温度趋于一致[①]。采用这两种措施后，热力站电耗降幅为 20%～30%，同时热耗也平均降低 15% 左右。

（7）实现用户端的精细化调节

用户端调节主要通过用户室内散热器温控阀门来实现，包头热力通过无线测温平台监测用户室温，以保证用户室温符合标准。目前共有 4700 余台固定式无线测温设备实现数据上传，后续还将陆续加装 2000 台左右，通过分析用户室温来判断供热情况，以及判断是从热源处调节还是从热力站处或用户端调节。

若所有测点的用户室温均偏低，则需从热源处增加供热量；若热力站所属区域内用户测点室温偏低，则需通过调节热力站一次侧阀门来增加热力站供热量；对于某栋楼、某单元或某户测点温度偏低的情况，则需核实测点数据是否准确，通过调节楼栋、单元阀门开度来提高用户室温。

3. 结论

包头热力从 2018—2019 供暖期开始执行热耗精细化管理工作，至 2023—2024 供暖期，单位面积耗热量从 0.48GJ/（m² · 年）降至 0.36GJ/（m² · 年），累计减少能源浪费 2520 万 GJ，折合标准煤 86 万 t，累计减少碳排放 214 万 t；单位面积耗电量从 1.53kWh/（m² · 年）降至 1.19kWh/（m² · 年），

---

① 苗高扬. 供热管网水利分区及平均温度调节方法的研究［D］. 哈尔滨：哈尔滨工业大学［年份不详］.

累计节约用电 7140 万 kWh；单位面积补水量从 8.65kg/（m²·月）

降至 4.54kg/（m²·月），累计节约用水 518 万 m³（图 7-14）。

图 7-14　近 7 个供暖期包头热力能耗指标变化图

同时，用户室温在 18～26℃的比例由 60.1% 升至 87%，

节能降耗的同时达到了均衡供热的效果（图 7-15）。

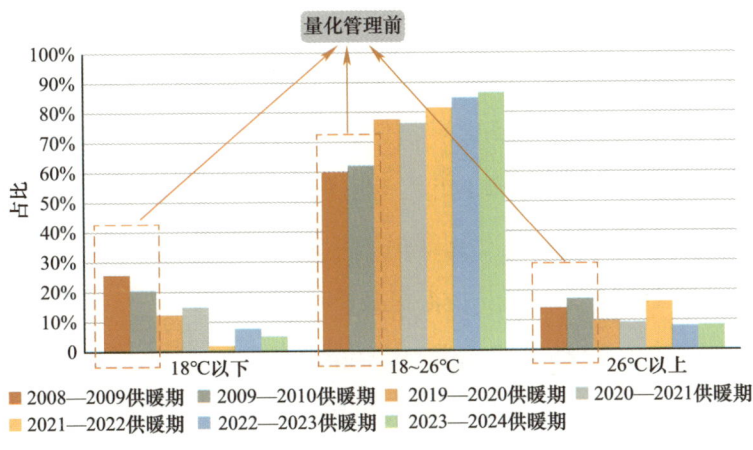

图 7-15　包头热力用户室温在不同区间内占比的变化图

7.1.6 新疆天富能源股份有限公司供热分公司节能降耗与降本增效的管理经验

新疆天富能源股份有限公司供热分公司（以下简称天富供热）是石河子垦区唯一一家大型集中供热企业，担负全市集中供热、供热设施建设与运行管理任务。目前天富供热有南热电热源和北热电热源，一次高温水管线总长 440km，热力站 360 座，供热面积 3200 万 m^2，服务 24 万个供暖用户，并为 50 个工业用户供应蒸汽。

天富供热致力于打造"智能化绿色供热"，不断优化供热资源配置，实现市区多热源联网及热力站自动化运行，热电厂产热长距离输送，热量按需灵活调配，热源相互补充的供热格局。近年来，天富供热加快供热生产管理信息化、自动化、智慧化步伐，利用自有技术力量，重新编写无人值守热力站自动控制标准程序，打造供热行业新标准，提高全员自动化操作能力，360 座热力站全部实现实时监控、无人值守、自动运行。天富供热向节能、环保、经济运行不断迈进，实现了供热运行管理模式由粗放型向集约型、智能化、精细化的转变，供热能耗和运行管理水平步入全国城镇供热行业先进企业榜单。

1. 通过技术改造和挖潜提高管网输送能力

（1）供热管网数据监测智能化改造

为有效降低一次管网回水温度，提高电厂的余热利用效率，天富供热在一次管网支线回水管道安装 130 余台贴壁式测温仪，将一次管网回水温度实时传输至监控平台。通过数据分析评估各支线所属热力站的传热效率，对一次管网回水温度异常的热力站实施专项检查与系统排查。针对不同工况，采取清洗板式换热器、清理除污器及调节换热器间流量均衡等针对性措施。通过优化热力平衡，有效降低一次管网回水温度，大大提升了电厂余热回收率。

（2）供热自管站阀门智能化改造

天富供热供暖辖区内存在部分用户自管热力站，因对其缺乏有效管控手段，导致热量消耗较高。为优化一次管网热能调控与分配管理，天富供热投入专项资金 50 余万元，在 23 座自管热力站的一次管网进站回水管道加装物联网调节阀。该装置内置供电系统，可远程实时调节阀门开度并且将回水温度实时回传至监控平台。此项改造不仅成功解决了自管热力站热量消耗过高的问题，还降低了一次管网回水温度。

（3）热力站混水直供、阶梯供热改造

为提升热网运行效能，天富供热通过优化一次管网回水温度与输热能力，创新采用混水直供与阶梯供热复合技术。研发过程中，重点突破控制方案设计，通过动态调节混水比、二次管网供水压力及供回水温差等核心参数，并结合流量自动控制策略，实现供热质量的精准调控。天富供热累计投入 120 余万元，已完成 15 个热力站的混水直供技术改造与系统升级。改造后显著降低了一次管网回水温度，有效提升了换热效率与管网供热能力，同时规避了传统换热器的热损耗问题。实际运行数据显示，平均换热端差同比降低 4℃，节能收益显著。

（4）二次管网平衡阀改造

为确保热力站二次管网各分支或用户的流量分配合理，避免部分区域过热或过冷，提升供热均匀性，对于热平衡失调严重的小区，有针对性地制定优化改造方案。目前天富供热二次管网智能调节阀改造已投运 42 套供热系统，涉及 25 座热力站，总计安装 3377 台智能调节阀，覆盖供暖面积 542 万 m^2。该项目实施后，热力站节能 20％以上，节电 25％以上，有效提升了精细化管理、智慧供热水平。

2. 通过科技创新驱动节能低碳新发展

（1）透平机组创新改造

改造前，南电二期的一次高温水通过南子午路管径 $DN900$ 管网输送至 1 号隔压站，在站内通过 10 组板式换热器进行热交换，同时将一次高温水管网压力进行隔离，热交换后的二次水作为后侧热力站的一次热源，由隔压站内的 4 台循环泵将循环水送至各热力站。改造前该系统存在以下问题：1）换热器热交换效率限制造成一、二次侧温差达到 6～8℃，不利于热量输送；2）隔压站需要开启循环泵强制一次管网循环，额外消耗电能；3）隔压站一次测水温偏高，造成南电热网回水温度偏高，余热得不到充分利用。

天富供热对隔压站实施了透平机组改造，简化了供热系统。改造过程中抛弃了传统透平机的泵反转理论，采用独特的转轮水力设计，能量回收效率达 80% 以上，超越国内同型透平机效率 50% 左右；并采用透平型绿色节能供热隔压系统，利用变频控制柜、PLC、各种一体式传感器，可实现远程操作、就地显示、一键启停、一键切换等功能，实现了数字化管理。

2023—2024 供暖期，改造前 1 号隔压站一次管网平均流量为 3102m³/h，板式换热器端差为 6.8℃；改造并调试正常后，一次管网平均流量为 2549m³/h，板式换热器端差为 0.97℃。该系统可提高热能利用率与热能的回收利用，每年大致可节约 360 万元，节能增效效果显著。

（2）热力站大温差机组改造

为解决南热电供热区域回水温度高、余热利用率低、严寒期热负荷和管网输送能力无法满足供暖需求等问题，天富供热对 56 个热力站进行了吸收式大温差换热机组改造（共计 68 台，累计 432MW）；对南热电供热区域的其他热力站换热面积进行校核，校核后对 10 个站、11 个板式换热器进行增容改造。

改造后，南热电供热区域一次管网平均回水温度由 65℃降至 48℃，严寒期单台 330MW 机组乏汽全部回收，提高了电厂能源利用率，降低了供热成本。2023—2024 供暖期，累计回收余热 426 万 GJ，同比增加 184 万 GJ，提高管网输热能力 24%，可承接石河子南区新增供暖面积 285 万 m²，可节约热量成本 4219 万元，降低标准煤消耗量 5.73 万 t。通过改造，减排二氧化碳 15.02 万 t、粉尘 630.67t、一氧化碳 80.27t、二氧化硫 487.34t、氮氧化物 424.27t、硫化氢 28.67t，为进一步改善城区生态环境和空气质量做出贡献（图 7-16）。

图 7-16　改造后大温差热力站

3. 智慧供热平台建设，助力生产精化细管理

节能降耗工作要从数据分析和加强管理入手，需对现有运行数据深入挖潜、分析高能耗点，并配合有效的管理手段，有目标，有计划地解决。天富供热结合热网自动化控制平台、全网平衡软件助力生产精细化管理，在提高用户满意度的同时做到节能降耗。

（1）搭建自动化控制平台，实现数字化管理

热网自动化控制平台利用全网平衡软件的计算规则，实时

判断全网水力平衡情况，自动对换热系统的调节阀进行调整，保证均匀供热，不需人工参与各换热系统的温度调整，加快了供热系统启动与故障恢复的过程。同时，按建筑的供暖方式、建筑类型（节能／非节能）进行修正，保证供热质量。

通过管控平台获取热网数据进行综合分析，与热网自动化控制平台自动调整的实际情况进行对比，得出实际温度的修正值，配合全网平衡软件，根据每日室外温度变化规律，以及一次管网、二次管网热水循环时间，在确保用户室温维持在22℃以上的情况下，每日进行两次调节。最终实现提高热网自动化控制水平、保证供热质量、降低供暖能耗、降低运行成本的目标。

（2）利用云平台技术，监测供热生产设备

供暖期生产设备运维巡检工作量较大，效率较低，智能化水平低。天富供热原有的远程监测方案存在两个突出问题：一是仅能判定变频器故障状态而无法捕捉具体故障信息，导致应急维修效率偏低；二是能耗管理模块响应周期较长，难以满足"日清月结"的精细化管理要求。

为此，天富供热深度融合供热工艺特性和行业绿色发展趋势，与ABB公司联合研发了供热行业专用数字化平台。通过部署40套传动云盒设备，成功接入了现场400余台AC500 PLC控制器，实现对2000余台变频器的实时数据云交互，并通过网页客户端及微信小程序，可随时查看设备运行关键参数、曲线和设备状态，及时获取故障事件和解决方案的推送，同时读取换热站各台水泵电量。将传输实时运行数据转换为优化设备运行、改善生产能效、提升生产安全性和有效性的可靠信息。

（3）以数字化技术为引擎，持续优化供热运行管理

能效管理是供热生产管理中的重要工作，为进一步提升能效管控水平，天富供热依托"智慧供热系统"及"ABB运动控制智能运维平台系统"打造了"水热综合一体化平台"，构建起"云端监测＋智能调控＋建准服务"的智慧供暖新模式，实现能效高效管理。

该平台融合了供热生产数据中心、展示中心、智慧中心、管理中心及调度中心五大核心功能模块，旨在打造一个全方位的数据管理和应用环境。该平台在管理协同维度上依托人性化设计与标准化功能架构，打造跨部门协同工作环境与统一资源访问中枢，通过构建标准化业务指令系统、可视化数据看板及移动审批模块，打通传统管理模式下由于信息孤岛、层级壁垒与职能分割造成的效能损耗；通过整合业务管理、能耗分析、运营成本、设备状态等的决策支持中枢，形成监测—解析—决策—优化的闭环管理链条，为规划资源配置、生产调度响应与成本控制综合能耗的决策提供依据，最终实现服务质量与能源利用效率的动态平衡。

4. 制定节能奖罚机制，提高员工节能意识

（1）"奖惩—绩效"双驱动，精准激励赋能

为了更好地完成节能降耗及高质量发展工作，天富供热进

一步强化供热生产能耗管理，全面管控生产指标，制订《天富能源供热公司供热节能降耗工作奖惩管理办法》，充分调动公司全体员工参与节能降耗、参与生产管理的积极性，营造"降低成本、人人有责"的良好氛围。

根据公司下达的各项生产指标，各营业所按照生产计划编制本所指标计划，并细化到服务站，服务站细化到热力站。能耗管控平台按时间节点自动生成各项单耗指标，每日、周、月自动生成报表，各单位每日对生产指标数据进行对比，超计划指标每日查找原因并反馈；每周、月进行排名，并通报，未完成计划的热力站由站领导汇报原因及处理措施；指标完成优秀的，由站长分享经验。

热力站综合评分与公司绩效管理办法挂钩，评选优秀热力站（颁发小红旗）、优良热力站和良好热力站（颁发小黄旗）。优秀热力站给予奖励，良好热力站限期完成整改。

（2）成立技术尖刀小组，培养青年技术骨干

天富供热注重人才梯队建设，成立技术尖刀小组，由技术骨干以老带新，并借助同方技术支持培养青年技术骨干，使其做到会分析数据、会解决问题、会运行管理。

以技术尖刀小组为中心，辐射周边，带动周围员工的技能提高。技术尖刀小组可作为生产和营销的纽带，客观分析热力站运行问题、热用户投诉有效性、收费率的影响等，提高供热质量与服务，提高收费率。

天富供热通过一系列节能降耗与降本增效的管理措施，不仅显著提升了供热系统的运行效率和能源利用率，还大幅降低了生产成本和环境污染（表 7-7）。

天富供热近 3 个供暖期一次管网回水温度及热力站能耗数据

表 7-7

指标	供暖期		
	2021—2022	2022—2023	2023—2024
耗热量（GJ/m²）	0.65	0.457	0.453
电耗 [kWh/（m²·月）]	0.39	0.33	0.15
水耗 [kg/（m²·月）]	5.53	4.72	1.2
一次管网回水温度（℃）	49.44	44	35

天富供热将继续秉持绿色发展理念，不断推进技术创新和管理优化，为实现国家"双碳"目标和地方经济可持续发展贡献力量。未来，天富供热将继续探索更多智能化、精细化的管理手段，进一步提升供热服务质量，为市民提供更加舒适、环保的供热体验。

7.1.7 运城市热力有限公司提升热力站管理水平的探索与实践

运城市热力有限公司（以下简称运城热力）成立于 2007 年 3 月，为市属国有企业，主要负责中心城区热电联产集中供热。现有职工 488 人，下设 28 个部室，1 个子公司。截至 2023 年底，运城热力供热面积 2200 万 m²，拥有一次管网 101km，二次管网 70km，热力站 260 座，热源厂 2 座，热计量站 1 座，资产总额达 15.3 亿元。近年来，运城热力坚决落实市委、市政府"产供热一体化""同城一体化"战略部署，加快供热工程建设，整合城区供热资源，为市民温暖过冬，提高市民生活品质，切实提升群众获得感、幸福感、安全感，促进运城高质量发展做出了积极贡献。运城热力先后取缔燃煤锅炉 600 余座，每年节约供暖用煤约 60 万 t，减少烟尘排放约 2 万 t，减少 SO_2 排放 1.5 万 t，市区环境质量明显改善，城市品位大幅提升，取得了良好的环境效益、社会效益和经济效益。先后被省、市政府授予"蓝天碧水工程"先进企业、市政行业先进企业、"运城市五一劳动奖状""工人先锋号""市文明单位"等荣誉称号。

在供热运行、节能降耗方面，运城热力秉承"安全运行、科学运行、经济运行、精准运行"的理念，在保障供热质量、满足用户用热舒适性的同时，不断提高精细化管理水平，充分挖潜增效，在节能降耗方面取得了较好的成效。其中，水岸华庭·东郡热力站（以下简称东郡热力站）是运城热力节能降耗较为突出的一个热力站，主要得益于供热设施建设和运行工作上的"靠前管理"理念，并入选"2024 年度中国供热行业能效领跑排行榜"中的"标杆示范热力站"。

东郡热力站于 2017 年 11 月建成并投入使用，供热能力 22 万 m^2，总供热面积 22.6454 万 m^2，实供面积 18.4155 万 m^2，站内设高区、低区 2 套机组，供热方式为地面辐射，供热半径约 200m，承担 1422 户居民的供热服务（图 7-17）。

图 7-17　运城热力东郡热力站

1. 提前介入，优化热力站设施设备设计选型

新建热力站规划设计之初，建设单位或用热单位为了预留发展余量，给设计人员提供的热力站供热面积或热负荷往往偏大。与此同时，设计人员在供热能力和设施设备选型时，往往遵循"宁大勿小"的原则，在原有基础上再留20%～30%的富余量。另外，从二次管网调节来说，采用大流量、小温差方式有利于解决二次管网局部的水力不平衡问题，选用较高扬程的水泵可以弥补大流量带来的系统阻力增加或系统阻力估算不准确等问题。这些潜在的原因造成热力站内设备选型偏大，尤其是水泵扬程偏高、流量偏大，这是造成热力站电耗较高的重要原因。随着运城热力供热规模不断扩大，对精细化管理的要求越来越高，通过多年的技术进步和经验积累，新建热力站的设计理念更加合理，随之带来的是热力站单位面积能耗的逐步下降。

（1）优化热力站内设计

运城热力设有专业技术人员组成的设计团队，根据小区楼层对热力站进行分区，并对各机组的设施设备、阀门及管道附件敷设进行系统化设计，精确计算板式换热器、除污器、Y 形过滤器、分集水器、各类阀门及管道附件等设施设备的阻力，合理规划、合理选型，尽可能减少阀门、三通、变径、弯头尤其是小曲率半径弯头，以最大限度地降低站内阻力。

（2）对循环泵合理选型

循环泵选型时，根据小区总供热面积、供热半径和供热方式，结合热力站内总阻力和庭院管网的计算阻力，严格核算所需流量和扬程，选取相匹配的低功率、高效率优质水泵。安装循环泵时，采取一备一用的方式并联安装，严寒期单台泵满负荷运行完全可以满足要求，使循环泵一直处于高效运行状态，尽可能不采用两台以上循环泵并联运行的方式。

（3）对板式换热器合理选型

板式换热器选型时，选取换热效率高、板片质量好的优质板式换热器。板式换热器进出口管径不宜过小，否则会造成阻力增大，导致循环泵在功率不变的情况下流量降低。运城热力根据严寒期所需热负荷，结合一次侧温度、温差和二次侧温度、温差，通过板式换热器厂家提供的换热系数，精确计算所需换热面积，核算板式换热器一、二次侧进出口管径。

2. 优化热力站运行管理

（1）智慧供热，实现实时调度

近年来，运城热力致力于"科学运行、智慧供热"的理念，建立了智慧供热生产监控分析系统，并逐年提升和完善。该系统由供热调度中心、热力站自动控制系统和入户端自动控制系统等组成。采集热力站供回水温度、压力、瞬时流量、瞬时热量和用户室内温度、瞬时流量等参数，上传到供热生产监控平台进行综合分析后，由调度中心下达调整指令，各热力站内循环泵频率、阀门开度和入户端阀门开度根据指令自动调节，以达到均衡供热、节能降耗的目的。

（2）控制水质，保证换热效率

热力站二次侧循环水的水质直接影响板式换热器的换热效率，水质不合格会导致板式换热器结垢、堵塞，不仅降低板式换热器的换热效率，还造成板片间流道减小，阻力增大。因此，运城热力对热力站水质要求十分严格。从二次侧注水工作开始，根据软水器处理能力，实时对软水器出口水质和二次侧管网水质进行化验，确保软化水的水质硬度低于 0.6mmol/L，pH 保持在 9～12。供热运行期间，专职水质化验员每日结合失水量对各站水质至少化验一次，根据化验结果及时对软水器进行反冲洗，确保水质合格。

（3）实时监管，加强能耗分析

为了有效节能降耗，运城热力在每年的供热准备阶段制定水耗、电耗、热耗考核指标，考核到站，考核到人。在供热运行阶段，调度中心对热力站运行参数进行实时监控，发现异常立即通知热力站站长到站查看处理，每日对所有热力站的水耗、电耗、热消耗指标进行排名、通报；热力站站长每日根据调度中心通报，结合热力站运行参数、二次侧管网情况和用户实际供暖效果对各项指标进行分析，发现异常及时调整运行参数、查找漏水点；运行分公司每月对各热力站指标进行统计分析，横向对比同类型热力站，纵向对比上一供暖期同期消耗，对异常指标进行分析，并采取相应措施。东郡热力站近 3 个供暖期能耗指标见表 7-8。

东郡热力站近 3 个供暖期能耗指标　　表 7-8

供暖期	单位面积水耗 （kg/m²）	单位面积电耗 （kWh/m²）	单位面积热耗 （GJ/m²）
2020—2021	0.8	0.79	0.205
2021—2022	0.9	0.74	0.230
2022—2023	0.7	0.773	0.201

3. 加强二次管网管理

（1）加强供热管网建设工程设计审核

在供热系统中，二次管网的设计和布局至关重要。因此在新小区建设前，运城热力采取提前介入的方式，要求提供庭院管网设计图纸，由专业设计团队进行审核，对不合理的设计提出整改方案，从而优化管网布局、提高供热效率、减小管网阻力、降低运行成本。

庭院管网的管道质量尤其是直埋敷设管道保温质量直接影响耗热量，间接影响耗水量。直埋敷设的管道如果保温质量差，运行 2～3 年后就会出现"跑冒滴漏"现象，造成大量的热量损失。为此，运城热力要求庭院管网中直埋、管沟敷设的主管道采用密度不低于 55kg/m³ 的聚氨酯泡沫聚乙烯外护保温管；地上、地下室敷设的支线管道采用不低于 50mm 厚的保温材料，加铝皮外护套；管道井内的入户管道也要做保温。运行人员在供热运行前对管道保温情况进行检查，供热运行期间每半个月检查一次，若发现保温破损、缺失及时进行整改，以最大限度减少热损失，杜绝管道"跑冒滴漏"现象发生。

（2）做好二次管网平衡调节，实现户端均衡供热

二次管网的水力平衡是供热系统节能降耗的基础。平衡不到位，用户的实际流量与需求量偏差大，近、远端用户室内温度会存在冷热不均的现象，而为了远端用户的室内温度能够达标，热力站循环泵提高频率，增加流量和扬程，又导致了近端用户室温过热，形成恶性循环，造成热耗和电耗超标。东郡热力站所承担的建筑为节能建筑，用户取暖方式为地面辐射供暖，以 35W/m² 设计热负荷、供回水温差 5～7℃为参考值，每年供热初期，运行人员对小区二次管网进行两个阶段的调节。第一阶段按单元进行流量调节，根据各单元实供面积按 3～3.5kg/m² 的计算流量，利用手持流量计对各单元总阀门进行平衡调节，最远端单元保持全开状态；第二阶段分户进行流量调节，利用分户热表和分户锁阀对每单元各楼层、各户型进行分户调节，适当减少中户流量，适当增加顶户、底户、边户

特别是边角户流量，使各户回水温度基本一致。

4. 提高运行人员素质

随着供热行业新理念、新设备的不断更新，用户对供热服务舒适度、满意度的要求不断提高，对供热运行人员的综合素质要求也越来越高。任何先进机械设备和自控系统对节能降耗都只是辅助，归根结底还是要取决于使用的人。为了切实提高精细化管理水平，更好地做好供热运行工作，运城热力提出"外部输血、内部造血"的管理理念，一方面面向全社会招聘专业技术人才，补充到供热一线，提高供热运行人员整体专业水平；另一方面邀请各大高校专业教师对供热运行人员进行专业培训，并组织前往其他热力公司学习交流，通过年年培训、年年考核的方式，不断提升供热运行人员对热力站设施设备的操作水平、对运行参数的分析调整水平和对异常参数指标的判断处理水平，不断提高全体运行人员的综合素质（图 7-18）。

图 7-18　运城热力积极开展员工培训（一）

图 7-18　运城热力积极开展员工培训（二）

5. 结语

总体来说，热力站节能降耗工作是一项系统性工作，每一个环节都起着至关重要的作用。东郡热力站之所以取得了较好的节水、节电、节热效果，主要是从小区建设开始就重视用户供热工作，从小区热力站的选址和设计、用户庭院管网的设计、热力站设施设备的选型和安装、供热运行期间的水质监管、运行参数的监控和调整、管道的保温效果、庭院管网的水力平衡等，通过科学化、精细化的管理以及合理高效的运行控制体系，达到较好的节能降耗水平。

未来运城热力将继续探索节能降耗的新路径，采取更加先进的管理方式，在保障居民温暖的同时努力实现低碳节能运行，为供热行业"双碳"目标的实现贡献应有的力量。

7.1.8　青岛西海岸公用事业集团能源供热有限公司积极推进热力站节能降耗

1. 概述

青岛西海岸公用事业集团能源供热有限公司（以下简称西海岸热力）是一家以资源综合利用、热电联产为主的国有企业，成立于 2015 年 12 月，隶属于青岛西海岸公用事业集团有限公司，现有员工 1169 人，主营业务涉及西海岸新区供热、发电等能源设施的建设运营、服务等。为落实山东省能源局"十四五"规划关停淘汰小型燃煤锅炉要求，积极搭建"同城、同网、同质"供热管理框架，布局实施"一二三四五六"供热体系。即构建全区供热一张网；依托华能青岛热电有限公司、大唐黄岛发电有限公司两大主力热源；挖掘青岛特殊钢铁有限公司等企业的工业余热热源；布局易通热电公司广源热电厂等调峰备用热源；实施华能热力出线等五条主管网；同时，积极推动青岛海西热电有限公司、青岛中燃明月热电有限公司等六个区域型供热单位与全区供热管网互联互通，实施清洁能源供热。

目前，西海岸热力共有热源 8 处，总供热能力 4114MW，建成 60.8km 华能长输供热管线、16.3km 大唐第二条长输供热管线。后续东岳路供热联网工程完工后，将彻底结束新区东西城区供热孤网运行的历史，新区供热管网将成为青岛市管线跨度最长、辐射面积最大、供热保障水平最强的供热体系，在全省率先创新打造绿色低碳供热"西海岸样板"。

西海岸热力近年来积极推进节能降耗工作，其中，金凤凰铭品热力站取得显著成效，入选"2024 年度中国供热行业能效领跑排行榜"中的"标杆示范热力站"。

2. 金凤凰铭品热力站概况

金凤凰铭品热力站坐落于青岛市西海岸新区金沙滩路，于 2020 年 11 月正式投入运行，位于某小区 1 号楼地下室，占地面积 180m²，主要承担金凤凰铭品小区供热服务，供热面积达 4.55 万 m²，共有居民 422 户。

该热力站内配备一套先进的板式换热机组，采用大数据、物联网等技术建立了完善的能耗监测系统，对单位面积耗热量、单位面积耗电量和单位面积补水量等关键指标进行实时监测，并依据数据分析及时调整运行策略，实现了供热运行的智能化，大大提高了供热的精准度和稳定性，有效提升了能源利用效率。

该热力站 2022—2023 供暖期实际用热户为 210 户，用热面积为 2.18 万 m²，用热率仅为 50%，给热力站的节能降耗工作带来了很大的挑战，但也为探索优化运行策略提供了实践基础。

3. 热力站节能降耗措施

（1）精准调控单位面积耗热量

1）动态调整供热负荷

西海岸热力与西海岸新区气象局达成战略合作，智慧供热系统根据天气预报提前 48h 进行热负荷预测，根据实时气温及时调整供热参数，积极开展节能降耗工作。建立热力站负荷模型，通过预测量与实际供热量的对比，及时纠正供热运行曲线，实现"一日一源一计划"，合理供热产热。

同时，紧密配合供热服务站，根据供热舆情趋势，合理分配热量，确保居民室温达标，有效避免了热量超供造成的浪费。

2）强化站区监测预警

利用智慧供热平台实时监测运行参数，密切关注热力站供热曲线、补水情况、温度平衡等相关参数，一旦发现异常，立即上报并在工作群发布预警，及时组织联合排查，有效减少管网热量损失，保障供热系统的稳定运行。

3）优化运行时段管理

在供暖期实行"日调度例会"机制，加强站区管理，分析生产报表能耗情况，按照节能、经济、高效的原则，根据气温条件研究热力站分时段停运方案，减少不必要的热量消耗，进一步降低供热能耗。

4）定期维护提升效率

每日检查对比机组近两日二次侧供水与一次侧回水的温差，当达到板换清洗标准时，及时清洗水垢、污垢，使传热效率提升 10%～15%，显著提高了能源利用效率。

通过科学化、精细化热量控制，金凤凰铭品热力站单位面积耗热量呈现明显下降趋势，近 3 个供暖期耗热量变化情况见

表 7-9。

金凤凰铭品热力站近 3 个供暖期耗热量变化情况

表 7-9

供暖期	实际供热面积（m²）	总耗热量（GJ）	单位面积耗热量（GJ/m²）	单位面积耗热量年变化率（%）
2020—2021	21750.18	4400.27	0.202	—
2021—2022	21772.43	4095.01	0.188	−7.03
2022—2023	21800.35	3536.00	0.162	−13.76

（2）精细管控单位面积耗电量

1）采用智能调控循环泵

根据实际天气情况及用户供热需求，结合实时数据监测和需求预测，通过智慧供热精准调控循环泵的运行频率，有效降低耗电量。

2）合理安排设备运行时间

供暖期合理规划设备运行时间，避免设备长时间空转；非供热期间，及时关闭不必要的设备，减少能源浪费。

3）据实调整循环泵

根据该小区入住率较低的实际情况重新测算循环流量，将循环泵更换为功率为 18.5kW 的小泵，既能满足用户用热需求，又降低了热力站用电。

4）优化设备运行条件

在供热初期每日 2 次定时清洗过滤器，避免堵塞增加水泵能耗；根据二次管网压力曲线适时优化阀门开度，减少不必要的局部阻力。

通过实行上述管控措施，金凤凰铭品热力站 2021—2022 供暖期单位面积耗电量为 1.24kWh/m²，较 2020—2021 供暖期降低 6.06%；2022—2023 供暖期单位面积耗电量为 1.1kWh/m²，较 2021—2022 供暖期降低 10.48%；耗电量呈现明显下降趋势（表 7-10）。

金凤凰铭品热力站近 3 个供暖期耗电量变化情况

表 7-10

供热期	实际供热面积（m²）	总耗电量（kWh）	单位面积耗电量（kWh/m²）	单位面积耗电量年变化率（%）
2020—2021	21750.18	28683	1.32	—
2021—2022	21772.43	26980	1.24	−6.06
2022—2023	21800.35	24282	1.1	−10.48

（3）严格控制单位面积补水量

1）加强供热宣传教育

通过多种渠道加强供热知识宣传，提高居民用热意识，减少居民私自放水量，从而有效降低了补水量。

2）强化管网巡检维护

供热期每日巡检 1 次二次管网的管道、阀门、法兰，及时发现并修复渗漏点，避免"跑冒滴漏"现象的发生，减少水资源的浪费。

3）优化水压监测控制

每 2h 监测对比系统水压，避免出现频繁补水情况，并利用稳压控制将补水频率降到最低，确保系统的稳定运行。

4）水资源回收再利用

在每日排污、检修排水工作结束后，将符合水质标准的水资源回收至补水箱，实现了水资源的重复利用，2022—2023 供暖期共回收利用水量 41m³，占总用水量的 18.14%，有效减少了水的消耗量。

通过实行上述管控措施，金凤凰铭品热力站 2021—2022 供暖期单位面积补水量 10.98kg/m²，较 2020—2021 供暖期降低 3.34%；2022—2023 供暖期单位面积补水量 10.37kg/m²，较 2021—2022 供暖期降低 5.56%；补水量呈现明显下降趋势（表 7-11）。

金凤凰铭品热力站近 3 个供暖期补水量变化 表 7-11

供暖期	实际供热面积（m²）	总补水量（10³kg）	单位面积补水量（kg/m²）	单位面积补水量年变化率（%）
2020—2021	21750.18	247	11.36	—
2021—2022	21772.43	239	10.98	−3.34
2022—2023	21800.35	226	10.37	−5.56

4. 结论

通过以上一系列科学有效的管理措施和技术手段，金凤凰铭品热力站在降低能耗方面取得了显著成效。单位面积耗热量、单位面积耗电量和单位面积补水量等关键指标均呈现出明显的下降趋势，不仅有效节约了能源资源，降低了供热成本，还提高了供热质量和稳定性，为居民提供了更加舒适的用热环境。

这些经验不仅为企业自身带来了可观的经济效益，还为整个供热行业的节能减排和可持续发展提供了参考。在未来的工作中，西海岸热力将继续深入探索和创新，不断完善热力站的节能降耗措施，进一步提高能源利用效率，为推动供热行业的绿色发展、实现"双碳"目标做出更大的贡献。

7.2　企业降低单位面积能耗指标的具体实践

7.2.1　青岛顺安热电有限公司余热回收与超净排放协同技术提高热效率的工程实践

1. 企业简介

（1）企业基本情况

青岛顺安热电有限公司（以下简称顺安热电）成立于2012 年 9 月，现隶属于青岛北岸控股集团有限责任公司，承担着青岛市城阳区 95% 以上居民及 180 家企事业单位的供热任务，拥有总供热能力达 1313MW 的集中热源和分布式热源。2023—2024 供暖期供热配套面积 3488 万 m^2，实际供热面积2286 万 m^2，居民热用户突破 23 万。自 2018 年国有化以来，顺安热电得到了长足发展，供热面积增幅达 150%，能耗同比下降 46.4%，投诉下降 93.2%，2020—2023 年主营业务累计收入 14.16 亿元，累计减亏 4.6 亿元。

在省、市、区政府及各级主管部门的正确领导和大力支持下，顺安热电始终坚持以党建为引领，牢固树立"厚德笃行团结致远"的企业精神，努力秉承"安全、民生、低碳"的发展宗旨，着力打造"绿色低碳与优质服务高质量发展"的企业形象，大力推进节能降碳技术的研究应用，为推动供热行业的科技创新做出了积极贡献，同时也积累了大量可复制、可推广的经验。例如：以提高热源效率为落脚点，实施了全国首例热电厂燃煤锅炉烟气余热全回收项目、垃圾发电余热利用项目，以及开发了智慧供热平台项目。2023 年 11 月，顺安热电作为山东省唯一一家供热企业获评首批省"绿色低碳高质量发展先行区建设企业"试点单位；入选首家省级"智能＋"供热服务标准化试点单位、"减污降碳协同创新试点单位"等多项殊荣。2022—2024 年连续三年被中国城镇供热协会评为"中国供热行业能效领跑者"，其中 2024 年能效综合指标在供热面积 5000 万 m² 以下企业中排名第七，并取得燃煤锅炉效率排名第一、系统热量输送与换热效率排名第四、热力站单位面积补水量排名第七的好成绩。

（2）热源节能改造与综合利用情况

在国家"双碳"目标指引下，顺安热电以为城阳区经济社会发展提供"可靠、低碳、低成本"的能源保障为己任，坚持围绕"降碳、减污、增效"三个维度开展工作，大力推进煤炭消费替代和转型升级，充分发挥能源"梯级利用"和"循环利用"作用，围绕中心热源完善"热电联产 + 新能源新型供热"模式。目前已完成循环水供热改造项目、汽轮拖动三位一体项目、"余电利用 + 烟气源热泵"清洁供暖示范项目等，实现了高压蒸汽发电、蒸汽汽轮拖动、低温热源供热等梯级综合供能方式。特别是与清华大学合作实施的余热利用与超净排放协同技术研究，项目投运后实现了"废气、废水、废渣"协同处理利用，发挥烟气余热深度回收技术、供热与污水净化协同技术最大效益，全厂热效率达到 95%，供热煤耗降低至 35.6kgce/GJ，达到国内领先水平。

持续多年的节能挖潜改造与技术创新使得城阳区热源形式更加丰富，供热系统结构持续优化，形成全区供热互联互通"一张网"布局。

2. 燃煤电厂余热利用与超净排放协同技术

（1）项目背景

随着环保要求的提高，燃煤电厂的烟气和废水污染物排放要求越来越严格，目前常规的烟气超低排放、废水零排放等技术投资大、能耗高，进一步加重了电厂的运营负担。

排烟温度过高是燃煤火力发电厂热损失的主要原因之一，为了减轻尾部换热面和烟道的腐蚀，排烟温度一般在 100℃ 以上，远高于环境温度。排烟中蕴含的热量（显热 + 潜热）约占燃料热值的 7%～10%（按降温至 20℃计算），烟气经过传统的湿法脱硫后成为饱和或接近饱和湿烟气，虽然相比于脱硫前的烟气温度有所降低，但烟气中的大量显热转变为冷凝潜热，热量几乎没有减少。

针对湿法脱硫后烟气的低温、高湿特点，可利用"烟气直接喷淋降温 + 蒸汽式驱动吸收式热泵"工艺，将烟气温度降至 25℃，回收的烟气余热并入高温水一次管网。2019 年，顺安热电与清华大学合作，研发并建成烟气余热回收一期示范项目（图 7-19），对 168MW 的燃煤热水锅炉增设烟气深度余热回收系统，回收脱硫后烟气余热用于供暖，系统设计工况下可回收热负荷 15MW。2020 年建成烟气余热回收二期示范项目，对 2 台 75t/h、1 台 130t/h 的燃煤蒸汽锅炉、2 台 116MW 的燃煤热水锅炉增设烟气深度余热回收系统，设计工况下可回收热负荷 30MW（图 7-19）。

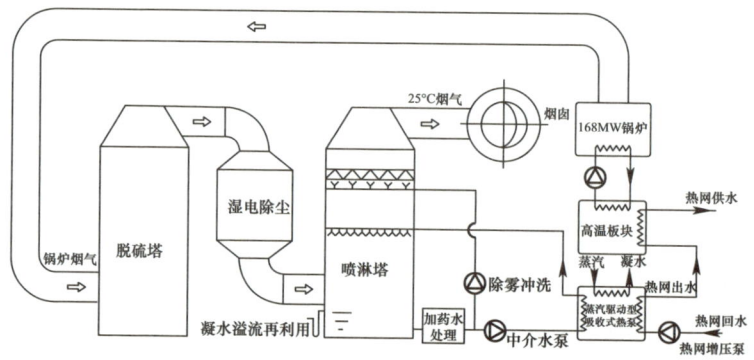

图 7-19 烟气余热回收一期示范项目工艺流程图

（2）技术原理及工艺流程

2022—2023 供暖期对烟气余热回收一期示范项目进行了改造，在原有吸收式热泵烟气余热回收系统的基础上，进一步利用电动压缩式热泵深度回收烟气余热，将烟气喷淋换热塔进行"高温、低温"两段式改造，利用具有特殊结构设计的雨帽层，有效阻断两段之间的喷淋水交换，且不产生过大的烟气阻力（＜300Pa），烟气温度可由 25℃将至 15℃，新增余热回收负荷 3MW，锅炉热效率可提高 10% 左右（图 7-20）。

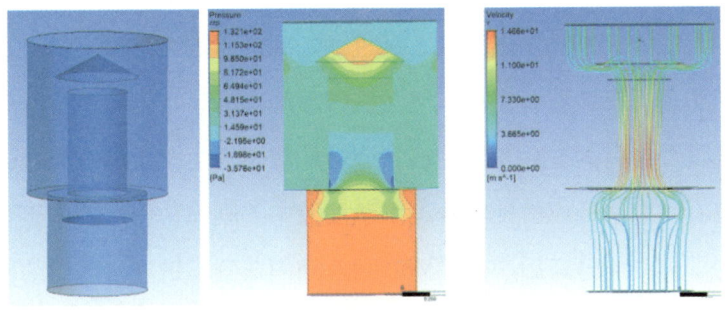

图 7-20　雨帽三维结构图及内部压力图、内部流线图

以降温至 15℃为例，热电厂每回收 1GJ 烟气热量，可同时回收 0.3m³ 的烟气冷凝水，每个供暖期可回收冷凝水近 20 万 m³。烟气冷凝水的大量回收，可有效改善烟囱"冒白烟""石膏雨"的现象；同时，回收的冷凝水可以作为脱硫塔补水，减少脱硫过程的水量损失。但由于回收的水量太大，打破了脱硫系统乃至整个电厂系统原有的水平衡，导致电厂污水

排放量增加，为此，项目组进一步改进传统热法污水处理工艺，将吸收式热泵和热法废水处理集成一体，以蒸汽驱动吸收式热泵回收热法废水处理工艺的末级闪蒸余热用于供热，并将净化水用于热网补水。

废水零排放工艺主要由废水预处理水箱、闪蒸器、离心分离机以及附属管路设备构成。脱硫废水以及烟气凝水汇合后，先进入废水预处理水箱，在废水预处理水箱中，通过添加碱液、絮凝剂，以及分层多重沉淀等措施，将待处理废水中的钙镁离子转变为固态不溶盐类，这部分不溶于水的盐分析出后作为固体废弃物排出系统。经过预处理之后的废水接着就进入闪蒸器，在该设备中被加热然后闪蒸结晶，废水闪蒸产生水蒸气以及含有固态盐的悬浊液，该悬浊液通过污水泵进入离心分离机，离心分离机旋转分离出悬浊液中的固体，作为固体废弃物排出，而分离后产生的清液则返回闪蒸器，进一步闪蒸结晶（图 7-21）。

闪蒸产生的水蒸气则在闪蒸器中与热网水进行换热，在换热的过程中，水蒸气冷凝产生的冷凝水作为废水处理的产物，可以用于电厂系统内各个子系统的补水，也可以用于锅炉或热网补水，实现水资源的再次利用。热网回水进入闪蒸结晶设备中，换热升温后流出闪蒸结晶设备，进入热网换热器进一步加热升温（图 7-22）。

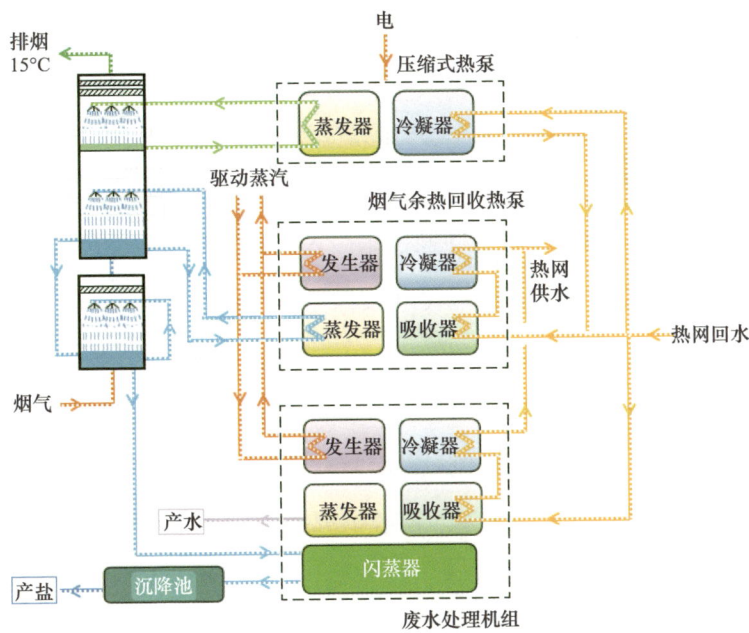

图 7-21　吸收式热泵、电压缩热泵联合超低温烟气余热回收与
净化技术工艺流程

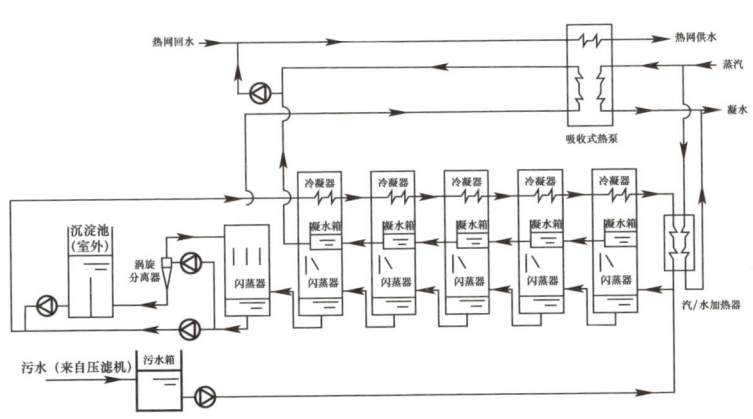

图 7-22　废水净化技术工艺流程

通过余热回收利用与废水净化协同技术解决了传统废水处理的技术难题，做到近零能耗条件下的废水零排放，既满足了环保要求，又实现了废水和结晶盐的回收利用。在满足环保要求的同时产生一定的经济收入，提高了电厂水资源利用效率和经济效益，改变了传统环保技术投入大却无经济收益的情况，且比其他处理方式降低能耗 90%。

（3）技术创新点

1）电动压缩式热泵与吸收式热泵联合深度回收烟气余热

吸收式热泵采用汽轮机抽汽驱动，回收高温喷淋段余热；压缩式热泵采用电能驱动，回收低温喷淋段余热，可深度回收烟气中的水分和冷凝潜热，两者输出的热能均用于热网水加热，可降低热源产热成本和煤耗。

2）采用烟气相变低温凝并技术实现多污染物联合脱除

在热泳、扩散泳等作用下，实现了细颗粒物、可凝结颗粒物、SO_3（硫酸雾）、逃逸浆液滴的协同脱除，低温喷淋提高了 SO_2 的溶解度；提高调整两段喷淋水的 pH、喷淋密度、喷孔直径等参数，达到最佳的联合降污减排效果。实测排烟中的各项污染物浓度均达到超低排放标准，可完全代替湿式静电除尘器，污染物超低排放治理成本得到有效控制。

3）吸收式热泵和热法废水处理工艺相结合

利用热电厂原有换热过程（汽轮机抽汽直接加热热网水）中的温差作为吸收式热泵的驱动力，实现了低能耗、低成本废水净化，具有废水浓缩、固化结晶、水质适应性强、预处理费用低等优点。

根据不同燃煤热电用户的具体情况，可在烟气余热利用与烟气超净排放协同技术应用上进一步进行系统拓展。例如，将烟气余热回收技术、低能耗废水净化技术与跨季节储热技术相结合，能够解决在非供暖期燃煤电厂超低排放以及烟气余热回收后的利用问题，实现非供暖期的废水零排放，不仅提高能源利用效率，也进一步降低污染，保护了生态环境。若将烟气余热回收技术与日间蓄热技术相结合，可以在电力过剩时段利用多余的电能来驱动烟气余热回收和烟气净化，从而参与电力调峰，平衡电网负荷。这些技术的拓展不仅可以提高技术应用的适应性和灵活性，也增加了经济性，为可持续发展提供了有力的技术支持。

3. 项目效益分析

（1）节能效益

余热利用与烟气超净排放协同技术应用项目总投资 7000 万元，余热回收负荷约 48MW，每个供暖期回收热量为 47 万 GJ，锅炉热效率提高近 10 个百分点，回收凝水量 11.88 万 m^3，折合节省标准煤量约 1.35 万 t，产生经济效益约为 3368.36 万元，2.1 年可收回投资。

在废水零排放方面，该项目与目前国内外常用技术相比，无论是初投资还是运行成本均大幅度降低，项目对 $10m^3/h$ 的废水进行处理，回收并利用水为 8m³/h，1m³ 水的处理电耗为 5.9kWh，且所消耗的蒸汽热量全部传递给热网水，有效降低运行能耗。如果考虑净水收益，本项目每净化 1m³ 废水可增加收入 7.2 元（表 7-12）。

每处理 1m³ 废水的成本比较　　　　表 7-12

费用	蒸发结晶	烟道蒸发	膜法 +MVR	本项目
投资（万元 /m³）	168	146	180	78
运行成本（元 /m³）	60	17	51	4.6*，-7.2**

* 表示不计净水收益，** 表示计净水收益。

注：除本项目外，其他方式的成本来源于相关文献。

（2）减排效益

该项目对烟气显热和潜热进行深度回收，同时进行烟气二次洗白和降温，进一步降低了污染物的排放，烟气经过降温后，其内部的污染物浓度显著降低。

项目投运后，分别针对两种工况（只开下段喷淋和两段喷淋都开），详细测量了烟气中可凝结颗粒物（CPM）、颗粒物（FPM）和硫酸雾三种主要污染物浓度（图 7-23）。对比喷淋塔进出口烟气污染物浓度可以看出，除了氮氧化物变化不大以外，其他污染物浓度都有大幅度降低，颗粒物（FPM）浓度低于检出限（1mg/m³），具体见表 7-13。

烟气余热深度回收技术每个供暖期减排 CO_2 约 35180.5t、减排 SO_2 约 79.5t、减排 NO_x 约 40.2t、减排烟尘约 940t。

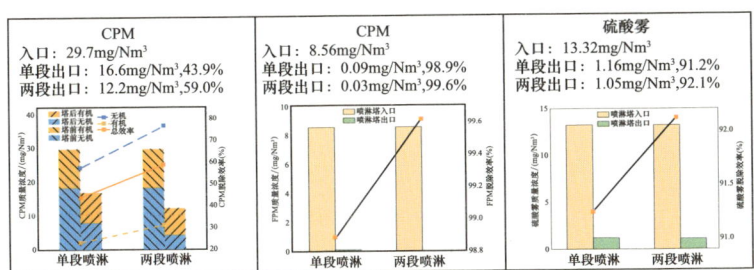

图 7-23　各工况污染物排放情况

污染物排放对比　　　　　　表 7-13

污染物	质量浓度	低温喷淋塔前	低温喷淋塔后
二氧化硫	实测（mg/m³）	177	9
	折算（mg/m³）	263	13
氮氧化物	实测（mg/m³）	39	41
	折算（mg/m³）	58	60
一氧化碳	实测（mg/m³）	36	ND
颗粒物	实测（mg/m³）	5	ND
硫酸雾	实测（mg/m³）	66	3

供热与污水净化协同技术每个供暖期处理脱硫废水 33840m³、产生净水 27072m³，实现了废水的零排放。

（3）项目成果

自燃煤电厂余热利用与超净排放协同技术于顺安热电实施伊始，便严格依循既定规划与标准，凭借先进技术与理念，有力保障了项目的高质量推进。该项目不仅在节能减排层面达成预期目标，其成功应用亦获得广泛关注与认可，烟气余热全回收技术荣列青岛市节能低碳重点技术推广目录，供热与污水净化协同示范项目荣获"中国供热节能最佳实践案例奖",并列入《中国建筑节能年度发展研究报告 2023(城市能源系统专题)》"低碳供热最佳实践案例"。在燃煤电厂余热利用与超净排放协同技术领域申请发明专利达 10 项,授权实用新型专利 22 项,发表学术论文 36 篇。2024 年 4 月 2 日,经中国能源研究会、中国城镇供热协会 9 位院士、专家组成的专家组鉴定认为,该项目在热电联产集中供热领域的减污降碳、协同增效方面取得重大突破,余热利用与烟气超净排放协同技术、余热利用与废水净化协同技术均具备显著独创性;项目成果整体已达国际领先水平,对我国北方地区燃煤清洁供热节能减排有着极为重大的意义。

7.2.2 国家电投集团东北电力有限公司大连开热分公司降低热力站电耗指标的经验分享

1. 大连开热分公司初始情况

国家电投集团东北电力有限公司大连开热分公司(以下简称大连开热)的前身为成立于 1986 年的大连经济技术开发区供热公司,主要负责大连经济技术开发区核心区域的城市供热,并网面积 1075 万 m^2,高温水管网单程长度 23km,现有热力站 90 座。

节能降耗一直是供热企业不懈努力和为之奋斗的方向,电耗指标作为"三耗"(热耗、电耗、水耗)指标之一也是供热企业想要攻克的难关之一。要想在保证供热质量的前提下合理降低电耗指标必须从多方面考虑，既要考虑供热系统运行调控的各个模块，又要考虑热力站重要设备选型是否适配、管路布置是否合理，全方位分析整个供暖系统，找出"病因"，采取相应措施，最终达到在不降低供热质量的前提下最大限度地降低电耗指标。

2. 利用智慧供热手段促进节能

（1）原有控制手段

大连开热原有供热模式是采用 PLC 控制系统控制二次管网供水温度及供水流量，根据室外气温变化情况，依靠调度工作人员的工作经验进行人为控制，由于无法监测用户侧室内温度，导致出现过供、欠供、循环流量偏大、偏小等现象，且控制系统需人为控制，费时费力，"三耗"指标居高不下，供热效果达不到预期。

（2）智能化供热控制手段

2016 年 4 月 1 日，大连开热开始探索智慧供热运行模式，逐步实现区域内所有热力站自动运行控制。为了提升供热效果，同时控制能耗指标，引入室内温度监测系统，以用户室温为最终导向，采用"分时段、变流量、质调节、恒室温、云服务"的控制逻辑，基于室外温度变化情况，把一天分为多个时间段分别控制（切换气象数据模式图如图 7-24 所示），将循环泵转速与室外温度相关联，建立二次管网供水流量自动调节控制系统，实现热负荷随热需求同步调整，达到改善供热效

第7章

果、节能降耗的目标。这样，循环泵转速过高及二次管网流量超供的现象得到避免，热力站耗电量得到进一步降低。

循环泵转速曲线按照近 3 年的历史数据人工生成，在供暖期前人为进行相应设定，根据大连地区室外温度，将热力站室外温度区间定为 −20～10℃（可进行修改），所有热力站一站一调节曲线，每个热力站在不同室外温度时所提供的循环泵转速均不相同，在供暖期即可依靠智慧供热模式参照对应室外温度自动调节循环泵转速，达到降低电耗指标的效果。

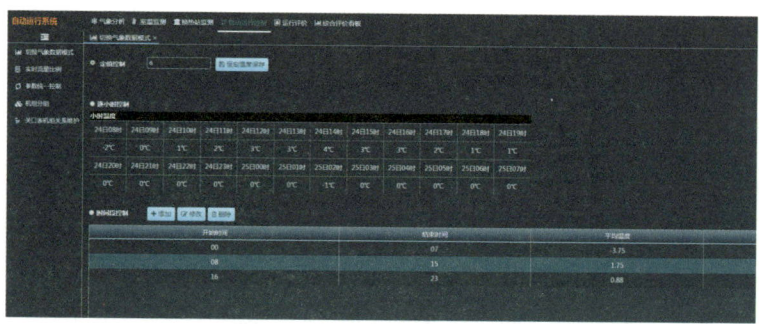

图 7-24　切换气象数据模式图

注：本图为软件截图，图中术语为行业通用俗称。

例如当日室外温度为 −15～−5℃时，传统供热调节模式下，因无法对区域内所有机组进行循环泵转速调节，为满足用户侧热负荷需求，只能按照当日室外最低温度进行流量配比，设定各机组循环泵转速。以某供热机组为例，循环泵转速设置为 570r/min，一天的大部分时间段只能通过调节二次供水温度来控制。而采用智慧供热模式后，可以由自动调节控制系统按照当日各时段的室外温度自行对所有机组下达循环泵转速调节指令，在日间温度在 −6〜−10℃波动的时段内，自动设定各机组循环泵转速，将各机组循环泵转速调低至各相应区间。仍以某供热机组为例，将循环泵转速自动调节至 540r/min，日间温度升高至 −5℃区间段内，该供热机组循环泵将自行调整至 510r/min，自动运行参数设置图如图 7-25 所示。智慧供热模式使循环泵转速实现分时段调节，从而避免了传统供热模式下循环泵频繁高转速运行造成的电能浪费，实现大幅降低机组耗电量的目的。

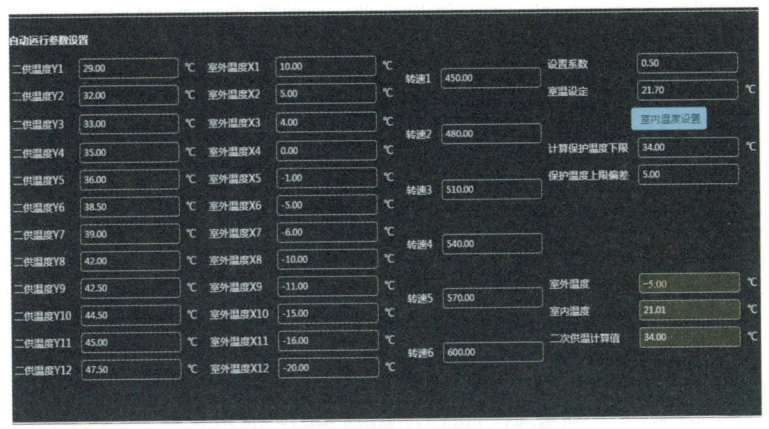

图 7-25　自动运行参数设置图

注：本图为软件截图，图中术语为行业通用俗称。

（3）智慧供热实施效果

上述技术已成功应用于大连开热并网面积 1075 万 m^2 的供热区域，通过智慧供热手段实现了人工调控的传统供热模式向自动化、智能化供热模式的转变。在保证供热质量的前提下，降低了各项指标，同时通过智慧供热平台每日生成各热力站、各区的日计划、日统计、日分析（各热力站供热机组电评价图如图 7-26 所示），并对数据进行自动对比、分析。智慧供热平台不仅可以提供节电的改造方向，确定管网平衡改造的对象；还可以提供节电空间的量化，从而进一步完善供热系统。大连开热已逐步实现了数字化精细管控，截至 2023—2024 供暖季，热力站单位面积耗电量已降至 0.068kWh/（ m^2 ·月），在供热行业达到领先水平。

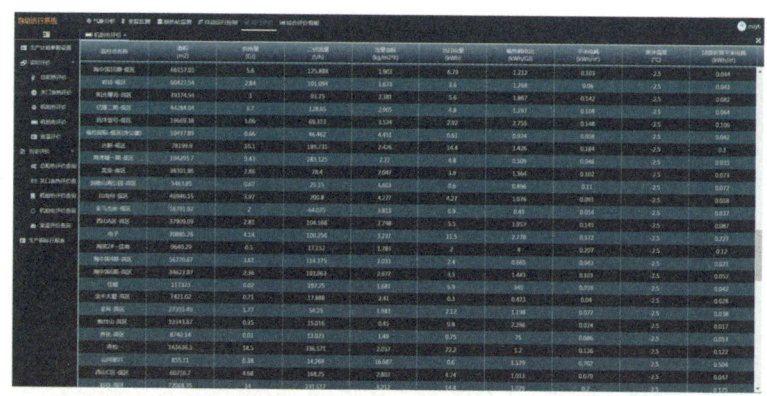

图 7-26　各热力站供热机组电评价图

注：本图为软件截图，图中术语为行业通用俗称。

3. 优化换热机组设计降低电耗的措施

（1）按照实际运行工况优化换热器选型

大连开热在供暖期对各机组用电量进行日统计、日分析，通过统计分析排查出电耗偏高的机组，并将电耗高的供热机组列为改造关注的重点。供热机组电耗偏高的原因之一是机组循环阻力大，而热力站内的循环阻力主要由除污器、换热器造成。除污器可以通过清洗来减少杂质沉积以实现减少阻力，而换热器除了日常清洗，还应结合机组负荷变化与结垢情况更换或增加换热片。

为了节省成本，大连开热采用新购部分换热器、原有换热器内部调换、原有换热器加片三种方法相结合的方式，对区域内换热器进行统筹规划调整。

1）统计出近几个供暖期电耗偏高的机组后，筛选出用电量偏大、可压降空间大的机组进行换热器重新选型。经过排查分析，选定红梅低区供热机组作为调整对象。

红梅低区供热机组并网面积 27 万 m^2，原设计选型按照每平方米换热片可供 $1000m^2$ 供暖面积测算，选择 3 台型号为 M15-BFGL 的换热器，每台换热器换热面积为 $89.9m^2$。运行 5 年后，换热器每平方米的换热能力并不能达到设计效果，尤其随着使用时间增长，即便按时清洗换热器，其运行端差仍达不到理想状态，说明原换热器选型过小，需要重新选型。

重新选型过程中，与换热器厂家研讨后，按照每平方米换热片能供 $500m^2$ 供暖面积测算，该供热机组共需要 $540m^2$ 换热面积。最终确定选择 3 台 T20 板式换热器，单台换热面积 $180m^2$，能够满足热负荷需求。

更换换热器后，红梅低区供热机组换热效率明显提升，在保证原有二次供水温度的情况下，高温水流量由 170m³/h 降至 70m³/h，端差由 12℃降至接近 0℃。同时，换热器局部阻力明显降低，进出口压差由 0.05MPa 降至 0.02MPa。在循环泵转速降低 200r/min 的条件下，循环流量与往年同期持平。更换换热器后，该供热机组供暖期电耗由 0.616kWh/m² 下降至 0.326kWh/m²，节省电量 7.83 万 kWh。

2）排查原有换热器换热面积选择偏小、总需要换热器面积接近 269.7m² 的供热机组，以便红梅低区机组原有的三台 M15-BFGL 型换热器实现再利用。经过排查，海中国二期低区供热机组符合此条件。

海中国二期低区供热机组并网面积 13.1 万 m²，原设计选型按照每平方米换热片可供 800m² 供暖面积测算，选择三台型号为 XGS56 的换热器，每台换热器换热面积为 56.1m²。随着使用时间增长，即便按时清洗换热器，其运行端差仍达不到理想状态。重新选型过程中，参照每平方米换热片可供 500m² 供暖面积测算，该供热机组共需要 262m² 的换热面积。因此，利用红梅低区机组原有的三台 M15-BFGL 型换热器（总换热面积 269.7m²）替换海中国二期低区供热机组原有换热器。

更换换热器后，海中国二期低区供热机组换热效率明显提升，在保证原有二次供水温度的情况下，高温水流量由 79m³/h 降至 58m³/h，端差由 11℃降至接近 0℃。同时，换热器局部阻力有所降低，进出口压差由 0.03MPa 降至 0.02MPa。在循环泵转速降低 100r/min 的条件下，循环流量与往年同期持平。该供热机组供暖期电耗由 0.388kWh/m² 下降至 0.325kWh/m²，节省电量 0.83 万 kWh。

此外，由于海中国二期低区、高区供热机组板式换热器型号相同，利用低区供热机组拆下的三台 XGS56 型换热器的部分板片对高区供热机组进行换热器加片，使其总换热面积由 101.2m² 增加到 213.1m²，取得了良好的换热效果与节电效果。换热器调整情况见表 7-14。

换热器调整情况　　　　表 7-14

换热机组名称	原有板式换热器			更新板式换热器		
	型号	总换热面积（m²）	运行端差（℃）	型号	总换热面积（m²）	运行端差（℃）
红梅低区	M15-BFGL	269.7	12.0	T20	540	0.3
海中国二期低区	XGS56	168.3	11.0	M15-BFGL	269.7	0.5
海中国二期高区	XGS56	101.2	12.0	XGS56	加片至213.1	2.0

（2）按照实际工况合理选泵

电耗偏高的另一个原因是供热机组循环泵选型过大，如果供暖运行时循环泵偏离最佳工况点较远，就会导致循环泵效率低的问题，过多的电能转为无用功，导致电耗居高不下。该问题在实供面积远小于并网面积的供热机组上尤其突出。

岩谷供热机组并网面积 10 万 m^2，供热形式为散热器供暖，原有 3 台循环泵选型均为 200-150-400，铭牌参数为：流量 400m^3/h、扬程 50m、功率 75kW、转速 1450r/min。近 5 年该供热机组实供面积稳定在 7.3 万 m^2 左右，较并网面积减少近 30%，极寒天气下所需运行流量不超过 240m^3/h，循环泵出入口压差不超过 0.3MPa，原有循环泵流量、扬程明显偏大。因此，有必要对该供热机组循环泵重新选型，以实现精细化运行调节。

供热机组设计热指标按照大连地区极寒天气条件下取值 45W/m^2，计算得出热负荷为 3285kW；根据规范要求散热器二次管网供回水温差不超过 20℃，结合该供热机组历史运行情况，供回水温差取值 15℃；依据循环流量计算公式计算得出循环流量为 238m^3/h。同时结合该供热机组最不利环路阻力损失测算扬程，选取流量、扬程分别为 240m^3/h、28m 的新循环泵（IL150/305-30/4 型），功率为 30kW。

（3）在保证安全的前提下取消循环泵出口止回阀

原有循环泵出口设有止回阀，但由于实际运行中循环泵采用变频启动，并未因较剧烈的压力波动产生水击。且止回阀形成较大的局部阻力，导致循环泵部分能量用来克服止回阀阻力，因此在更换新循环泵时取消了出口止回阀。

岩谷供热机组更换循环泵并取消出口止回阀后，供暖期电耗由 0.541kWh/m^2 下降至 0.262kWh/m^2，降幅达到 51.57%，节电效果显著。岩谷供热机组循环泵改造前后电耗效果对比表见表 7-15。

岩谷供热机组循环泵改造前后电耗效果对比表　表 7-15

月份	改造前电耗（kWh/m²）	改造后电耗（kWh/m²）
1 月	0.215	0.100
2 月	0.215	0.098
3 月	0.092	0.046
4 月	0.019	0.018
1~4 月总电耗	0.541	0.262

4. 总结

近年来，大连开热一方面通过加大科技投入、引入信息化技术改变运行模式，实现了从传统调节模式向智慧供热模式的转变。通过优化设备选型和系统设计降低运行能耗，实现热力站精细管控，在保证供热质量的前提下，达到热力站电耗大幅降低的效果。

各供热企业应努力探索新的供热运行模式，不断创新、改革，优化现有供热运行模式，进一步提高供热系统运行效率，共同为建设安全、智慧、低碳、高效、节能的供热系统，实现供热行业高质量发展做出应有的贡献。

7.2.3　国家电投集团东北电力有限公司抚顺抚电能源分公司降低电耗的经验分享

1. 公司概况

自 2013 年起，国家电投集团东北电力有限公司抚顺抚电能源分公司（以下简称抚电能源）实施了"双热源、大热网"战略，依托国家电投集团东北电力有限公司抚顺热电分公司、抚顺辽电运营管理有限公司两大热源单位，建成双线管网 133 余千米，可满足 2500 余万 m^2 的供热需求。截至目前，抚电能源并网供热面积达到 2438 万 m^2，约占抚顺市城市供热面积的 40%，其中，直供热并网面积 1121 万 m^2，转供热并网面积 1317 万 m^2。抚电能源直供面积涵盖抚顺市城东、高山、葛布和公园 4 个区域，管理热力站 104 座，服务热用户 11.9 万余户。

抚电能源从 2013 年起逐步向供热专业化方向转型，通过节能技术引进、设备优化改造、供热平台搭建、运维管理强化、人员培训与节能意识提升，供热电耗指标持续下降（图 7-27），2019—2024 供暖期平均单位面积耗电量比 2014—2019 供暖期下降了 54.15%，按照电单价 0.75 元 /kWh 计算，平均每个供暖期节约节省电费 284 万元。

2. 拆分机组，节能改造效果显著

截至 2024 年，抚电能源共有热力站 104 座，供暖面积大于 10 万 m^2 的有 43 座、占比 41.4%，大于 15 万 m^2 的有 22 座、占比 21.2%。部分老城区热力站管网布局不合理，供热半径较大，造成能耗浪费、冷热不均的现象。抚电能源近年来对部分热力站实施拆分机组改造，节能效果显著，改造后主要体现出以下优势。

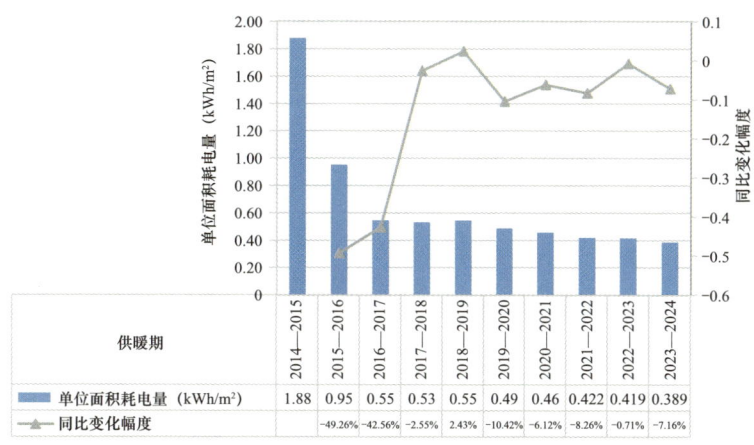

供暖期	2014—2015	2015—2016	2016—2017	2017—2018	2018—2019	2019—2020	2020—2021	2021—2022	2022—2023	2023—2024
单位面积耗电量（kWh/m²）	1.88	0.95	0.55	0.53	0.55	0.49	0.46	0.422	0.419	0.389
同比变化幅度		−49.26%	−42.56%	−2.55%	2.43%	−10.42%	−6.12%	−8.26%	−0.71%	−7.16%

图 7-27　抚电能源近 10 个供暖期单位面积耗电量变化情况

（1）增强系统调节灵活性，提升供热效率

拆分机组后，不同机组可根据实际用热需求独立调节输出，实现热量的高效传输与利用，从而显著提升供热系统的整体效率。热力站可以根据天气变化、用户需求和管网压力等实时数据，尤其对居民和公共建筑用户灵活调节，降低能耗。

通过细化管理、精准控制各机组运行，有效优化热力站热能分配，减少了不必要的能量损失，确保了供热系统稳定供暖和用户满意度的提升。

（2）延长设备寿命提升服务质量

合理拆分机组可以减轻单一机组的运行负担，避免设备长期处于高负荷运行状态，从而有效降低磨损和故障率，这不仅减少了维护成本，还显著延长了设备的使用寿命，提高了整个供热系统的可靠性和经济性；精细化的机组管理和优化调控显著提升供热服务的质量。通过实时监测和调整，确保供热区域参数均衡，减少温差波动，杜绝"近热远冷"的现象出现，提高用户满意度。

（3）降低系统耗电量

以后葛热力站为例，该热力站供热面积 15.8 万 m^2，供热区域为老城区。该供热区域供热半径较长，管道管径配置不合理，导致系统运行阻力增加，管网水力平衡调节难度较大。为满足用户的用热需求，只能通过加大循环泵输出功率强制增加循环流量提高供热质量，设备长时间运行造成电能的浪费。

2022 年，抚电能源对该热力站实施拆分机组改造，结合供热负荷分配及热用户分布的情况，重新优化管道管径设计，完善管线布局，并将后葛热力站原来一套机组拆分为东、西两套机组，分别对两套机组的水泵重新选型。改造后，设备高效运行，调整方式更加灵活，电耗显著下降。

该热力站改造前 2021—2022 供暖期耗电量为 121837kWh，改造后 2022—2023 供暖期耗电量降至 90308kWh，降幅达到 25.9%；用户报修量由 104 次降低至 24 次，降幅达到 76.9%；在电耗降低的同时用户供暖质量显著提升（表 7–16）。

后诸葛热力站改造前后用电量对比　　表 7-16

供暖期		面积（m²）	循环泵参数			耗电量（kWh）		耗电量变化率（%）
			流量（m³/h）	扬程（m）	功率（kWh）			
2021—2022		158436	500	29.5	55	121837		—
2022—2023	东机组	65650	330	18	22	40557	90308	-25.9
	西机组	92346	420	24	37	49751		
2023—2024	东机组	64327	330	18	22	34088	76863	-14.9
	西机组	91194	420	24	37	42775		

3. 通过二次管网平衡技术降能耗

（1）应用背景

金水岸小区供热面积 33.9 万 m²，共计 20 栋楼 67 个单元及 75 个商业用房，供暖期运行中发现阀门失去调节作用，因小区面积大、供热半径长，管网平衡调节难度大，导致能耗高且供热效果不理想，出现冷热不均、热用户投诉率高的现象。

2021 年，抚电能源通过安装静态平衡阀进行二次管网平衡调节，在金水岸小区安装静态平衡阀 309 台、水力平衡仪 1 台、末端管道温度采集器 67 台，通过无线"管道末温采集器"实现对远、中、近端单元回水温度的实时监测、超温或低温报警。

（2）调节方式的确定

首先通过现场调研搜集供热相关基础资料，确定各阀门所调节单元的供热面积；再利用独立开发的水力分析系统，绘制供热系统二次管网平面图，建立二次管网系统模型；然后通过水力平衡计算得到各阀门的合理口径、理想流量及对应开度（表7-17）。阀门安装施工完成后根据计算结果设置初始开度。

抚电能源水力计算阀门参数 表7-17

序号	热力站编号	热力站名称	热力站面积（m²）	阀门压差（MPa）	流量（m³/h）	预测开度
1	100	QSX4F402	500	0.185	1.72	0.66
2	101	QSX4F403	500	0.180	1.72	0.67
3	106	QSX01411	853	0.186	2.4	0.17
4	108	QSX01421	959	0.185	2.69	0.35
5	11	QSX1F105	300	0.208	1.15	0.7
6	110	QSX01431	901	0.184	2.53	0.18
7	112	QSX01441	963	0.184	2.71	0.18
8	114	QSX01451	686	0.183	1.93	0.14
9	116	QSX01461	785	0.183	2.21	0.16
10	118	QSX01471	959	0.182	2.69	0.18
11	120	QSX01481	872	0.182	2.45	0.17
12	122	QSX01491	812	0.182	2.28	0.16

（3）冷态调试

阀门安装完成并设置初始开度后，供热系统已经建立了水力初平衡，但水力平衡度仍然不能完全满足要求，需要在上水后采用"测量—调整"的方式，对供热系统所有阀门的流量、压差进行测量，筛选出水力平衡度不达标的阀门，对其开度进行微调，将流量调整到设计流量。冷态调试一般需要进行2～3轮，调试完成后水力平衡度达到0.9～1.2。

（4）热态调试

冷态调试保证了各阀门流量达到设计流量，由于热用户保温问题、透风问题、孤岛用户、楼内系统设计或安装不规范等原因，仍会出现室温偏低或偏高的情况，为弥补冷态流量调节的不足，需要进行热态调试，解决个别单元或用户的不热或过热问题。热态调试主要通过单元立管的回水温度、用户室温、流量测量相结合的方式进行。一般正式供热后 30d 内完成。

（5）节能收益

该项目于 2021 年 8 月 10 日开工，供货安装及冷态调试于 10 月 30 日前竣工，热态调试于 11 月 15 日前完成。项目实施前后该热力站电耗对比如表 7-18 所示。

金水岸热力站电耗对比表　表 7-18

供暖期	总耗电量（kWh）	实际供热面积（m²）	单位面积耗电量（kWh/m²）	单位面积耗电量变化率（%）
2020—2021	134355	274497	0.4895	—
2021—2022	115109	278160	0.4138	−15.46
2022—2023	107898	274893	0.3982	−3.77
2023—2024	105285	270983	0.3885	−2.44

4. 优化水泵选型，提升运行效能

热力站循环泵是供热系统的重要组成部分，管网在建设时，由于设计保守、对管网情况的了解不深等，选泵时安全系数层层加码，造成循环泵选型普遍存在流量过大、扬程偏高现象。在实际运行中发现，循环泵的设计扬程多选择 32m，而

实际运行扬程仅为 12～14m，实际使用扬程不足设计扬程的一半，尤其站外供热管网阻力比预计小得多，造成循环水压头余量过大，水泵出口门全开后，循环流量比设计值大很多。为防止电机过负荷运行，采取节流或降频调节，影响了供热质量，并严重影响运行经济性。表 7-19 显示 12 套机组各部实测压力及站内、管网阻力的统计结果。

抚电能源供热系统各部实测压力及站内、管网阻力统计表

表 7-19

热力站	集水器压力（MPa）	水泵入口压力（MPa）	水泵出口压力（MPa）	分水器压力（MPa）	水泵运行扬程（MPa）	管网阻力（MPa）	站内阻力（MPa）
天利	0.31	0.3	0.43	0.38	0.13	0.07	0.06
矿技校	0.27	0.23	0.37	0.33	0.14	0.06	0.08
自来水	0.3	0.24	0.38	0.33	0.14	0.03	0.11
钧城	0.26	0.22	0.35	0.34	0.13	0.08	0.05
安厦北	0.28	0.27	0.40	0.34	0.13	0.06	0.07
安厦南	0.27	0.25	0.39	0.34	0.14	0.07	0.07
华龙	0.34	0.31	0.45	0.40	0.14	0.06	0.08
电厂	0.30	0.27	0.36	0.35	0.09	0.03	0.06
公园一校	0.30	0.26	0.37	0.34	0.11	0.04	0.07
北建	0.28	0.25	0.4	0.35	0.15	0.07	0.08
二十二中	0.31	0.30	0.41	0.41	0.11	0.08	0.03
二中	0.24	0.22	0.3	0.25	0.08	0.01	0.07

注：二中热力站由于动物园支线负荷在山上，为保证供热压力满足山顶动物园的需求，动物园管理处自行安装了循环加压泵，所以管网阻力偏小，仅为 0.01MPa。自来水、电厂、公园一校热力站单台循环泵已经满负荷运行，循环流量略有不足，管网阻力略小，仅为 0.03～0.04MPa。经测试发现，由于水泵选型不合理，造成了水泵性能与管路实际阻力特性不匹配的情况，多数水泵实际工况点偏离设计点，水泵效率普遍偏低。

抚电能源 12 套机组循环泵测试结果及与
额定参数的对照   表 7-20

热力站	额定参数						实际测试结果				备注
	功率（kW）	流量（m³/h）	扬程（m）	电机效率（%）	水泵效率（%）	功率因数	最大供回水温差（℃）	水泵运行扬程（m）	流量（m³/h）	水泵效率（%）	
天利	37	270	27.5	92.5	74	0.86	9	13	210	42	
矿技校	30	240	28	91.4	79	0.86	9	14	210	51	
自来水	30	240	28	91.4	79	0.86	9	14	260	39	
钧城	30	240	28	91.4	79	0.86	8	13	150	36	
安厦北区	30	200	32	91.4	79	0.86	8	13	325	41	双泵效率
安厦南区	45	300	32	92.8	78	0.86	9	14	285	37	
华龙	30	200	32	91.4	79	0.86	7	14	360	40	双泵效率
电厂	30	200	32	91.4	79	0.86	10	9	290	31	
公园一校	30	200	32	91.4	79	0.86	11	11	290	34	
北建	45	305	33	92.8	76	0.86	8	15	198	36	
二十二中	30	200	32	91.4	79	0.86	8	11	340	40	双泵效率
二中	22	160	32	90.5	75	0.9	9	8	180	39	

由表 7-20 可知，电厂、公园一校热力站循环泵额定效率均为 79%，而实际运行时仅为 31% 和 34%，实际运行扬程仅为额定扬程的 1/3 左右，实际运行流量较额定值高近 50%，水泵运行工况点严重偏离高效区，且单泵运行时循环水量略显不足，影响末端供热质量。因此，不减少管网的循环流量，仅改变水泵的实际工况点，将水泵效率提高至 75%，则电厂、公园一校热力站就可节电 40% 以上；天利热力站循环泵额定效率为 74%，而实际运行时仅为 42%，实际运行扬程仅为额定扬程的 1/2 左右，实际运行流量比额定值低 22%；钧城热力站循环泵额定效率为 79%，而实际运行时仅为 36%，实际运行扬程仅为额定扬程的 50% 左右，实际运行流量比额定值低 37.5%；北建热力站循环泵额定效率为 76%，而实际运行时仅为 36%，实际运行时扬程仅为额定扬程的 50% 左右，实际运行流量比额定值低 35.1%。水泵运行工况点严重偏离高效区。

结合抚电能源倡导的供热系统大温差小流量节能运行方式，根据已建热力管网实际运行时的循环阻力和供热质量，对现有循环泵进行改造，减少富余的压力，避免人为节流调节造成的能源损耗，使水泵实际运行工况点在高效区内；并将一工频一变频运行调节的热力站改为单泵变频运行，以达到节能目的。同时，根据实际情况降低循环泵电机额定功率，降低改造投资及运行费用（表 7-21）。

抚电能源循环泵改造选型参数　　表 7-21

热力站	原水泵设计参数			改造后水泵设计参数			节电率	备注
	功率（kW）	流量（m³/h）	扬程（m）	功率（kW）	流量（m³/h）	扬程（m）		
天利	37	270	27.5	18.5	240	18	44%	
矿技校	30	240	28	18.5	240	18	34%	
自来水	30	240	28	22	300	19	46%	
钧城	30	240	28	15	180	18	46%	
安厦北	30	200	32	30	320	20	40%	单泵运行
安厦南	45	300	32	22	320	18	46%	
华龙	30	200	32	30	390	20	50%	单泵运行
电厂	30	200	32	22	320	18	44%	
公园一校	30	200	32	30	380	20	40%	
北建	45	305	33	22	260	22	42%	
二十二中	30	200	32	22	300	19	48%	单泵运行
二中	22	160	32	18.5	240	20	38%	

该区域 12 个热力站经过循环泵改造后运行电耗由原来的 $1.2kWh/m^2$ 降至 $0.69kWh/m^2$，为整体电耗降低起到了积极作用，供暖期节省电费支出达 50 余万元。

多年来抚电能源不断提高管网建设标准和加强管网施工管理，循环泵科学选型，共计更换循环泵 200 余台次。目前，运行调节采用分时段变流量质调节的方式，2023—2024 供暖期

电耗已降至 $0.39kWh/m^2$。

5. 结语

经过一系列的技术革新与管理优化，抚电能源单位面积耗电量已达到供热行业领先水平，提升了企业经济效益。

在国家"双碳"目标下，供热企业节能降碳的意识不断增强，优化供热系统能效及降低电耗已成为行业内共同关注的焦点。未来，抚顺能源将继续秉承绿色发展理念，不断探索和创新节能降耗新技术、新方法，为构建更加清洁、高效、可持续的供热体系贡献更多智慧和力量。

7.2.4 北京京能热力股份有限公司降低供热系统水耗的经验介绍

1. 概述

热水作为热量输送的载体，在供热系统中发挥着至关重要的作用。供热系统的失水情况直接影响着供热系统的安全稳定运行，且水耗也是影响供热成本的重要因素。北京京能热力股份有限公司（以下简称京能热力）始终把降低水耗作为控制能耗指标的重点工作之一，降低水耗的同时也间接降低了电耗和燃气消耗量，从而有助于实现供热系统整体能耗的降低。

在水资源保护备受重视的今天，京能热力积极践行社会责任，深入探索并切实推行了一系列行之有效的节水举措。近年来，京能热力锅炉房水耗一直呈现下降趋势，2023—2024供暖期热力站单位面积补水量相比 2018—2019 供暖期降低了 32%，目前单位面积补水量为 8.4kg/（m^2·供暖期）。京能热力近 6 个供暖期热力站单位面积补水量变化趋势如图 7-28 所示。

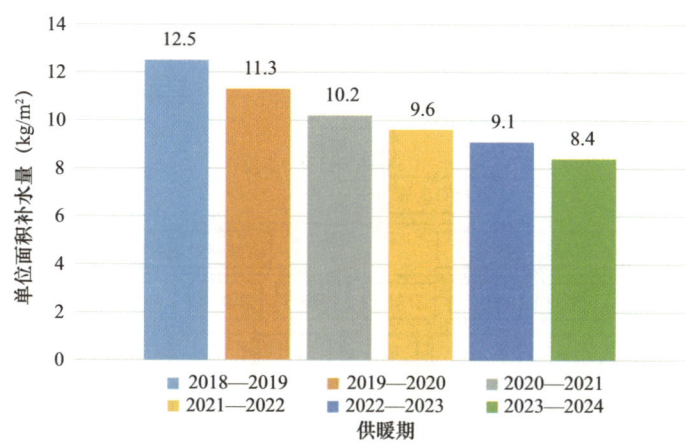

图 7-28　京能热力近 6 个供暖期热力站单位面积补水量变化趋势

2. 主要节水措施

京能热力供热系统水耗的逐年下降得益于每年大量人力、物力和资金的投入，同时也得益于采取了一系列积极有效的措施，主要包括以下方面：

（1）成立专门的组织机构，确保降低水耗工作行之有效

京能热力自 2018 年成立了以总经理为组长、生产技术主管部门负责人为副组长的节水领导小组，成员包括各项目运行中心负责人、技术部负责人、技术经理等；各项目运行中心又下设群组，群组内由项目经理为小组长，项目技术主管为副组

长，成员包括技术员、项目主管、维修工等经验丰富、责任心强、好学上进的人员。降水耗工作全面覆盖各层级、各项目。节水领导小组负责制定降水耗的目标和指标、实施方案、实施计划，并监督和指导实施，确保降水耗工作的有效进行（图7-29）。

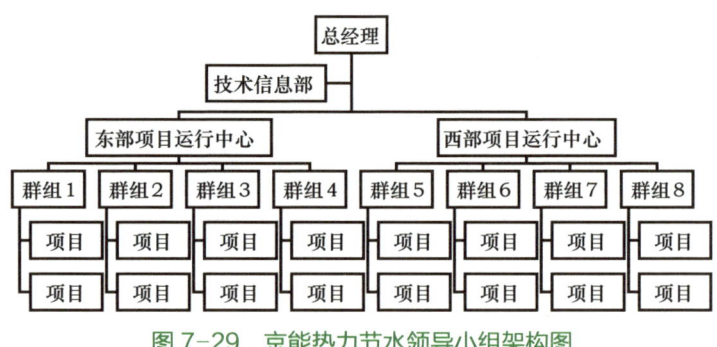

图7-29 京能热力节水领导小组架构图

（2）购置专用的测漏设备

"工欲善其事，必先利其器"。以往管网查漏工作都由外委单位负责，成本高且效率低。2019年，京能热力与国内先进测漏设备厂家进行技术交流，了解到测漏工作有公司内部实操的可能性。京能热力购买了一台测漏仪和数只听音杆，该仪器通过捕捉泄漏点发出的声音信号来确定位置。当水流经过破损处时会产生特定频率的声波，声波检测仪能接收并分析这些声音，通过对比不同测点接收到的声波强度和到达时间，计算出泄漏的具体位置。这种设备尤其适用于地下管线的无损检测，可以在不挖开地面的情况下准确定位。该仪器能够精准探测出管网中细微的泄漏点，大幅提升了供热管网检漏工作的效率与精准度。

（3）开展查漏作业技术培训

为进一步提升管网查漏小组的专业素养，京能热力邀请专业检漏厂家进行现场培训。经过系统的理论培训后，检漏小组成员与厂家派来的专家一起深入生产一线现场开展查漏作业，经过 1 个多月专家"手把手"的理论指导与实际操作（图 7-30），检漏小组成员经历一次次失败后成功找到了第一个漏点，并不断在实践中总结经验、交流学习，最终得以熟练掌握最新且最为有效的检漏技术与方法（图 7-30）。

图 7-30 京能热力测漏现场培训照片

随着可独立带队完成查漏任务的技术人员越来越多，京能热力针对不同项目制定有效的检测方案，并根据实测过程中出现的不同问题进行及时调整。目前，每个群组至少有一名技术人员可熟练使用测漏仪（图7-31）。

（4）制定管网查漏计划并及时更新

京能热力技术运行管理部门精心制定年度管网查漏计划。每年年初根据供热面积、管网长度、管道直径及服役年代，对150多个项目的现有水耗指标进行比对，筛查出管网补水量大的项目，制定重点失水项目非供暖期排查计划，包

图7-31 京能热力测漏现场照片

括年度节水目标、具体措施、实施时间表和责任人等。并随着计划的开展每月滚动更新动态，删除已查出漏点且修复的项目，增加失水量大，补水异常的项目。

（5）切实执行查漏计划

京能热力全体人员严格执行查漏计划，每个层级都设有责任人，要求按计划落实查漏工作。执行过程中由掌握测漏技术的人员带队分组开展工作，动态监管该项目用水情况，全面、系统地排查失水管网，确保漏水问题能够被及时发现并妥善处理（图7-32）。在查漏的同时注重堵漏、管网更新等降水

耗措施。当发现项目补水异常时，迅速组织查漏技术人员开展测漏，避免长时间失水。当确认漏点后，及时关闭前后管段阀门，尽可能避免因为堵漏而对整个系统进行泄水。对于老旧管网或者重复漏点密集的管道，在非供暖期列入"冬病夏治"工作计划，预防管网漏水。

图 7-32　京能热力发现漏点现场照片

（6）定期及时督导查漏工作

京能热力每月召开查漏补漏专题会议，通报各项目运行中心、各群组、各项目的查漏计划执行情况，公布管网检漏及治理成果，分析查漏、堵漏前后项目水耗指标的变化情况、项目水耗在全公司项目中的排名情况，研讨存在的问题并提出改进措施。同时，在专题会议上分享按计划完成任务的成功经验，积极与行业水耗指标进行对标。通过专题会议加强了各部门之间的协调和合作，形成了全公司共同参与查漏的氛围，确保了

第 7 章

降水耗措施的持续执行和全过程闭环管控。

（7）设立水耗指标专项考核

京能热力将供暖期单位面积水耗指标纳入年度绩效考核体系，对各项目运行中心、群组和项目的水耗控制成效进行评价，使节水工作与员工的个人利益紧密相连，进一步强化了员工的节水意识与责任担当。对于在降水耗工作中表现卓越的集体和个人，京能热力予以相应的表彰与奖励，以此激励更多员工踊跃投身于节水行动。

3. 小结

通过上述措施的实施，京能热力在控制供热水耗、降低生产成本方面取得了显著成效。供暖期单位面积水耗指标年平均降幅 6%。经测算，在降低水耗的同时年节约燃气及电力消耗约 1000 万元，有效降低了企业的生产成本，为企业可持续发展贡献力量。

7.2.5　乌鲁木齐华源热力股份有限公司节水经验分享

乌鲁木齐华源热力股份有限公司（以下简称华源热力）成立于 2000 年，是新疆华源控股集团有限公司的控股子公司，目前有 5 座热源厂，燃气锅炉总装机容量 1367MW，电锅炉总装机容量 144MW，建设热力站 208 座，已实现供热面积 2000 万 m^2。

华源热力在节能减排、民生服务、智慧供热方面不断实现创新突破，建立起"气、电"多能互补智慧供热节能体系。

2020—2024 年连续四年位列中国城镇供热协会参加统计供热企业"供暖面积在 5000 万 m^2 以下供热企业"能效领跑第一名，获得"中国供热行业能效领跑者"称号。同时，华源热力的热力站单位面积补水量连续多年名列国内前茅，为城市供热发展注入了新动能。

1. 打造基于智慧热网管控平台的能源管理体系

供热节能减排是一项综合性管理工作，生产中各项能耗指标、经营指标相依相连，为保障居民室内温度的均衡一致，消除冷热不均的现象，必须实现从热源、一次管网、热力站、二次管网到用户的全过程管控，借助科技发展成果，让物联网设备代替人工，提高运行管理与服务的能效水平。

2013 年，华源热力开始实施智慧热网管控平台建设，始终以"安全、节能、高效、智能"和"用户满意"为导向建立集热网监控、设备管理、用户服务和能源管理为一体的智慧管理平台。基于智能化管控平台，华源热力 2021 年通过能源管理体系认证，通过供热全过程管理实现节能降耗，精准调整管网水力平衡、热平衡，紧抓管网失水率，严控用户室内温度，提升用户服务品质，各项能源管理工作进一步规范化、标准化。

智慧热网管控平台对热源、一次管网、热力站、二次管网、楼栋的温度、压力、流量等供热参数实时监控，根据实际运行工况对所有运行参数实施差异化报警组态配置，出现异常数据时会及时语音及弹窗报警。数据报警包括管网压力超低限/超高限报警、水箱液位超低限/超高限报警、热力站日补水次数上限与补水量上限报警、网络故障报警及变频器故障报警等，可实现水耗管控的快速发现、快速应对、快速处理。

智慧热网管控平台将传统粗放式管理彻底改变为现代化、精细化管理，增加了人的体验和智能科学的运用实践，展现了人对智能系统与能效系统的设计与理解。以中海紫云阁二期2号热力站为例，智慧热网管控平台的运行参数监控、报表数据曲线查询功能，可协助生产管理人员进行数据分析，通过中海紫云阁二期2号热力站的高区住宅、低区住宅、散热器住宅系统的"补水量与压力随时间变化"表格及曲线图分析（图7-33、图7-34），发现该热力站低区二次管网压力持续下降，并发生一次补水现象，存在管网失水的可能性，立即安排相关人员进行现场查看原因并处置，将隐患消灭于萌芽状态。

2. 通过制度和管理目标明确职责

供热系统失水会对安全供热造成一定影响：一是由于系统补进常温水影响用户供热质量；二是大量失水有可能造成重大安全隐患。华源热力基于"直管到户"的运行模式搭建供热生产组织机构，以制度流程为管控手段，建立科学高效的工作流程，明确各管理环节主体责任，营造全员积极参与的良好氛围，协同推进高效供热体系建设。同时，制定年度管理目标和任务，持续调整优化组织机构设置与分工管理，不断改进管理

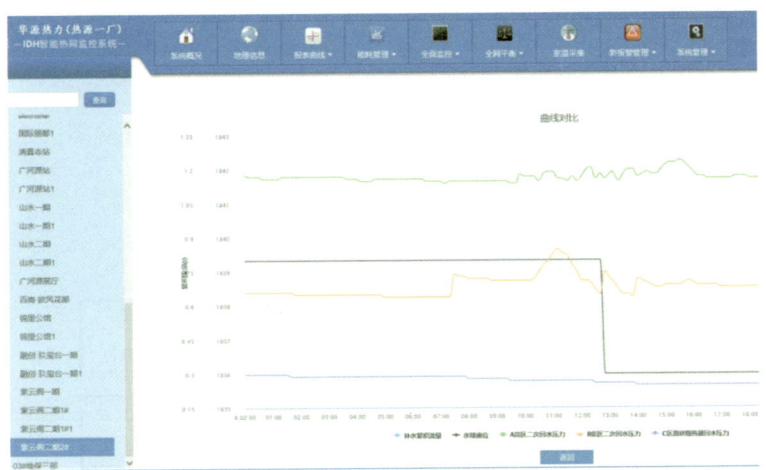

时间	补水累网流量	水箱液位	A小区二次回水压力	B小区二次回水压力	C区路板换热器温水压力
2024/4/2 0:00:00	1835.0000	1.2613	1.1786	0.6619	0.2977
2024/4/2 1:00:00	1835.0000	1.2613	1.1601	0.6801	0.2959
2024/4/2 2:00:00	1835.0000	1.2613	1.1674	0.6542	0.2948
2024/4/2 3:00:00	1835.0000	1.2631	1.1674	0.6530	0.2930
2024/4/2 4:00:00	1835.0000	1.2613	1.1573	0.6489	0.2918
2024/4/2 5:00:00	1835.0000	1.2631	1.1592	0.6442	0.2912
2024/4/2 6:00:00	1835.0000	1.2631	1.1573	0.6413	0.2901
2024/4/2 7:00:00	1835.0000	1.2631	1.1454	0.6401	0.2889
2024/4/2 8:00:00	1835.0000	1.2558	1.1500	0.7230	0.2848
2024/4/2 9:00:00	1835.0000	1.2558	1.1481	0.7119	0.2759
2024/4/2 10:00:00	1835.0000	1.2539	1.1730	0.7083	0.2748
2024/4/2 11:00:00	1835.0000	1.2521	1.1858	0.8289	0.2748
2024/4/2 12:00:00	1835.0000	1.2521	1.1711	0.7130	0.2671
2024/4/2 13:00:00	1835.0000	1.2410	1.1794	0.7166	0.2612
2024/4/2 14:00:00	1835.0000	1.2319	1.1720	0.7166	0.2548
2024/4/2 15:00:00	1835.0000	1.2319	1.2171	0.6866	0.2530
2024/4/2 16:00:00	1835.0000	1.2319	1.1904	0.7036	0.2536

图 7-33　热力站补水量随时间变化与压力随时间变化情况

图 7-34　热力站补水量随时间变化与压力随时间变化曲线

模式，构筑符合实际需求的机构模式，保持组织机制活力。

（1）明确职责

华源热力在供热生产中始终秉承"直管到户"的管理模式，以"用户服务为中心"，建立调度中心、热源厂、一次管网、热力站及二次管网、楼栋用户等管理机构，实施热能生产及供应的全过程管理（图7-35）。调度中心负责生产运行信息收集及指令下达；热源厂负责锅炉的安全生产运行；一次管网管理部负责一次管网巡检运维管理；设置多个维保部，进行网格化管理，负责热力站、二次管网、楼栋、用户服务的运维管理，每个维保部设置主任、二次管网片区所长、热力站班长，分别负责辖区热力站、二次管网运维及用户服务工作。另外还设置生产计划科、自控部、安全生产部、总工办、用户服务部等职能部门，在生产运行中根据工作需要进行统一的资源整合、人员调配。

（2）制定目标并细化管理

为了有效控制能耗，华源热力提出了热源一次管网零失水

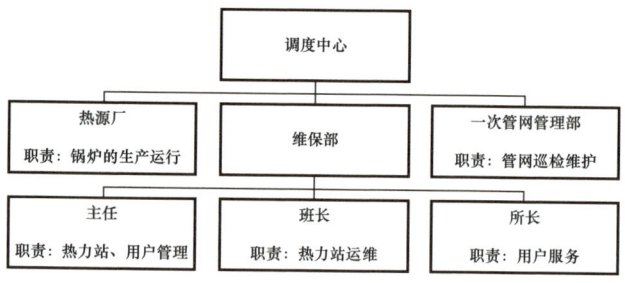

图 7-35　华源热力生产运行组织机构图

的管理目标。夏季停运期，管网湿保养，将一次管网与锅炉、板式换热器切断，管网静态保压；冬季运行期，调度中心、热源厂时刻关注一次管网压力，当平稳运行期出现每小时掉压超过 0.005MPa 的情况时，立即启动锅炉、管网、热力站一次管网系统失水查找专项工作。

每年停暖期制定热力站水耗、电耗、热耗计划指标，将指标分解至周、月，并细化管理工作。

1）运行期每日管理工作：一是由调度人员时刻监控供热管网压力、温度等运行工况参数；二是由生产统计人员对各热力站水、电、热用量汇总并统计分析；三是每日召开晨会，通报生产各项能耗数据及用户服务数据，重点关注 24h 失水量大于 5m³ 的热力站，并督促生产部门开展失水查找、处理工作。

2）运行期每周管理工作：生产计划部门对各生产部门热力站水耗、电耗、热耗数据进行汇总并进行同比、环比分析，对于失水指标上升或超计划的热力站，向对应维保部门下发工作联系单，要求其对实际用水情况进行细致分析，查找失水原因并纠偏处理。

3. 制度流程保障，防与治相结合

失水管控需要统一目标，从庭院管网设计、开发建设、运行维护、失水查找及原因分析多方面进行综合管控，通过持续性工作实现水耗指标的下降，确保供热质量与安全。

第 7 章

（1）严格新建管网工程建设全过程监督，确保建设质量

乌鲁木齐新并网供暖项目庭院管网均由开发单位负责建设，华源热力始终坚持二次管网施工建设的全过程监管，与开发建设单位签订并网协议后，对新建管网设计、材料、施工、验收均按照相应的标准规范及设计要求执行。例如，对新并网项目二次管网图纸组织专家会审，在二次管网分支重要节点设置关断阀，每栋楼设置楼栋阀、单元阀等。同时，在管网施工过程中进行旁站式管理，加强对管网隐蔽工程检查，确保施工方严格按图施工，从源头控制二次管网质量安全。

（2）建立检修技改体系，实施精准检修，保障运行安全

供暖期末，由安全生产部牵头，会同相关生产部门，结合生产、经营、客服等大数据综合分析，制定"夏季检修技改计划"。生产部门在夏季按照工作计划实施精准检修，对存在问题的管网及设备进行针对性检查、维修。同时对二次管网关断阀、单元阀、楼栋阀、排气阀、用户除污器全部进行检修保养，确保管网畅通，供暖设施功能完善。为保障夏季检修质量，建立生产单位自检、部门检、公司检的"三级验收"工作制度，保证供暖期设备完好率达到100%。

（3）根据管网使用年限及腐蚀情况，有序推进老旧管网改造

在国家老旧供热管网改造政策支持下，华源热力积极筹集资金对腐蚀较为严重及达到使用年限的管网进行更新改造。近

年来共完成 37 个小区的老旧二次管网更新改造。通过改造，一是降低管网系统失水率，二是降低供暖期人工劳动强度，三是提升管网输配效率，在实现节能降耗的同时，提升供热质量，取得了良好效果。

（4）及时做好失水查找与治理

非供暖期，华源热力对一次管网带压湿保养，二次管网主管道满水湿保养。每年 7 月初，对二次管网进行注水打压及冷态运行，生产计划部门每天对管网系统的注水量与保压情况进行统计分析，能够及时发现管网"跑冒滴漏"现象并进行处理，减少供暖期故障。

供暖期，采用"人与机"相结合的检查方式，查找不同程度的"跑冒滴漏"现象，遵循从大到小的原则，通过关阀及压力观察，快速判断失水点方位，再利用听针、听漏仪、红外热成像仪、超声波等先进查漏设备精准定位。在采用听漏仪与相关仪器查漏定位时，为了避免噪声对设备的干扰、提高工作效率，查漏工作组均在夜间开展作业。每次失水查找完成并堵漏后，均要进行查漏工作总结。

4. 通过技术手段保证用户均衡供热，消除人为放水行为

供热以用户满意为目标，基本任务是采用科学有效的方式，安全、经济地向用户提供符合标准室温的热量，保证用户供暖质量。

华源热力结合不同小区建设年代与围护结构类型，根据建筑物运行实际能耗制定用能计划，采用差异化运行模式动态调整供热平衡，精准控制室内温度。

（1）供暖期在室外温度变化过程中做好负荷预测，针对室外温度出现骤降等情况，提前精准提高供暖参数，确保供暖工作中用户室内温度处于平稳状态，避免因室外温度变化造成室内温度不稳定，导致用户误认为泄放供热管网水可以增加室内温度，造成大量人为放水现象。

（2）结合"二次管网智能平衡云平台"，将二次管网中的栋楼流量、温度、热量进行数字量化，便于二次管网平衡的精准调整。在供暖前根据历史数据进行冷态平衡调整，供暖期根据用户回水温度及室内温度，在保证用户室内温度在22℃±2℃的前提下，定期对小区二次管网进行平衡调整，精准控制楼栋供热量，实现二次管网平衡数字化管理。利用用户回水温度差异化控制方式，确保用户室内温度达标，消除个别用户由于室温不达标而人为持续放水的现象。

5. 建立能耗考核奖罚制度，增强员工节能意识

华源热力建立生产部门能耗考核制度，每月召开生产调度例会，通报各热源及维保部门水耗、电耗、热耗等指标完成情况，并对各部门月度失水率同比、环比分析结果进行打分排名，对综合考核排名前三的生产部门给予奖励，同时将热力站失水率纳入片区负责人绩效考核。要求生产部门主任、所长、班长对当月失水考核值扣分项均要进行原因分析并提出治理方

案与计划，通过数据化分析及有效的能耗考核奖惩制度，进一步提升各级领导和员工的能源管理意识，将节能降耗的思想融入员工日常工作及生活习惯中。

6. 管理实效

多年来，华源热力在生产运行过程中，紧抓节水技术创新应用和精细化基础管理，利用智慧热网管控平台严格控制管网失水，健全人防与机防相结合的节水目标管理考评体系，近 5 个供暖期单位面积补水量始终保持在较低水平，详情见表 7-22、图 7-36。

华源热力近 5 个供暖期热源、热力站单位面积补水量

表 7-22

供暖期	2019—2020	2020—2021	2021—2022	2022—2023	2023—2024
热源单位面积补水量 [kg/(m² · 月)]	0.10	0.06	0.07	0.05	0.06
热力站单位面积补水量 [kg/(m² · 月)]	0.41	0.45	0.33	0.41	0.37

7. 总结

水是生命之源，特别是地处西北干旱地区，珍惜水资源是每个公民的责任与义务。华源热力节水管理工作的开展及落地离不开公司领导的重视以及全体员工的齐心协力，把简单的事情重复做，重复的事情用心做，方能达到目前的水耗指标。下一阶段华源热力将再接再厉，继续从以下三个方面做好管网的

第 7 章

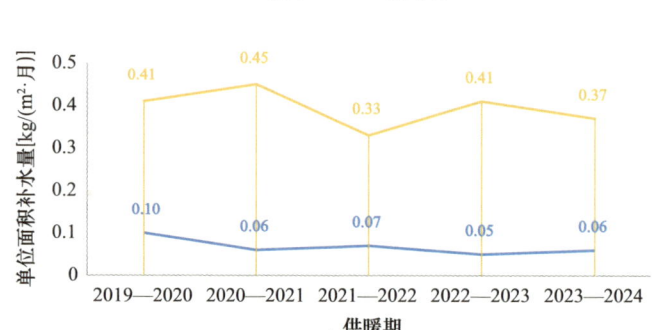

图 7-36 华源热力近 5 个供暖期热源、热力站单位面积补水量曲线图

失水管控工作：

（1）严格管理新并网供暖区域设备设施设计、材料使用、施工质量，从源头把关，提升管网设备设施使用寿命。

（2）对既有供暖区域各项生产指标强抓严管，进行每日晨会、每周经理办公会、每月生产调度会分析、通报、总结及落实，在检修期根据生产、经营、客服、安全等数据分析结果进行设备设施精准检修、预防到位，在供暖期进行专人巡检、点检与领导巡查，以提前发现管网微小失水，合理优化工作分工，快速定位失水点并进行处置。

（3）做好人防与机防相结合，坚持人工日常巡检预防，同时借助智慧热网管控平台失水分析功能及连锁报警功能，及时发现管网异常，有效降低管网失水量。